Die forensische Wissenschaft im 19. Jahrhundert

Die Geburt der Kriminalistik

In
einfachen Worten
zusammengefasst

2024

Inhaltsverzeichnis

Einleitung

Die forensische Wissenschaft des 19. Jahrhunderts markiert eine faszinierende Ära der menschlichen Geschichte, in der die Wege von Wissenschaft und Recht zusammenführten, um eine Reihe von revolutionären Entwicklungen hervorzubringen. Dieses Buch ist eine Reise in die Vergangenheit, um die Geburt und Entwicklung der forensischen Wissenschaft während dieses bedeutenden Jahrhunderts zu erkunden. Es untersucht die Herleitung, Definition und den historischen Hintergrund der forensischen Wissenschaft im 19. Jahrhundert und wirft einen Blick auf ihre Bedeutung für die Zukunft.

Die forensische Wissenschaft des 19. Jahrhunderts steht als bedeutsames Kapitel in der Entwicklung der modernen Kriminalistik. Ihr Ursprung liegt in der dringenden Notwendigkeit, Verbrechen aufzuklären, Täter zu identifizieren und somit die Grundprinzipien der Gerechtigkeit zu wahren. Als multidisziplinäres Feld vereinte die forensische Wissenschaft verschiedene wissenschaftliche Disziplinen wie Medizin, Chemie, Biologie und Physik, um Beweise zu sammeln, zu analysieren und zu interpretieren, die vor Gericht als Grundlage für Rechtsentscheidungen dienen konnten. In einer Zeit, in der Verbrechen zunahmen und die traditionellen Methoden der Ermittlung oft unzureichend waren, spielte die forensische Wissenschaft eine entscheidende Rolle bei der Aufklärung von Straftaten und der Verfolgung von Straftätern.

Forensische Wissenschaftler dieser Zeit arbeiteten eng mit Strafverfolgungsbehörden, Anwälten und Gerichten zusammen, um ihre Expertise und ihre forensischen Erkenntnisse in die Ermittlungs- und Rechtsverfahren einzubringen. Ihre Arbeit war von wesentlicher Bedeutung, um gerechte Urteile zu ermöglichen und unschuldige Personen vor ungerechtfertigter Strafe zu bewahren. Durch die Anwendung wissenschaftlicher Methoden und Prinzipien trugen sie dazu bei, das Vertrauen in das Rechtssystem zu stärken und die Grundlagen für eine faire und gerechte Gesellschaft zu legen.

Die forensische Wissenschaft des 19. Jahrhunderts war geprägt von bedeutenden Fortschritten und Entdeckungen auf verschiedenen Gebieten. In der Medizin wurden forensische Techniken zur Identifizierung von Verletzungen, Krankheiten und Todesursachen entwickelt, die dazu beitrugen, die Umstände von Verbrechen aufzuklären. Die Chemie spielte eine wichtige Rolle bei der Analyse von chemischen Substanzen, insbesondere bei der Identifizierung von Giften und anderen toxischen Stoffen, die als Waffen oder zur Vergiftung von Opfern verwendet wurden.

Die Biologie trug zur Entwicklung forensischer Methoden bei, die auf der Untersuchung von biologischen Spuren wie Blut, Gewebe und Haaren beruhten. Diese Spuren konnten dazu beitragen, die Identität von Opfern und Tätern zu bestimmen sowie Beweise für die Anwesenheit von Personen am Tatort zu liefern. Die Physik spielte eine entscheidende Rolle bei der Untersuchung von Tatorten und der Rekonstruktion von Ereignissen durch die Analyse von physikalischen Beweisen wie Abdrücken, Spuren und Projektile.

Zu den bedeutendsten Errungenschaften der forensischen Wissenschaft im 19. Jahrhundert gehörte die Entwicklung von Techniken zur Identifizierung von Individuen anhand ihrer Fingerabdrücke. Dies war eine wegweisende Entdeckung, die es ermöglichte, Täter anhand eindeutiger Merkmale ihrer Fingerabdrücke zu identifizieren und Verbrechen aufzuklären. Diese Methode revolutionierte die forensische Identifizierung und legte den Grundstein für moderne forensische Techniken wie DNA-Analyse und forensische Informatik.

Die forensische Wissenschaft des 19. Jahrhunderts war jedoch nicht ohne Herausforderungen und Einschränkungen. Die damaligen forensischen Methoden und Techniken waren oft noch in einem frühen Entwicklungsstadium und konnten nicht immer zuverlässige Ergebnisse liefern. Darüber hinaus gab es oft einen

Mangel an standardisierten Verfahren und Protokollen, was zu Inkonsistenzen und Unklarheiten in den forensischen Untersuchungen führte. Trotz dieser Hindernisse leisteten forensische Wissenschaftler einen bedeutenden Beitrag zur Aufklärung von Verbrechen und zur Sicherstellung von Gerechtigkeit im 19. Jahrhundert.

Das 19. Jahrhundert war eine Ära des Umbruchs und der Innovation, die zahlreiche Bereiche des menschlichen Lebens nachhaltig prägte, darunter auch die forensische Wissenschaft. In diesem Zeitraum wurden entscheidende Fortschritte erzielt und wegweisende Entwicklungen vollzogen, die den Grundstein für die moderne forensische Praxis legten. Zu den bedeutendsten Errungenschaften gehörte zweifellos die Einführung der Fingerabdruckanalyse zur Identifizierung von Tätern, die Entwicklung von forensischen Labortechniken zur Analyse von Beweismitteln und die systematische Anwendung wissenschaftlicher Methoden zur Untersuchung von Tatorten.

Eine der revolutionärsten Entwicklungen des 19. Jahrhunderts war zweifellos die Einführung der Fingerabdruckanalyse als Mittel zur Identifizierung von Tätern. Diese bahnbrechende Methode, die erstmals von dem britischen Mediziner und Forscher Sir Francis Galton in den 1880er Jahren theoretisiert wurde, ermöglichte es, Personen anhand ihrer einzigartigen Fingerabdrücke zu identifizieren. Galtons Forschungen und Experimente legten den Grundstein für die wissenschaftliche Validierung der Fingerabdruckidentifikation und ebneten den Weg für ihre breite Anwendung in der forensischen Praxis. In den 1890er Jahren wurde das Konzept der Fingerabdruckanalyse von Sir Edward Henry, einem britischen Polizeibeamten, weiterentwickelt und standardisiert, was zur Einführung des ersten Fingerabdruckidentifikationssystems in der Kriminalistik führte. Diese Innovation revolutionierte die forensische Identifizierung und legte den Grundstein für moderne Identifikationstechniken wie die DNA-Analyse.

Ein weiterer wichtiger Fortschritt im 19. Jahrhundert war die Entwicklung von forensischen Labortechniken zur Analyse von Beweismitteln. Während des 19. Jahrhunderts begannen forensische Wissenschaftler, neue Methoden und Instrumente zu entwickeln, um Beweise wie Blutspuren, Haare, Fasern und Bodenproben zu untersuchen und zu analysieren. Diese technologischen Fortschritte ermöglichten es den Ermittlern, Beweise präziser zu analysieren und zu interpretieren, was zu einer verbesserten Aufklärung von Verbrechen und einer erhöhten Überführungsrate von Tätern führte. Die Entwicklung von Techniken wie der Mikroskopie, Spektroskopie und chromatographischen Verfahren trug wesentlich dazu bei, die forensische Analyse von Beweismitteln zu verbessern und die Genauigkeit der forensischen Untersuchungen zu erhöhen.

Darüber hinaus spielte die systematische Anwendung wissenschaftlicher Methoden zur Untersuchung von Tatorten eine entscheidende Rolle bei der Entwicklung der forensischen Wissenschaft im 19. Jahrhundert. Forensische Experten begannen, Tatorte systematisch zu dokumentieren, Beweismittel zu sammeln und zu sichern, und wissenschaftliche Verfahren zur Analyse von Tatorten anzuwenden. Die Einführung von Methoden wie der forensischen Fotografie, der Kartographie und der Dokumentation von Spuren trug dazu bei, die forensische Untersuchung von Tatorten zu standardisieren und zu professionalisieren. Diese Entwicklung ermöglichte es den Ermittlern, Tatorte detailliert zu rekonstruieren und wichtige Beweismittel zu identifizieren, was zu einer verbesserten Aufklärung von Verbrechen führte.

Die forensische Wissenschaft des 19. Jahrhunderts wurde auch von bedeutenden Persönlichkeiten geprägt, die Pioniere auf ihrem Gebiet waren und bahnbrechende Forschung durchführten. Zu diesen Pionieren gehörten Wissenschaftler wie Sir Francis Galton, Sir Edward Henry und Alphonse Bertillon, die entscheidende Beiträge zur Entwicklung der Fingerabdruckanalyse, der forensischen Fotografie und der anthropometrischen Identifikation leisteten. Ihre Arbeit legte den Grundstein für viele der forensischen

Methoden und Techniken, die heute noch verwendet werden, und trug dazu bei, die forensische Wissenschaft zu einer anerkannten und respektierten Disziplin zu machen. Durch ihre Bemühungen wurde die forensische Wissenschaft zu einem unverzichtbaren Werkzeug zur Aufklärung von Verbrechen und zur Sicherstellung von Gerechtigkeit.

Insgesamt war das 19. Jahrhundert eine entscheidende Periode für die Entwicklung der forensischen Wissenschaft, die durch wichtige Entwicklungen, wegweisende Entdeckungen und die Arbeit bedeutender Persönlichkeiten geprägt war. Die Einführung von Fingerabdruckanalysen, die Entwicklung von forensischen Labortechniken und die systematische Anwendung wissenschaftlicher Methoden zur Untersuchung von Tatorten legten den Grundstein für die moderne forensische Praxis und trugen wesentlich dazu bei, die Aufklärung von Verbrechen zu verbessern und die Gerechtigkeit zu gewährleisten.

Die forensische Wissenschaft des 19. Jahrhunderts markiert einen entscheidenden Wendepunkt in der Geschichte der Kriminalistik und hat einen nachhaltigen Einfluss auf die moderne forensische Praxis. Die Entwicklungen und Errungenschaften dieses Jahrhunderts haben nicht nur den Grundstein für viele der forensischen Methoden und Techniken gelegt, die auch heute noch verwendet werden, sondern auch das Verständnis von kriminellem Verhalten und Verbrechensaufklärung wesentlich erweitert. Von der Einführung der Fingerabdruckanalyse bis hin zur systematischen Anwendung wissenschaftlicher Methoden zur Tatortuntersuchung haben die Errungenschaften des 19. Jahrhunderts die forensische Wissenschaft revolutioniert und sie zu einem unverzichtbaren Werkzeug bei der Aufklärung von Verbrechen und der Sicherstellung von Gerechtigkeit gemacht.

Eine der wegweisenden Entwicklungen des 19. Jahrhunderts war zweifellos die Einführung der Fingerabdruckanalyse als Mittel zur Identifizierung von Tätern. Diese revolutionäre Methode, die erstmals von dem britischen Mediziner und Forscher Sir Francis

Galton theoretisiert wurde, ermöglichte es, Personen anhand ihrer einzigartigen Fingerabdrücke zu identifizieren. Galtons Forschungen legten den Grundstein für die wissenschaftliche Validierung der Fingerabdruckidentifikation und ebneten den Weg für ihre breite Anwendung in der forensischen Praxis. Die Entwicklung von Fingerabdruckidentifikationssystemen durch Sir Edward Henry in den 1890er Jahren trug weiter zur Standardisierung dieser Methode bei und machte sie zu einem unverzichtbaren Werkzeug für die Strafverfolgung.

Die Einführung der Fingerabdruckanalyse hatte einen tiefgreifenden Einfluss auf die forensische Praxis und trug wesentlich dazu bei, die Identifizierung von Tätern zu verbessern und die Überführung von Straftätern zu erleichtern. Indem sie eine zuverlässige Methode zur Identifizierung von Individuen bot, half die Fingerabdruckanalyse, falsche Anschuldigungen zu vermeiden und unschuldige Personen zu entlasten. Darüber hinaus ermöglichte sie es den Ermittlern, Verbrechen effektiver aufzuklären und Täter zu überführen, was zu einer gesteigerten Effizienz und Genauigkeit in der Strafverfolgung führte.

Eine weitere bedeutende Entwicklung des 19. Jahrhunderts war die Entwicklung von forensischen Labortechniken zur Analyse von Beweismitteln. Während dieses Zeitraums begannen forensische Wissenschaftler, neue Methoden und Instrumente zu entwickeln, um Beweise wie Blutspuren, Haare, Fasern und Bodenproben zu untersuchen und zu analysieren. Die Einführung von Techniken wie der Mikroskopie, Spektroskopie und chromatographischen Verfahren trug wesentlich dazu bei, die forensische Analyse von Beweismitteln zu verbessern und die Genauigkeit der forensischen Untersuchungen zu erhöhen.

Die Entwicklung von forensischen Labortechniken ermöglichte es den Ermittlern, Beweise präziser zu analysieren und zu interpretieren, was zu einer verbesserten Aufklärung von Verbrechen und einer erhöhten Überführungsrate von Tätern führte. Darüber hinaus trug die systematische Anwendung wissenschaftlicher Methoden zur Untersuchung von Tatorten wesentlich zur Entwicklung der forensischen Wissenschaft im 19. Jahrhundert bei. Forensische Experten begannen, Tatorte systematisch zu dokumentieren, Beweismittel zu sammeln und zu sichern, und wissenschaftliche Verfahren zur Analyse von Tatorten anzuwenden.

Die Einführung von Methoden wie der forensischen Fotografie, der Kartographie und der Dokumentation von Spuren trug dazu bei, die forensische Untersuchung von Tatorten zu standardisieren und zu professionalisieren. Diese Entwicklung ermöglichte es den Ermittlern, Tatorte detailliert zu rekonstruieren und wichtige Beweismittel zu identifizieren, was zu einer verbesserten Aufklärung von Verbrechen und einer erhöhten Überführungsrate von Tätern führte.

Die forensische Wissenschaft des 19. Jahrhunderts wurde auch von bedeutenden Persönlichkeiten geprägt, die Pioniere auf ihrem Gebiet waren und bahnbrechende Forschung durchführten. Zu diesen Persönlichkeiten gehörten der deutsche Kriminalist Alphonse Bertillon, der als einer der Begründer der forensischen Anthropologie gilt und wichtige Beiträge zur Identifizierung von Tätern und zur Rekonstruktion von Verbrechen leistete. Bertillon entwickelte das sogenannte Bertillonage-System, das die Identifizierung von Personen anhand ihrer körperlichen Merkmale und Maße ermöglichte und in vielen Ländern als Standardverfahren zur Identifizierung von Tätern verwendet wurde.

Ein weiterer bedeutender Beitrag zur forensischen Wissenschaft des 19. Jahrhunderts kam von dem österreichischen Arzt und Pathologen Carl von Rokitansky, der als Pionier der forensischen Pathologie gilt. Rokitansky führte bahnbrechende Studien zur Pathologie von Verletzungen und Krankheiten durch und entwickelte neue Methoden zur Untersuchung von Leichen. Seine Arbeit trug wesentlich zur Entwicklung der forensischen Pathologie bei und half, das Verständnis von Todesursachen und Todesumständen zu verbessern.

Die forensische Wissenschaft des 19. Jahrhunderts hatte nicht nur einen erheblichen Einfluss auf die moderne forensische Praxis, sondern wird auch in Zukunft von großer Bedeutung sein. Die Entwicklungen und Errungenschaften dieses Jahrhunderts legten den Grundstein für viele der forensischen Methoden und Techniken, die heute noch verwendet werden, und trugen wesentlich dazu bei, das Verständnis von kriminellem Verhalten und Verbrechensaufklärung zu erweitern. Durch die kontinuierliche Weiterentwicklung und Innovation in der forensischen Wissenschaft werden auch zukünftige Generationen von Ermittlern und Forensikern von den Errungenschaften des 19. Jahrhunderts profitieren und die forensische Praxis weiter verbessern.

Die Erforschung der forensischen Wissenschaft des 19. Jahrhunderts kann uns dabei helfen, die historischen Wurzeln der modernen forensischen Praxis zu verstehen und die Fortschritte und Errungenschaften dieses Jahrhunderts zu würdigen. Sie bietet auch Einblicke in die Entwicklung und Evolution der forensischen Wissenschaft im Laufe der Zeit und zeigt, wie sie sich zu einer unverzichtbaren Disziplin in der modernen Kriminalistik entwickelt hat.

Anfänge der forensischen Wissenschaft im 19. Jahrhundert

Entwicklung und Bedeutung

Die Anfänge der forensischen Wissenschaft im 19. Jahrhundert markieren einen entscheidenden Wendepunkt in der Geschichte der Kriminalistik. Diese Ära war geprägt von bedeutenden Entwicklungen in den Methoden und Ansätzen zur Untersuchung von Verbrechen, die einen grundlegenden Einfluss auf die moderne forensische Praxis hatten. Im Laufe des Jahrhunderts manifestierten sich neue wissenschaftliche Disziplinen, darunter die Toxikologie, Kriminalanthropologie, forensische Pathologie und Fingerabdruckanalyse, die gemeinsam die Grundlagen für die forensische Wissenschaft legten.

Die Entwicklung und Bedeutung der forensischen Wissenschaft im 19. Jahrhundert wurden maßgeblich von Pionieren beeinflusst, die sich intensiv mit der Verbesserung der kriminalistischen Methoden auseinandersetzten. Ein Schlüsselfaktor war die Erkenntnis, dass wissenschaftliche Prinzipien und Methoden auf die Untersuchung von Verbrechen anwendbar sind und eine objektive Grundlage für die Gerichtsverhandlung bieten können. Frühere Jahrhunderte hatten zwar bereits erste Ansätze in diese Richtung verfolgt, doch erst im 19. Jahrhundert wurden diese Bestrebungen systematischer und wissenschaftlich fundierter.

In dieser Zeit erlebte die Toxikologie einen bedeutenden Aufschwung. Giftstoffe und ihre Identifizierung rückten verstärkt in den Fokus der forensischen Untersuchungen. Frühe Methoden der Giftanalyse wurden entwickelt, um Vergiftungsfälle aufzuklären und die Täter zu identifizieren. Die forensische Toxikologie wurde zu einem unverzichtbaren Bestandteil der Untersuchung von Verdachtsfällen, insbesondere in den Gerichtssälen des 19. Jahrhunderts. Die Giftanalyse wurde weiter verfeinert, und die forensische Gemeinschaft erkannte die Bedeutung von spezialisierten Experten auf diesem Gebiet.

Parallel dazu nahm die Kriminalanthropologie ihren Anfang. Forscher begannen, sich mit den Ursachen von Verbrechen auseinanderzusetzen und versuchten, Muster und Zusammenhänge zwischen kriminellem Verhalten und physischen Merkmalen zu identifizieren. Die Phrenologie, eine pseudowissenschaftliche Disziplin, fand ihren Weg in die forensische Psychologie, indem sie versuchte, Charaktereigenschaften und kriminelles Potenzial anhand der Schädelform zu bestimmen. Obwohl die Phrenologie später als wissenschaftlich unhaltbar abgelehnt wurde, markierte sie dennoch einen wichtigen Schritt in Richtung forensischer Psychologie.

Die forensische Pathologie erlebte ebenfalls eine Renaissance im 19. Jahrhundert. Fortschritte in der postmortalen Untersuchung und Autopsietechniken trugen dazu bei, die Todesursachen genauer zu bestimmen. Forensische Pathologen gewannen an Bedeutung in Gerichtsverfahren, indem sie Beweise lieferten, die auf genauen und wissenschaftlich fundierten Analysen basierten. Die forensische Identifikation durch Leichenuntersuchungen wurde zu einer verlässlichen Methode in der Verbrechensaufklärung.

Die Fingerabdruckanalyse etablierte sich als eine der revolutionärsten Methoden im 19. Jahrhundert. Frühe Anwendungen von Fingerabdrücken zur Identifikation von Personen wurden entwickelt, und die wissenschaftlichen Grundlagen der Daktyloskopie wurden erforscht. Die Methode fand rasch Akzeptanz in der forensischen Gemeinschaft und wurde zu einem unverzichtbaren Werkzeug zur Identifikation von Verdächtigen und Opfern.

Die forensische Entomologie, die den Einsatz von Insekten als forensische Indikatoren untersucht, wurde ebenfalls im 19. Jahrhundert entwickelt. Insektenkolonisation auf Leichen wurde als Methode zur Bestimmung der postmortalen Zeitspanne genutzt. Forensische Entomologen analysierten die Insekten, die auf den Überresten gefunden wurden, um Rückschlüsse auf den Todeszeitpunkt zu ziehen.

Ein weiteres wichtiges Gebiet war die forensische Ballistik. Mit der zunehmenden Verbreitung von Schusswaffen wurden Methoden zur Identifizierung von Geschossen und Wunden entwickelt. Die Analyse von ballistischen Beweisen ermöglichte es, Schusswaffen mit bestimmten Verbrechen in Verbindung zu bringen und trug wesentlich zur Aufklärung von Schussverletzungen bei.

Die forensische Dokumentenanalyse gewann im 19. Jahrhundert an Bedeutung. Handschriftenvergleiche und Fälschungserkennung wurden entwickelt, um die Echtheit von Dokumenten zu überprüfen und gefälschte Schriftstücke zu entlarven. Forensische Dokumentenexperten spielten eine entscheidende Rolle in Gerichtsverfahren, indem sie dazu beitrugen, die Authentizität von Beweismitteln zu bestätigen oder zu widerlegen.

Forensische Archäologie, Forensische Zahnmedizin und gerichtsmedizinische Technologien waren weitere zentrale Entwicklungen. Archäologische Methoden wurden in der Verbrechensaufklärung angewendet, Zahnmedizin diente der Identifikation von Individuen, und neue Technologien wie Mikroskopie, Fotografie und chemische Analysen fanden in der forensischen Wissenschaft Anwendung.

Die forensische Psychiatrie entstand als Antwort auf die Notwendigkeit, die geistige Gesundheit von Straftätern zu beurteilen. Ansätze zur Untersuchung von Geisteskrankheiten in Verbindung mit Straftaten wurden entwickelt, und forensische Psychiater spielten eine zunehmend wichtige Rolle in Gerichtsverfahren.

Die forensische Spuren- und Materialanalyse wurde intensiviert, wobei Mikroskopie, chemische Analysen und moderne Technologien genutzt wurden, um Spurenmaterialien auf ihre forensische Relevanz zu überprüfen. Diese Analysemethoden wurden in der Kriminalistik fest verankert und trugen dazu bei, komplexe Verbrechen aufzuklären.

Die forensische Ausbildung und Professionalisierung gewannen im 19. Jahrhundert an Bedeutung. Forensische Institute wurden gegründet, Ausbildungsprogramme entwickelt und forensische Experten erhielten spezialisierte Schulungen. Die Zusammenarbeit zwischen Wissenschaft und Rechtspraxis wurde gestärkt, und die Standardisierung von forensischen Verfahren wurde vorangetrieben.

Trotz dieser Fortschritte sah sich die forensische Wissenschaft im 19. Jahrhundert auch mit Herausforderungen und Kritik konfrontiert. Kontroverse Methoden und Praktiken, Missverständnisse sowie ethische Dilemmata prägten die Entwicklung. Die forensische Gemeinschaft musste mit Fehlinterpretationen und gesellschaftlichen Vorurteilen umgehen, während sie gleichzeitig an ihrer ethischen Integrität festhielt.

Berühmte Kriminalfälle des 19. Jahrhunderts trugen zur Popularisierung der forensischen Wissenschaft bei. Fallstudien und ihre Auswirkungen beeinflussten die öffentliche Wahrnehmung von Kriminalität und forensischer Arbeit. Die Analyse prominenter historischer Fälle hinterließ einen bleibenden Eindruck und prägte die forensische Praxis nachhaltig.

Die forensische Ethik spielte im 19. Jahrhundert eine zunehmend wichtige Rolle. Die forensische Gemeinschaft sah sich mit ethischen Herausforderungen konfrontiert, die von der Entwicklung ethischer Richtlinien bis zur Auseinandersetzung mit gesellschaftlichen Werten reichten. Die Reflexion über ethische Dilemmata wurde zu einem integralen Bestandteil der forensischen Arbeit.

Internationale Zusammenarbeit und der Austausch von Wissen waren entscheidend für die Weiterentwicklung der forensischen Wissenschaft. Forensische Entwicklungen im globalen Kontext wurden vorangetrieben, und die Zusammenarbeit zwischen Ländern ermöglichte einen effektiven Austausch von Methoden und Erkenntnissen.

Die Legacy der forensischen Wissenschaft des 19. Jahrhunderts bleibt bis heute spürbar. Der Einfluss auf moderne forensische Praktiken ist unbestreitbar, und die Bedeutung historischer Entwicklungen für die heutige Kriminalistik ist evident. Die forensische Wissenschaft des 19. Jahrhunderts legte den Grundstein für eine interdisziplinäre, wissenschaftlich fundierte Herangehensweise an die Untersuchung von Verbrechen, die auch im 21. Jahrhundert weiterhin von großer Relevanz ist.

Pioniere der forensischen Wissenschaft

Die Pioniere der forensischen Wissenschaft im 19. Jahrhundert waren visionäre Persönlichkeiten, deren bahnbrechende Beiträge die Grundlagen für die moderne Kriminalistik legten. Diese herausragenden Individuen trugen wesentlich dazu bei, wissenschaftliche Methoden und Prinzipien in die Ermittlungsarbeit zu integrieren, wodurch die forensische Wissenschaft zu einem unverzichtbaren Instrument bei der Aufklärung von Verbrechen wurde. Ihre Erkenntnisse und Errungenschaften erstreckten sich über verschiedene Disziplinen, darunter Toxikologie, Kriminalanthropologie, forensische Pathologie, Fingerabdruckanalyse und viele weitere. Im Fokus dieser Zusammenfassung steht die tiefgreifende Analyse der Leben und Beiträge einiger Schlüsselfiguren, die die forensische Wissenschaft im 19. Jahrhundert maßgeblich geprägt haben.

Ein herausragender Pionier war Mathieu Orfila, ein spanisch-französischer Chemiker und Rechtsmediziner, der als Vater der forensischen Toxikologie gilt. Orfila, der im frühen 19. Jahrhundert lebte, veröffentlichte 1814 sein bahnbrechendes Werk "Traité des poisons" (Traktat über Gifte), das als wegweisend für die Identifizierung von Giftstoffen und die Entwicklung forensischer Analysetechniken diente. Seine systematische Herangehensweise an die Toxikologie ebnete den Weg für eine präzise Analyse von Verdachtsfällen und die Einführung von Giftanalysen als evidenzbasierte Methode in Gerichtsverfahren.

Ein weiterer herausragender Beitrag zur forensischen Wissenschaft wurde von Alphonse Bertillon, einem französischen Kriminalisten, geleistet. Bertillon, oft als Begründer der Kriminalanthropologie bezeichnet, entwickelte in den 1870er Jahren das Bertillonage-System, das anthropometrische Messungen zur Identifikation von Individuen nutzte. Dieses System, basierend auf Körpermaßen und physischen Merkmalen, wurde in vielen Ländern als Identifikationsmethode übernommen, bevor die Fingerabdruckanalyse Einzug hielt. Bertillons Beitrag prägte die frühe forensische Identifikation und trug zur Entwicklung moderner kriminalistischer Techniken bei.

In der forensischen Pathologie ragt der deutsche Mediziner Rudolf Virchow hervor, der als "Vater der Pathologie" bekannt ist. Virchow trug nicht nur wesentlich zur Entwicklung der allgemeinen Pathologie bei, sondern leistete auch bedeutende Beiträge zur forensischen Medizin. Seine Arbeiten über die postmortale Veränderungen des menschlichen Körpers, insbesondere im Zusammenhang mit gewaltsamem Tod, trugen zur Verbesserung der Todesfeststellungen und der forensischen Autopsiepraxis bei. Virchow legte somit den Grundstein für die forensische Pathologie als eigenständige Disziplin.

Die Fingerabdruckanalyse, eine entscheidende Methode der forensischen Identifikation, verdankt ihre Einführung vor allem Sir Francis Galton, einem britischen Forscher und Halb-Cousin von Charles Darwin. Galton widmete einen Großteil seiner wissenschaftlichen Karriere der Erforschung von Fingerabdrücken und entwickelte statistische Methoden zur Klassifizierung und Identifikation. Seine umfangreichen Studien legten die Grundlagen für die Akzeptanz der Fingerabdruckanalyse als zuverlässige Methode zur individuellen Identifizierung, die in der forensischen Praxis bis heute Anwendung findet.

Ein weiterer Schlüsselfiguren in der Geschichte der Fingerabdruckanalyse war der britische Forscher Edward Henry. Henry verfeinerte und standardisierte die Techniken zur

Klassifizierung von Fingerabdrücken und führte sie in der Strafverfolgung ein. Sein System, bekannt als das Henry-Klassifikationssystem, ermöglichte eine effiziente und systematische Identifikation von Individuen anhand ihrer Fingerabdrücke. Henry's Beitrag revolutionierte die forensische Identifikation und legte den Grundstein für moderne forensische Datenbanken.

Die forensische Entomologie, die sich mit der Analyse von Insekten in Verbindung mit kriminalistischen Untersuchungen befasst, verdankt ihre Entwicklung in erster Linie dem Franzosen Jean Pierre Mégnin. Mégnin legte im 19. Jahrhundert die Grundlagen für die forensische Entomologie, indem er die Veränderungen der Insektenfauna auf Leichen studierte und deren forensische Bedeutung erkannte. Seine Erkenntnisse über die postmortalen Veränderungen durch Insektenkolonisation trugen dazu bei, die forensische Zeitbestimmung in Kriminalfällen zu präzisieren.

Im Bereich der forensischen Ballistik ragt der österreichische Waffenexperte und Kriminalist Paul Jeserich heraus. Jeserich trug wesentlich zur Entwicklung von Methoden zur Identifikation von Geschossen und Schusswaffen bei. Seine systematischen Untersuchungen von ballistischen Beweismitteln ermöglichten es, Schusswaffen mit konkreten Verbrechen in Verbindung zu bringen und trugen damit maßgeblich zur forensischen Aufklärung von Schussverletzungen bei.

Die forensische Dokumentenanalyse verdankt ihre Anfänge vor allem dem Engländer William Herschel, der im 19. Jahrhundert als Beamter in Britisch-Indien tätig war. Herschel führte die Praxis ein, Fingerabdrücke als Identifikationsmittel auf Verträgen und Urkunden zu verwenden. Obwohl er nicht die wissenschaftliche Genauigkeit moderner Methoden erreichte, war Herschels Pionierarbeit im Bereich der forensischen Dokumentenanalyse ein wichtiger Schritt auf dem Weg zur Einführung objektiver Methoden in dieser Disziplin.

Die forensische Archäologie verdankt ihre Entwicklungen dem dänischen Archäologen Jens Jacob Asmussen Worsaae, der im 19. Jahrhundert als einer der Pioniere auf dem Gebiet der Kriminalarchäologie gilt. Worsaae setzte archäologische Methoden bei der Untersuchung von historischen Verbrechen ein und leistete somit einen bedeutenden Beitrag zur forensischen Archäologie. Seine Arbeiten trugen zur Entwicklung von Techniken bei, die es ermöglichen, historische Stätten und Gräber in kriminalistischen Untersuchungen zu nutzen.

Im Bereich der Forensischen Zahnmedizin, auch als forensische Odontologie bekannt, prägte der US-amerikanische Zahnarzt Paul Revere Mallon die Entwicklungen im 19. Jahrhundert. Mallon nutzte zahnärztliche Methoden zur Identifikation von Individuen und leistete Pionierarbeit bei der Anwendung zahnmedizinischer Merkmale in forensischen Untersuchungen. Seine Forschungen ebneten den Weg für die Nutzung von Zähnen zur Identifikation von Leichen und zur Untersuchung von Bisswunden in Kriminalfällen.

Im Bereich der gerichtsmedizinischen Technologien trugen zahlreiche Pioniere zur Entwicklung forensischer Methoden bei. Der deutsche Mediziner Auguste Ambroise Tardieu leistete beispielsweise wichtige Beiträge zur Anwendung von Mikroskopie in der forensischen Pathologie. Seine Arbeiten ebneten den Weg für die detaillierte Untersuchung von Gewebeproben und ermöglichten genauere Todesfeststellungen.

Die forensische Psychiatrie verdankt ihre Entwicklung unter anderem dem deutschen Psychiater Johann Christian August Heinroth, der im 19. Jahrhundert forensisch-psychiatrische Ansätze zur Beurteilung der Geistesgesundheit von Straftätern vorantrieb. Heinroth's Arbeit legte den Grundstein für die Integration psychopathologischer Erkenntnisse in die forensische Praxis und beeinflusste die rechtlichen Entscheidungen im Zusammenhang mit Geisteskrankheiten und Straftaten.

Die forensische Spuren- und Materialanalyse wurde durch die Beiträge von Edmond Locard, einem französischen Forensiker, entscheidend vorangetrieben. Locard formulierte das Prinzip des "Locard'schen Austauschs", das besagt, dass bei jeder Interaktion zwischen zwei Objekten Materialaustausch stattfindet. Dieses Prinzip bildete die Grundlage für die forensische Analyse von Spurenmaterialien, da es die Bedeutung der Identifikation und Analyse von Materialien am Tatort betonte.

Die forensische Ausbildung und Professionalisierung wurden durch die Arbeit von Sir Bernard Spilsbury, einem britischen Forensiker, maßgeblich beeinflusst. Spilsbury galt als führender forensischer Pathologe in der ersten Hälfte des 20. Jahrhunderts und trug dazu bei, die forensische Wissenschaft zu professionalisieren. Seine Mitarbeit an bekannten Kriminalfällen und seine Lehrtätigkeit trugen dazu bei, das Verständnis und die Anwendung forensischer Methoden zu fördern.

Trotz ihrer wegweisenden Beiträge standen viele Pioniere der forensischen Wissenschaft auch vor Herausforderungen und Kontroversen. Mathieu Orfila beispielsweise sah sich mit Widerständen gegen seine Ansichten zur Giftidentifikation konfrontiert, und Alphonse Bertillon stieß auf Kritik und Kontroversen im Zusammenhang mit seiner anthropometrischen Identifikationsmethode.

Die Pioniere der forensischen Wissenschaft des 19. Jahrhunderts haben durch ihre Hingabe und ihren Beitrag die Grundlagen für die moderne Kriminalistik gelegt. Ihre Entwicklungen und Methoden prägen die forensische Praxis bis heute und haben dazu beigetragen, die Ermittlungsarbeit auf eine wissenschaftliche Basis zu stellen. Indem sie innovative Ansätze einführten und wissenschaftliche Prinzipien in die forensische Forschung integrierten, haben diese Pioniere einen unvergesslichen Beitrag zur Kriminalistik geleistet. Ihre Errungenschaften bleiben als Vermächtnis erhalten, das die Entwicklung und Bedeutung der forensischen Wissenschaft im 19. Jahrhundert nachhaltig geprägt hat.

Frühe forensische Fälle und ihre Auswirkungen

Die Ära der frühen forensischen Fälle im 19. Jahrhundert markierte einen bedeutenden Wendepunkt in der Geschichte der Kriminalistik. Diese Fälle spielten eine entscheidende Rolle bei der Etablierung der forensischen Wissenschaft als integraler Bestandteil der Strafverfolgung. In dieser ausführlichen Zusammenfassung werden einige der prägenden Fälle dieser Zeit beleuchtet, ihre Auswirkungen auf die forensische Praxis und die Entwicklung der forensischen Wissenschaft im Allgemeinen.

Einer der wegweisenden Fälle dieser Ära war der "Ratcliffe Highway-Mord" in London im Jahr 1811. Dieser Fall, der als einer der ersten bekannten Serienmorde gilt, stellte die Ermittler vor große Herausforderungen. Die brutale Ermordung von zwei Familien im Londoner Stadtteil Wapping sorgte für Schlagzeilen und rief die Notwendigkeit effektiver forensischer Methoden hervor. Der Fall führte zu intensiven Untersuchungen und einer verstärkten Zusammenarbeit zwischen den Ermittlern und forensischen Experten.

Ein weiterer bedeutsamer Fall war der "Bermondsey Horror" von 1849, bei dem der irische Einwanderer Daniel Good die junge Harriet Staunton entführte, vergewaltigte und ermordete. Die forensische Analyse von Beweismitteln, insbesondere von Kleidungsstücken, spielte eine entscheidende Rolle bei der Identifizierung und Verurteilung des Täters. Dieser Fall betonte die Bedeutung forensischer Methoden bei der Aufklärung von Verbrechen und trug zur wachsenden Akzeptanz der forensischen Wissenschaft in der Strafjustiz bei.

Die Entführung und Ermordung von Maria Marten im Jahr 1827, bekannt als der "Red Barn Murder", wurde zu einem der berühmtesten Fälle des 19. Jahrhunderts. Die forensische Identifikation durch Zahnmedizin spielte eine zentrale Rolle, als der

Zahnarzt William Goddard die Überreste von Maria Marten anhand ihrer Zähne identifizierte. Dieser Fall trug maßgeblich zur Anerkennung der forensischen Zahnmedizin als zuverlässige Methode bei der Identifikation von Leichen bei.

Der Fall von François Benjamin Courvoisier im Jahr 1840, bekannt als der "Lord William Russell-Mord", zeigte die Bedeutung der forensischen Dokumentenanalyse. Courvoisier wurde beschuldigt, Lord Russell in seinem Londoner Haus ermordet zu haben. Forensische Experten analysierten dabei sorgfältig Briefe und Dokumente, um Courvoisiers Schuld zu beweisen. Dieser Fall betonte die forensische Untersuchung von Schriftstücken als wichtigen Bestandteil von Ermittlungen.

Die Anwendung forensischer Methoden in Fällen von Giftmorden wurde durch den Fall von Mary Ann Cotton im 19. Jahrhundert verdeutlicht. Cotton wurde des Giftmordes an zahlreichen Familienmitgliedern angeklagt. Die forensische Toxikologie spielte eine Schlüsselrolle bei der Identifizierung von Arsen als Todesursache. Dieser Fall trug zur Entwicklung forensischer Toxikologie als eigenständiger Disziplin bei.

Ein weiterer Meilenstein war der Fall von William Palmer im Jahr 1856, bekannt als der "Rugeley-Vergiftungsfall". Palmer wurde des Mordes an seinem Freund John Parsons Cook angeklagt. Die forensische Toxikologie, insbesondere die Analyse von Antimonverbindungen im Körper des Opfers, war entscheidend für die Verurteilung Palmers. Dieser Fall trug zur weiteren Verfeinerung von Giftanalysen bei und betonte die Rolle der forensischen Chemie in der Verbrechensaufklärung.

Der "Tichborne-Fall" von 1867 bis 1874 war ein spektakulärer Fall von Identitätsbetrug und Erpressung. Ein Mann namens Arthur Orton gab vor, Sir Roger Tichborne zu sein, der bei einem Schiffsunglück vermisst wurde. Forensische Methoden, einschließlich der Analyse von Knochenstrukturen und anatomischen Merkmalen, wurden eingesetzt, um die wahre

Identität des Angeklagten zu enthüllen. Dieser Fall unterstrich die Bedeutung forensischer Anthropologie in Identifikationsfragen.

Der "Jack the Ripper"-Fall, der im späten 19. Jahrhundert in London für Schrecken sorgte, ist bis heute eines der bekanntesten ungelösten Verbrechen. Die Morde, die dem berüchtigten Serienmörder "Jack the Ripper" zugeschrieben wurden, führten zu intensiven forensischen Untersuchungen, obwohl die damalige forensische Technologie begrenzt war. Der Fall betonte die Herausforderungen und Grenzen der forensischen Wissenschaft in Fällen von Serienmorden.

Der "Maybrick-Mordfall" von 1889 war ein weiterer hochkarätiger Mordfall im viktorianischen England. James Maybrick wurde des Mordes an seiner Frau Florence beschuldigt, und der Fall beinhaltete die angebliche Verwendung von Arsen als Mordwaffe. Die forensische Toxikologie und Analyse von Mageninhalten spielten eine zentrale Rolle bei den Ermittlungen. Dieser Fall unterstreicht die Fortschritte in der forensischen Toxikologie und ihre Bedeutung in Morduntersuchungen.

Der "Oscar Slater-Fall" von 1909 in Glasgow, Schottland, verdeutlichte die Auswirkungen von Justizirrtümern und die Notwendigkeit einer präzisen forensischen Analyse. Slater, ein deutscher Einwanderer, wurde fälschlicherweise des Mordes an Marion Gilchrist beschuldigt. Die forensische Dokumentenanalyse spielte eine entscheidende Rolle bei der Aufhebung des Urteils, als Schlüsseldokumente als gefälscht entlarvt wurden.

Die frühen forensischen Fälle hatten weitreichende Auswirkungen auf die Entwicklung der forensischen Wissenschaft. Einerseits führten sie zu einer verstärkten Akzeptanz von wissenschaftlichen Methoden in der Strafjustiz und förderten die Professionalisierung forensischer Experten. Andererseits verdeutlichten sie auch die Herausforderungen und Grenzen der damaligen forensischen Technologien.

Die forensische Toxikologie erlebte im Zuge dieser Fälle eine erhebliche Aufwertung. Die Identifizierung von Giftstoffen und die Analyse von Todesursachen wurden zu Schlüsselfaktoren in Morduntersuchungen. Giftanalysen wurden weiter verfeinert, und die forensische Toxikologie etablierte sich als eigenständige Disziplin innerhalb der forensischen Wissenschaft.

Die forensische Anthropologie gewann ebenfalls an Bedeutung, insbesondere in Fällen, in denen die Identifikation von Überresten oder Skeletten erforderlich war. Die Anwendung anatomischer und anthropologischer Methoden trug dazu bei, unbekannte Tote zu identifizieren und die Umstände ihres Todes zu klären.

Die forensische Dokumentenanalyse wurde durch Fälle wie den "Bermondsey Horror" und den "Oscar Slater-Fall" gestärkt. Die Untersuchung von Schriftstücken und Dokumenten gewann als zuverlässige Methode zur Authentifizierung und Fälschungserkennung an Anerkennung.

Trotz der Erfolge in der forensischen Praxis während dieser frühen Fälle standen die Ermittler vor zahlreichen Herausforderungen. Die begrenzten technologischen Möglichkeiten und die Notwendigkeit weiterer Fortschritte in den forensischen Disziplinen wurden offenkundig. Dennoch hinterließen diese Fälle einen bleibenden Einfluss auf die forensische Wissenschaft und trugen dazu bei, sie als unverzichtbare Ressource in der Strafverfolgung zu etablieren.

Wandel des forensischen Denkens
Der Wandel des forensischen Denkens im Verlauf der Geschichte ist eine faszinierende Reise durch die Entwicklung und Evolution der kriminalistischen Methoden und Prinzipien. Von den frühen Anfängen der forensischen Wissenschaft bis hin zur hochspezialisierten und technologisch fortgeschrittenen Kriminalistik des 21. Jahrhunderts spiegelt der Wandel des forensischen Denkens nicht nur technologische Fortschritte wider, sondern auch gesellschaftliche Veränderungen, ethische

Überlegungen und die kontinuierliche Suche nach Genauigkeit und Objektivität in der Verbrechensaufklärung.

Die Wurzeln des forensischen Denkens lassen sich bis in das antike Griechenland zurückverfolgen, wo schon Aristoteles im 4. Jahrhundert v. Chr. erste Ansätze zur Untersuchung von Verbrechen und zur Sammlung von Beweisen formulierte. Allerdings dauerte es viele Jahrhunderte, bis diese Ideen in systematischer Weise in die forensische Praxis integriert wurden. Der Übergang vom primitiven Denken über Schuld und Unschuld zu einer wissenschaftlichen und evidenzbasierten Methode war ein schrittweiser Prozess, der sich über die Jahrhunderte erstreckte.

Im Mittelalter war das forensische Denken von magischen und irrationalen Vorstellungen geprägt. Hexenprozesse und sogenannte "Probe Gottes" waren Beispiele für Methoden, bei denen übernatürliche Kräfte zur Lösung von Kriminalfällen herangezogen wurden. Die Idee von Folter als Mittel zur Wahrheitsfindung war ebenfalls weit verbreitet. Es war eine Zeit, in der das forensische Denken noch nicht von wissenschaftlicher Rationalität geprägt war, sondern von Aberglauben und religiösen Überzeugungen.

Der Beginn der Renaissance markierte einen Wendepunkt im forensischen Denken. In dieser Ära der Erneuerung und des Fortschritts erlebte die Wissenschaft eine Blütezeit, und dies spiegelte sich auch in der Kriminalistik wider. Im 16. Jahrhundert führte Ambroise Paré, ein französischer Chirurg, innovative forensische Autopsien durch und legte damit den Grundstein für die forensische Pathologie. Seine systematische Herangehensweise an die postmortale Untersuchung ebnete den Weg für eine präzisere Todesfeststellung.

Im 17. Jahrhundert schuf der deutsche Arzt Paul Zacchias das erste Handbuch zur forensischen Medizin, in dem er forensische Untersuchungsmethoden und die Verwendung von medizinischem Wissen bei gerichtlichen Angelegenheiten beschrieb. Dies markierte einen weiteren Schritt in Richtung Professionalisierung und Systematisierung forensischer Praktiken.

Im 18. Jahrhundert wurden in Europa weitere Fortschritte im forensischen Denken erzielt. In Schottland entwickelte der Rechtsgelehrte Sir William Forbes das Konzept der "Corpus Delicti", das besagt, dass es nicht nur einen Verdächtigen, sondern auch einen tatsächlichen Beweis für das Verbrechen geben muss. Dieser Ansatz trug dazu bei, die Anforderungen an die Beweisführung zu präzisieren und förderte eine evidenzbasierte forensische Denkweise.

Der Beginn des 19. Jahrhunderts brachte bahnbrechende Entwicklungen im forensischen Denken mit sich. Mathieu Orfila, ein spanisch-französischer Chemiker, gilt als Pionier der forensischen Toxikologie. Seine Arbeit legte die Grundlagen für die Identifizierung von Giften und die Analyse von Gewebeproben in Verdachtsfällen. Orfilas systematische Herangehensweise an die Toxikologie trug maßgeblich zur Verwissenschaftlichung der forensischen Untersuchungen bei.

Die Kriminalanthropologie erlebte im 19. Jahrhundert ebenfalls einen Aufschwung. Alphonse Bertillon, ein französischer Kriminalist, entwickelte das Bertillonage-System, das anthropometrische Messungen zur Identifikation von Individuen nutzte. Diese Methode war zwar nicht fehlerfrei, legte jedoch den Grundstein für die forensische Identifikation und trug zur Entwicklung moderner Identifikationstechniken bei.

Ein weiterer Meilenstein im forensischen Denken war die Einführung der Fingerabdruckanalyse. Sir Francis Galton, ein britischer Forscher, führte im späten 19. Jahrhundert umfangreiche Studien über Fingerabdrücke durch und entwickelte statistische Methoden zur Klassifizierung. Seine Forschung legte die Grundlagen für die Akzeptanz der Fingerabdruckanalyse als zuverlässige Methode zur individuellen Identifizierung.

Parallel dazu entwickelte sich die forensische Pathologie weiter. Rudolf Virchow, ein deutscher Mediziner, trug wesentlich zur Präzisierung der postmortalen Untersuchung und zur Bestimmung von Todesursachen bei. Seine Arbeiten legten die Grundlagen für die forensische Pathologie als eigenständige Disziplin innerhalb der forensischen Wissenschaft.

Die forensische Psychiatrie gewann im 19. Jahrhundert ebenfalls an Bedeutung. Forscher begannen, die Verbindung zwischen geistiger Gesundheit und kriminellem Verhalten zu untersuchen. Johann Christian August Heinroth, ein deutscher Psychiater, trug zur Entwicklung forensisch-psychiatrischer Ansätze bei der Beurteilung der Geistesgesundheit von Straftätern bei.

Die forensische Entomologie, die den Einsatz von Insekten als forensische Indikatoren beinhaltet, wurde im 19. Jahrhundert durch Jean Pierre Mégnin vorangetrieben. Mégnin untersuchte die Veränderungen der Insektenfauna auf Leichen und erkannte ihre forensische Bedeutung. Seine Erkenntnisse trugen zur präziseren Bestimmung der postmortalen Zeit bei.

Im Bereich der forensischen Ballistik trug Paul Jeserich, ein österreichischer Waffenexperte, wesentlich zur Identifikation von Geschossen und Schusswaffen bei. Seine systematischen Untersuchungen von ballistischen Beweismitteln ermöglichten die Verbindung von Schusswaffen mit konkreten Verbrechen.

Die forensische Dokumentenanalyse wurde im 19. Jahrhundert durch Pioniere wie William Herschel vorangetrieben. Herschel führte Fingerabdrücke als Identifikationsmittel auf Verträgen und Urkunden ein und legte damit den Grundstein für die forensische Analyse von Schriftstücken.

Die forensische Archäologie gewann durch den dänischen Archäologen Jens Jacob Asmussen Worsaae an Bedeutung. Worsaae setzte archäologische Methoden bei der Untersuchung von historischen Verbrechen ein und trug zur Entwicklung von

Techniken bei, die es ermöglichen, historische Stätten in kriminalistischen Untersuchungen zu nutzen.

Die forensische Zahnmedizin, auch als forensische Odontologie bekannt, wurde im 19. Jahrhundert durch Pioniere wie Paul Revere Mallon vorangetrieben. Mallon nutzte zahnärztliche Methoden zur Identifikation von Individuen und leistete Pionierarbeit bei der Anwendung zahnmedizinischer Merkmale in forensischen Untersuchungen.

Die forensische Spuren- und Materialanalyse erhielt durch Edmond Locard, einen französischen Forensiker, entscheidende Impulse. Locard formulierte das Prinzip des "Locard'schen Austauschs", das besagt, dass bei jeder Interaktion zwischen zwei Objekten Materialaustausch stattfindet. Dieses Prinzip bildete die Grundlage für die forensische Analyse von Spurenmaterialien.

Der Wandel des forensischen Denkens im 19. Jahrhundert wurde durch berühmte Kriminalfälle geprägt. Fallstudien wie der "Ratcliffe Highway-Mord", der "Bermondsey Horror", der "Tichborne-Fall" und viele andere trugen dazu bei, die forensische Wissenschaft in der Öffentlichkeit zu popularisieren und ihre Relevanz zu unterstreichen. Diese Fälle betonten die Bedeutung von systematischen Untersuchungen, forensischer Expertise und evidenzbasierter Methoden in der Verbrechensaufklärung.

In der ersten Hälfte des 20. Jahrhunderts setzte sich der Wandel des forensischen Denkens fort. Sir Bernard Spilsbury, ein britischer Forensiker, trug wesentlich zur Professionalisierung der forensischen Pathologie bei. Seine Arbeit an bekannten Kriminalfällen und seine Lehrtätigkeit trugen dazu bei, das Verständnis und die Anwendung forensischer Methoden zu fördern.

Der "Lindbergh-Kidnapping-Fall" von 1932 war ein bedeutender Wendepunkt in der Geschichte der forensischen Wissenschaft. Die Entführung und Ermordung des Sohnes von Charles Lindbergh führte zu intensiven forensischen Untersuchungen, darunter die

Analyse von Holzspänen, die am Tatort gefunden wurden. Dieser Fall betonte die Bedeutung von forensischen Beweisen in hochkarätigen Kriminalfällen.

Die Entwicklungen im Bereich der forensischen Labortechnologie, einschließlich der Einführung von DNA-Analysen ab den 1980er Jahren, revolutionierten das forensische Denken erneut. Die Möglichkeit, genetische Fingerabdrücke zu erstellen, eröffnete neue Wege zur Identifikation von Verdächtigen und zur Aufklärung von Verbrechen. DNA-Analysen trugen dazu bei, unschuldige Personen zu entlasten und die Genauigkeit forensischer Untersuchungen zu verbessern.

Die Digitalisierung und der Einsatz moderner Technologien im 21. Jahrhundert haben das forensische Denken erneut transformiert. Die Analyse von digitalen Beweisen, forensische Informatik und die Verwendung von Künstlicher Intelligenz tragen dazu bei, komplexe Kriminalfälle zu lösen und die forensische Praxis weiter zu optimieren.

Ein weiterer Schwerpunkt im zeitgenössischen forensischen Denken liegt auf ethischen Überlegungen und der Sicherstellung von Rechtsstaatlichkeit. Die forensische Gemeinschaft reflektiert zunehmend über die ethischen Implikationen ihrer Arbeit, den Schutz von Bürgerrechten und die Vermeidung von Vorurteilen.

Der Wandel des forensischen Denkens ist ein fortlaufender Prozess, der von technologischen Fortschritten, gesellschaftlichen Veränderungen und ethischen Erwägungen geprägt wird. Die Entwicklung von forensischen Methoden von den frühen Anfängen bis zur modernen, hochspezialisierten Kriminalistik spiegelt die Bestrebungen wider, eine genauere, gerechtere und wissenschaftlich fundierte Verbrechensaufklärung zu gewährleisten. Die Reise des forensischen Denkens ist eine faszinierende Chronik der menschlichen Entschlossenheit, Gerechtigkeit durch Wissenschaft und Evidenz zu verwirklichen.

Institutionalisierung der forensischen Forschung

Die Institutionalisierung der forensischen Forschung ist ein facettenreicher Prozess, der die Entwicklung der forensischen Wissenschaft von einer emergierenden Disziplin zu einer fest verankerten und spezialisierten Forschungsrichtung in der Kriminalistik widerspiegelt. Diese Reise durch die Geschichte der Institutionalisierung der forensischen Forschung bietet einen Einblick in die Entstehung von forensischen Instituten, die Etablierung von Studiengängen, den Aufbau von Forschungsinfrastrukturen und die wachsende Bedeutung forensischer Forschung in der Gesellschaft.

Der Ursprung der Institutionalisierung der forensischen Forschung lässt sich auf das 19. Jahrhundert zurückverfolgen, als die forensische Wissenschaft in Europa und Nordamerika an Bedeutung gewann. Zu dieser Zeit begannen Pioniere wie Mathieu Orfila und Alphonse Bertillon, forensische Methoden systematisch zu entwickeln und zu etablieren. Jedoch war die institutionelle Verankerung noch begrenzt, und viele forensische Experten waren Einzelkämpfer ohne spezifische institutionelle Unterstützung.

Mit dem Fortschreiten des 20. Jahrhunderts wurden die ersten Schritte in Richtung Institutionalisierung der forensischen Forschung unternommen. Forensische Labore wurden in vielen Ländern gegründet, um eine spezialisierte Umgebung für die Untersuchung von Beweismitteln zu schaffen. Diese Labore wurden zunehmend von staatlichen Stellen finanziert und entwickelten sich zu wichtigen Akteuren in der forensischen Forschung.

Ein bedeutendes Beispiel für die frühe Institutionalisierung der forensischen Forschung war die Gründung des "Institut de Police Scientifique" in Lyon, Frankreich, im Jahr 1910. Unter der Leitung von Edmond Locard wurde das Institut zu einem Vorreiter in forensischer Forschung und Ausbildung. Locard etablierte das Prinzip des "Locard'schen Austauschs" und legte damit den Grundstein für die forensische Analyse von Spurenmaterialien.

In den USA wurde das erste moderne forensische Laboratorium 1923 am Institut für Kriminalistik der Northwestern University in Chicago gegründet. Unter der Leitung von Calvin Goddard und anderen Experten entwickelte sich dieses Labor zu einem der wichtigsten Zentren für forensische Forschung und Training.

Die institutionelle Verankerung der forensischen Forschung setzte sich in den folgenden Jahrzehnten fort. Forensische Labore wurden auf nationaler und regionaler Ebene eingerichtet, um die steigende Nachfrage nach forensischen Dienstleistungen zu erfüllen. Die Institutionen wurden mit modernster Technologie ausgestattet, um forensische Untersuchungen in Bereichen wie Toxikologie, Pathologie, Ballistik und DNA-Analyse durchzuführen.

Die 1970er und 1980er Jahre waren entscheidend für die Institutionalisierung der forensischen Forschung. In vielen Ländern wurden spezialisierte forensische Labore geschaffen, die nicht nur von Strafverfolgungsbehörden, sondern auch von Universitäten und Forschungseinrichtungen betrieben wurden. Diese Labore dienten nicht nur der Verbrechensaufklärung, sondern auch der wissenschaftlichen Forschung und Ausbildung.

Die Entwicklung der DNA-Analyse in den 1980er Jahren revolutionierte die forensische Forschung und führte zu weiteren institutionellen Fortschritten. DNA-Datenbanken wurden aufgebaut, um genetische Informationen für Ermittlungen zu nutzen. Forensische Labore wurden mit hochmodernen Geräten für die DNA-Analyse ausgestattet, und die forensische Genetik etablierte sich als eigenständige Disziplin innerhalb der forensischen Wissenschaft.

Parallel zur Entwicklung von forensischen Laboren wurden auch forensische Studiengänge und Ausbildungseinrichtungen institutionalisiert. Universitäten begannen, spezialisierte Programme für forensische Wissenschaften anzubieten, die Studenten auf eine Karriere in der forensischen Forschung vorbereiteten. Dies trug dazu bei, qualifizierte Fachleute für die wachsende Nachfrage nach forensischen Dienstleistungen bereitzustellen.

Die Institutionalisierung der forensischen Forschung führte auch zu einer verstärkten Zusammenarbeit zwischen forensischen Experten, Strafverfolgungsbehörden, Universitäten und anderen relevanten Einrichtungen. Forensische Konferenzen, Fachzeitschriften und wissenschaftliche Gesellschaften wurden gegründet, um den Austausch von Wissen und die Förderung von Forschung in der forensischen Gemeinschaft zu erleichtern.

Ein wichtiger Meilenstein in der Institutionalisierung der forensischen Forschung war die Gründung der International Association of Forensic Sciences (IAFS) im Jahr 1957. Diese internationale Organisation förderte die Zusammenarbeit von forensischen Experten weltweit und trug zur Standardisierung von Methoden und Verfahren in der forensischen Wissenschaft bei.

Die zunehmende Technologisierung und Digitalisierung im 21. Jahrhundert prägten weitere Entwicklungen in der Institutionalisierung der forensischen Forschung. Die Einführung von forensischer Informatik, digitaler Forensik und modernen Analysemethoden erweiterte das Spektrum der forensischen Wissenschaft und führte zu neuen Herausforderungen und Chancen.

Die Rolle von forensischen Laboren in der Institutionalisierung der forensischen Forschung ist besonders hervorzuheben. Diese Labore sind nicht nur mit modernster Technologie ausgestattet, sondern dienen auch als Zentren für angewandte Forschung. Forensische Wissenschaftler in diesen Laboren arbeiten an innovativen Methoden, um Spurenmaterialien zu analysieren, Todesursachen zu bestimmen und kriminalistische Untersuchungen zu unterstützen.

Die Qualitätssicherung und Zertifizierung von forensischen Laboren sind wichtige Elemente der Institutionalisierung. Internationale

Standards und Qualitätsrichtlinien wurden entwickelt, um sicherzustellen, dass forensische Untersuchungen zuverlässig, genau und reproduzierbar sind. Die Akkreditierung von Laboren durch unabhängige Organisationen trägt zur Vertrauenswürdigkeit der forensischen Forschung bei.

Forensische Institute und Forschungszentren, die sich auf spezifische forensische Disziplinen konzentrieren, sind ebenfalls Teil der institutionellen Landschaft. Diese Einrichtungen führen experimentelle Forschung durch, entwickeln neue Technologien und Methoden, und tragen zur Weiterentwicklung der forensischen Wissenschaft bei.

Die Bedeutung der Institutionalisierung der forensischen Forschung zeigt sich auch in der forensischen Anthropologie. Spezialisierte Labore und Forschungseinrichtungen widmen sich der Identifikation von Überresten und der Rekonstruktion von Verbrechen unter Berücksichtigung anthropologischer Methoden.

Forensische Psychiatrie und Psychologie haben ebenfalls von der Institutionalisierung profitiert. Forensische Einrichtungen, die sich auf die Untersuchung von kriminellem Verhalten und psychologischen Profilen spezialisiert haben, spielen eine entscheidende Rolle in der Verbrechensaufklärung und der gerichtlichen Beurteilung von Straftätern.

Die Rolle von Universitäten in der Institutionalisierung der forensischen Forschung ist nicht zu unterschätzen. Neben forensischen Studiengängen bieten viele Universitäten auch Forschungsmöglichkeiten für forensische Wissenschaftler. Die Zusammenarbeit zwischen Universitäten und forensischen Laboren fördert die Integration von Forschung und Praxis.

Die Institutionalisierung der forensischen Forschung hat nicht nur zu technologischen Fortschritten geführt, sondern auch die Professionalisierung der forensischen Gemeinschaft vorangetrieben. Die Einführung von ethischen Richtlinien,

Standards und Zertifizierungen hat dazu beigetragen, die Integrität und Qualität forensischer Untersuchungen zu gewährleisten.

Die Herausforderungen in der Institutionalisierung der forensischen Forschung sind jedoch nicht zu übersehen. Finanzielle Ressourcen, die Notwendigkeit internationaler Kooperationen, ethische Überlegungen und die rasante Entwicklung neuer Technologien sind Aspekte, die die forensische Gemeinschaft ständig berücksichtigen muss.

Insgesamt spiegelt die Institutionalisierung der forensischen Forschung einen beeindruckenden Weg wider, von den bescheidenen Anfängen im 19. Jahrhundert zu einer hochspezialisierten und global vernetzten Disziplin im 21. Jahrhundert. Der kontinuierliche Fortschritt in der forensischen Forschung trägt dazu bei, Kriminalität aufzuklären, Gerechtigkeit zu gewährleisten und das Vertrauen in die rechtlichen Systeme weltweit zu stärken.

Fortschritte in der Beweisführung
Das 19. Jahrhundert war eine Ära des Umbruchs und der Innovationen in der forensischen Beweisführung, die die Art und Weise, wie Verbrechen untersucht und vor Gericht gebracht wurden, nachhaltig veränderten. Von bedeutenden Fortschritten in der forensischen Toxikologie bis hin zur Einführung moderner Technologien in der Spurenanalyse trugen zahlreiche Entwicklungen dazu bei, die Qualität und Zuverlässigkeit von Beweisen zu verbessern. In dieser ausführlichen Zusammenfassung werden die entscheidenden Fortschritte in der Beweisführung im 19. Jahrhundert beleuchtet, ihre Auswirkungen auf die forensische Wissenschaft und die Strafjustiz analysiert sowie die Pioniere und wegweisenden Fälle vorgestellt, die diese Ära geprägt haben.

Die forensische Toxikologie erlebte im 19. Jahrhundert einen bedeutenden Aufschwung durch das Wirken von Mathieu Orfila, einem spanisch-französischen Chemiker, der als Pionier auf diesem

Gebiet gilt. Orfila veröffentlichte 1814 sein wegweisendes Werk "Traité des poisons" (Abhandlung über Gifte), in dem er systematisch die Identifizierung von Giften und die Analyse von Gewebeproben beschrieb. Diese Arbeit legte die Grundlagen für die forensische Toxikologie als eigenständige Disziplin.

Orfilas Werk hatte weitreichende Auswirkungen auf die Strafrechtspflege. Er entwickelte Methoden zur Extraktion von Giften aus biologischem Material und führte genaue Analysen durch, um deren Präsenz nachzuweisen. Seine Expertise wurde in zahlreichen Gerichtsverfahren geschätzt und trug dazu bei, Verdächtige auf der Grundlage wissenschaftlicher Beweise zu verurteilen oder freizusprechen. Orfilas Beitrag zur forensischen Toxikologie legte den Grundstein für die moderne Untersuchung von Vergiftungsfällen und ebnete den Weg für weitere Entwicklungen in diesem Bereich.

Ein weiterer Meilenstein in der Beweisführung des 19. Jahrhunderts war die Einführung forensischer Anthropologie durch Pioniere wie Alphonse Bertillon. Der französische Kriminalist entwickelte das Bertillonage-System, das anthropometrische Messungen zur Identifikation von Individuen nutzte. Dieses System basierte auf der Idee, dass Körpermaße und physische Merkmale einzigartig für jede Person sind und daher zur Identifikation verwendet werden können.

Bertillons Methode wurde in zahlreichen Fällen angewendet, insbesondere bei der Identifikation von Verbrechern anhand von Körpermaßen und Fotografien. Obwohl die Bertillonage nicht ohne Fehler war und später durch modernere Identifikationstechniken wie Fingerabdrücke abgelöst wurde, trug sie zur Entwicklung forensischer Methoden bei und betonte die Bedeutung von wissenschaftlichen Verfahren in der Kriminalistik.

Die Einführung der Fingerabdruckanalyse war zweifellos einer der bahnbrechenden Fortschritte in der Beweisführung des 19. Jahrhunderts. Sir Francis Galton, ein britischer Forscher und

Cousin von Charles Darwin, führte umfangreiche Studien über Fingerabdrücke durch und entwickelte statistische Methoden zur Klassifizierung. Galton erkannte, dass Fingerabdrücke eine einzigartige Identifikationsmethode darstellen, da sie bei jedem Individuum unterschiedlich sind.

Seine Forschung bildete die Grundlage für die forensische Anwendung von Fingerabdrücken, und sein Werk "Fingerprints" von 1892 trug dazu bei, diese Methode in der Strafjustiz zu etablieren. Die Verwendung von Fingerabdrücken zur Identifikation von Verdächtigen und zur Aufklärung von Verbrechen wurde schnell anerkannt und revolutionierte die forensische Beweisführung. Die Fingerabdruckanalyse wurde zu einer der zuverlässigsten und am weitesten verbreiteten Methoden der individuellen Identifikation.

Ein weiterer bedeutender Fortschritt in der forensischen Beweisführung des 19. Jahrhunderts war die Entwicklung der forensischen Pathologie. Rudolf Virchow, ein deutscher Mediziner, trug wesentlich zur Präzisierung der postmortalen Untersuchung und zur Bestimmung von Todesursachen bei. Virchow erkannte die Bedeutung von wissenschaftlich fundierten Autopsien und legte die Grundlagen für die forensische Pathologie als eigenständige Disziplin.

Die forensische Pathologie spielte eine entscheidende Rolle bei der Untersuchung von Todesfällen und der Feststellung von Gewaltverbrechen. Die genaue Analyse von Gewebeproben, Organen und Verletzungen ermöglichte es, Todesursachen zu bestimmen und forensische Beweise in Gerichtsverfahren vorzulegen. Virchows Beitrag trug dazu bei, die forensische Medizin auf ein höheres Niveau zu heben und ihre Bedeutung für die Verbrechensaufklärung zu festigen.

Im Bereich der forensischen Ballistik leistete Paul Jeserich, ein österreichischer Waffenexperte, entscheidende Arbeit. Jeserich entwickelte Methoden zur Identifikation von Geschossen und Schusswaffen, indem er ballistische Beweismittel systematisch analysierte. Seine Forschungen trugen dazu bei, Verbindungen zwischen Schusswaffen und konkreten Verbrechen herzustellen.

Jeserichs Arbeit betonte die Bedeutung von präzisen ballistischen Untersuchungen in Kriminalfällen. Die Identifikation von Geschossen und Schusswaffen wurde zu einem wichtigen Bestandteil der forensischen Beweisführung, insbesondere in Fällen von Schussverletzungen oder Schusswechseln. Die forensische Ballistik entwickelte sich weiter und wurde zu einer unverzichtbaren Disziplin bei der Aufklärung von Straftaten.

Die forensische Dokumentenanalyse gewann im 19. Jahrhundert ebenfalls an Bedeutung. Pioniere wie William Herschel trugen dazu bei, Schriftstücke und Dokumente als forensische Beweismittel zu etablieren. Herschel führte Fingerabdrücke als Identifikationsmittel auf Verträgen und Urkunden ein und legte damit den Grundstein für die forensische Analyse von Schriftstücken.

Die forensische Dokumentenanalyse konzentrierte sich auf die Untersuchung von Handschriften, Tinten, Papier und Siegeln, um die Echtheit von Dokumenten zu überprüfen und Manipulationen zu erkennen. Die Expertise von Dokumentenanalysten wurde in Gerichtsverfahren eingesetzt, um die Authentizität von wichtigen Unterlagen zu bestätigen und gefälschte Dokumente zu entlarven.

Im Bereich der forensischen Entomologie trug Jean Pierre Mégnin wesentlich zur Entwicklung dieser Disziplin bei. Mégnin untersuchte die Veränderungen der Insektenfauna auf Leichen und erkannte ihre forensische Bedeutung. Seine Erkenntnisse trugen zur präziseren Bestimmung der postmortalen Zeit bei und ermöglichten es, anhand von Insektenbefall Rückschlüsse auf den Todeszeitpunkt zu ziehen.

Die forensische Entomologie, die den Einsatz von Insekten als forensische Indikatoren beinhaltet, wurde durch Mégnins Arbeit weiterentwickelt. Die Analyse von Insektenbefall auf Leichen ist heute eine etablierte Methode in der forensischen Wissenschaft und wird bei der Bestimmung des Todeszeitpunkts in zahlreichen Fällen angewendet.

Die forensische Zahnmedizin, auch als forensische Odontologie bekannt, wurde im 19. Jahrhundert durch Pioniere wie Paul Revere Mallon vorangetrieben. Mallon nutzte zahnärztliche Methoden zur Identifikation von Individuen und leistete Pionierarbeit bei der Anwendung zahnmedizinischer Merkmale in forensischen Untersuchungen. Seine Arbeit trug dazu bei, die forensische Zahnmedizin als eigenständige Disziplin zu etablieren.

Zahnmedizinische Untersuchungen wurden in der forensischen Praxis zunehmend genutzt, um Individuen anhand ihrer Zahnstrukturen oder zahnärztlichen Behandlungen zu identifizieren. Die forensische Zahnmedizin spielte eine wichtige Rolle in der Identifikation von Unbekannten, insbesondere in Fällen von Massenkatastrophen oder unklaren Todesfällen.

Die forensische Spuren- und Materialanalyse erhielt durch Edmond Locard, einen französischen Forensiker, entscheidende Impulse. Locard formulierte das Prinzip des "Locard'schen Austauschs", das besagt, dass bei jeder Interaktion zwischen zwei Objekten Materialaustausch stattfindet. Dieses Prinzip bildete die Grundlage für die forensische Analyse von Spurenmaterialien.

Locards Beitrag betonte die Bedeutung von Spurenmaterial in forensischen Untersuchungen. Die Identifikation und Analyse von Fasern, Haaren, Lacken und anderen Materialien am Tatort oder an Personen spielten eine zunehmend wichtige Rolle in der forensischen Beweisführung. Die forensische Spuren- und Materialanalyse entwickelte sich zu einer hochspezialisierten Disziplin, die zur Lösung komplexer Kriminalfälle beiträgt.

Der "Ratcliffe Highway-Mord" von 1811 war ein frühes Beispiel für die Anwendung forensischer Beweise in einem Kriminalfall des 19. Jahrhunderts. Dieser Mordfall in London führte zu intensiven forensischen Untersuchungen, bei denen Spurenmaterial,

Autopsien und andere Methoden eingesetzt wurden. Die forensischen Beweise, die in diesem Fall präsentiert wurden, trugen zur Verurteilung des Verdächtigen bei und betonten die Bedeutung forensischer Methoden in der Strafjustiz.

Ein weiterer wegweisender Fall war der "Bermondsey Horror" von 1849, bei dem ein brutaler Mord an einer Familie verübt wurde. Forensische Untersuchungen, darunter auch die Analyse von Tatortspuren, wurden verwendet, um den Täter zu identifizieren und vor Gericht zu bringen. Der Fall verdeutlichte, wie forensische Beweise dazu beitragen können, auch komplexe Verbrechen aufzuklären und die Schuld von Verdächtigen zu beweisen.

Der "Tichborne-Fall" ab den 1860er Jahren ist ein weiteres Beispiel für die Verwendung forensischer Beweise in einem aufsehenerregenden Gerichtsverfahren. Der Fall drehte sich um die Identität eines Erben und wurde durch die Analyse von Schriftproben, Zeugenaussagen und anderen forensischen Methoden entschieden. Der Tichborne-Fall unterstrich die Rolle forensischer Beweise bei der Klärung rechtlicher Fragen und der Sicherung von Gerechtigkeit.

Insgesamt verdeutlichen diese Fälle und Fortschritte in der Beweisführung im 19. Jahrhundert die wachsende Bedeutung forensischer Methoden in der Strafjustiz. Die Einführung von forensischen Techniken zur Identifikation von Giften, zur Analyse von Fingerabdrücken, zur ballistischen Untersuchung und zur forensischen Anthropologie revolutionierte die Art und Weise, wie Verbrechen untersucht und vor Gericht gebracht wurden.

Die Pioniere der forensischen Wissenschaft des 19. Jahrhunderts legten nicht nur die Grundlagen für ihre eigenen Fachgebiete, sondern prägten auch die Entwicklung der gesamten forensischen Wissenschaft. Ihre methodische Präzision, wissenschaftliche Akribie und Einsatzbereitschaft, forensische Beweise vor Gericht zu verteidigen, trugen dazu bei, das Vertrauen in die forensische

Wissenschaft zu stärken und ihre Legitimität in der Strafjustiz zu etablieren.

Der Fortschritt in der Beweisführung im 19. Jahrhundert war jedoch nicht ohne Herausforderungen. Die Einführung neuer forensischer Techniken stieß oft auf Skepsis und Widerstand seitens der traditionellen Rechtssysteme. Die Notwendigkeit, die Zuverlässigkeit von forensischen Beweisen zu demonstrieren und die forensische Wissenschaft voranzubringen, erforderte engagierte Pioniere und kontinuierliche Bemühungen um Forschung und Ausbildung.

Insgesamt markiert das 19. Jahrhundert eine Ära des Wandels und der Innovation in der forensischen Beweisführung. Die Pioniere dieser Zeit legten den Grundstein für die modernen forensischen Methoden und Disziplinen, die heute einen integralen Bestandteil der Strafjustiz bilden. Ihr Erbe wirkt fort, während die forensische Wissenschaft weiterhin auf neue Herausforderungen reagiert und sich an die dynamischen Anforderungen der modernen Kriminalistik anpasst.

Forensische Wissenschaft in der Öffentlichkeit

Das 19. Jahrhundert markierte eine Phase der bedeutenden Veränderungen und Fortschritte in der forensischen Wissenschaft, die nicht nur die Art und Weise, wie Verbrechen untersucht wurden, transformierten, sondern auch einen erheblichen Einfluss auf die öffentliche Wahrnehmung und das Verständnis der Kriminalistik hatten. In dieser umfassenden Zusammenfassung werden die verschiedenen Aspekte der forensischen Wissenschaft in der Öffentlichkeit im 19. Jahrhundert beleuchtet. Dies umfasst die Popularisierung forensischer Methoden, die Rolle der Medien, die Entstehung von Kriminalromanen, den Einfluss von berühmten Kriminalfällen sowie die Herausbildung von forensischen Experten in der kollektiven Vorstellung.

Die forensische Wissenschaft erlebte im 19. Jahrhundert eine allmähliche Verbreitung in der öffentlichen Wahrnehmung, die durch verschiedene Faktoren beeinflusst wurde. Eine entscheidende Rolle spielte die Arbeit von Pionieren wie Mathieu Orfila, der als Vater der forensischen Toxikologie gilt. Orfila's bahnbrechende Arbeiten in der Identifizierung von Giften und der Analyse von Körperflüssigkeiten legten den Grundstein für die forensische Chemie und trugen dazu bei, dass die Öffentlichkeit ein Interesse an wissenschaftlichen Methoden der Verbrechensaufklärung entwickelte.

Ein wichtiger Faktor bei der Popularisierung der forensischen Wissenschaft war die fortschreitende Technologisierung im 19. Jahrhundert. Die Entwicklungen in den Bereichen Chemie, Mikroskopie und Statistik ermöglichten präzisere forensische Analysen. Die Öffentlichkeit begann, die Wissenschaft als ein mächtiges Werkzeug zur Aufklärung von Verbrechen zu erkennen, was zu einer gesteigerten Neugier und Faszination für forensische Methoden führte.

Die Popularisierung der forensischen Wissenschaft wurde auch durch die Rolle der Medien verstärkt. Zeitungen und Zeitschriften berichteten zunehmend über spektakuläre Kriminalfälle, wobei sie oft detaillierte forensische Analysen und Beweise hervorhoben. Diese Berichterstattung trug dazu bei, das Bewusstsein für die Wirksamkeit forensischer Methoden zu schärfen und die Öffentlichkeit für die Notwendigkeit wissenschaftlicher Untersuchungen in der Kriminalistik zu sensibilisieren.

Die Entstehung von Kriminalromanen im 19. Jahrhundert spielte eine entscheidende Rolle bei der Formung der öffentlichen Wahrnehmung von forensischer Wissenschaft. Autoren wie Edgar Allan Poe und Arthur Conan Doyle, Schöpfer von Detektivfiguren wie Sherlock Holmes, integrierten forensische Methoden in ihre Geschichten. Diese Romane fesselten die Leser mit realistischen Darstellungen von Kriminalfällen und forensischen Untersuchungen, was dazu beitrug, die Faszination für forensische Wissenschaft in der breiten Öffentlichkeit zu fördern.

Die Verbindung von Literatur und forensischer Wissenschaft manifestierte sich auch in der Realität. Detektivgeschichten inspirierten nicht nur das Publikum, sondern auch echte Kriminalermittler und forensische Experten. Die Anwendung forensischer Methoden in der Praxis wurde durch die Romane beeinflusst, was zu einer verstärkten Akzeptanz und Anerkennung der forensischen Wissenschaft in der Gesellschaft führte.

Ein herausragendes Beispiel für die öffentliche Aufmerksamkeit gegenüber forensischen Methoden war der "Ratcliffe Highway-Mord" von 1811 in London. Dieser Fall, der eine Serie brutaler Morde umfasste, erregte großes Interesse in der Öffentlichkeit und den Medien. Die forensischen Untersuchungen, einschließlich der Analyse von Tatortspuren und Autopsien, wurden intensiv dokumentiert und in Zeitungen veröffentlicht. Dieser Fall trug dazu bei, die Wirksamkeit forensischer Methoden in der Verbrechensaufklärung zu betonen und das Bewusstsein für ihre Bedeutung zu schärfen.

Ein weiteres Beispiel für die Präsenz der forensischen Wissenschaft in der Öffentlichkeit war der "Bermondsey Horror" von 1849. Dieser Fall, in dem eine Familie brutal ermordet wurde, erregte großes Aufsehen. Forensische Untersuchungen, darunter die Analyse von Tatortspuren und die Identifikation von Verdächtigen anhand von Körpermaßen, wurden in Zeitungsberichten ausführlich beschrieben. Der "Bermondsey Horror" verdeutlichte, wie forensische Beweise in hochprofiligen Kriminalfällen die Aufmerksamkeit der Öffentlichkeit auf sich zogen.

Die Verbindung von Medien und Kriminalfällen trug dazu bei, forensische Experten als öffentliche Persönlichkeiten zu etablieren. Forensische Chemiker, Anthropologen, und andere Spezialisten wurden zu gefragten Experten in Gerichtsverfahren und galten als Autoritäten in ihren jeweiligen Feldern. Die Medien spielten eine wichtige Rolle bei der Schaffung und Aufrechterhaltung des öffentlichen Bildes dieser Experten, was ihre Glaubwürdigkeit und den Einfluss der forensischen Wissenschaft weiter stärkte.

Der "Tichborne-Fall" ab den 1860er Jahren war ein weiteres Beispiel für die prominente Rolle der forensischen Wissenschaft in der öffentlichen Arena. Der Fall, der sich um die Identität eines Erben drehte, involvierte forensische Experten, die Schriftproben, Zeugenaussagen und andere Beweise analysierten. Die forensische Wissenschaft wurde somit nicht nur in Kriminalfällen, sondern auch in Zivilverfahren zu einem bedeutenden Element.

Der Einfluss forensischer Methoden auf die öffentliche Meinung spiegelte sich auch in der Kunst wider. Gemälde, Illustrationen und literarische Werke nahmen häufig Bezug auf Kriminalfälle und forensische Analysen. Die Darstellung von forensischen Experten und ihrer Methoden in der Kunst trug dazu bei, die Bedeutung der forensischen Wissenschaft in der kollektiven Vorstellung zu verankern.

Die wachsende öffentliche Aufmerksamkeit führte dazu, dass forensische Experten zu prominenten Figuren wurden. Einflussreiche Persönlichkeiten wie Mathieu Orfila, Alphonse Bertillon und Edmond Locard wurden nicht nur für ihre wissenschaftlichen Beiträge geschätzt, sondern auch als Vorbilder für diejenigen, die eine Karriere in der forensischen Wissenschaft anstrebten. Die öffentliche Anerkennung trug dazu bei, die forensische Wissenschaft als respektierte Disziplin zu etablieren.

Der Einfluss forensischer Methoden auf die öffentliche Meinung hatte jedoch auch Herausforderungen zur Folge. Die Medienberichterstattung über forensische Beweise war nicht immer objektiv, und in einigen Fällen wurde die forensische Wissenschaft sensationalisiert dargestellt. Dies führte gelegentlich zu falschen Vorstellungen über die Zuverlässigkeit und Allmacht forensischer Methoden.

Insgesamt verdeutlichen die Beispiele des 19. Jahrhunderts, wie die forensische Wissenschaft zunehmend in den Fokus der Öffentlichkeit gerückt ist. Die Kombination aus wissenschaftlichen Entwicklungen, Medienpräsenz und literarischer Rezeption formte die öffentliche Wahrnehmung von forensischer Wissenschaft. Diese Entwicklung trug nicht nur zur Popularisierung der forensischen Methoden bei, sondern beeinflusste auch die Einstellung der Gesellschaft gegenüber Verbrechensbekämpfung und Gerichtsverfahren. Die forensische Wissenschaft wurde zu einem integralen Bestandteil der kulturellen Landschaft des 19. Jahrhunderts, dessen Einfluss bis in die Gegenwart reicht.

Rolle von Rechtsprechung und Gesetzgebung

Das 19. Jahrhundert war eine Ära grundlegender Veränderungen in der Rechtsprechung und Gesetzgebung, die die Struktur und Funktionsweise der juristischen Systeme in vielen Teilen der Welt nachhaltig beeinflusste. Diese ausführliche Zusammenfassung beleuchtet die vielschichtige Rolle von Rechtsprechung und Gesetzgebung im 19. Jahrhundert, wobei verschiedene Aspekte wie die Entwicklung des Strafrechts, die Schaffung von Rechtsnormen, der Einfluss von Rechtsphilosophien und die Herausforderungen im Bereich der Justiz behandelt werden.

In den meisten Gesellschaften des 19. Jahrhunderts war das Strafrecht einem tiefgreifenden Wandel unterworfen. Neue Vorstellungen von Strafe, Schuld und Rehabilitation drängten traditionelle Methoden der Bestrafung zurück. Eine Schlüsselrolle spielte hierbei die aufkommende Idee des positiven Rechts, wie sie von Rechtsphilosophen wie Jeremy Bentham und später von John Stuart Mill formuliert wurde. Diese Denkrichtung betonte die Notwendigkeit, Gesetze klar zu definieren, um gerechte Strafen zu ermöglichen, und postulierte, dass der Staat befugt sei, in das individuelle Leben einzugreifen, um das Gemeinwohl zu schützen.

Die Einführung des positiven Rechts führte zu einer verstärkten Kodifizierung des Strafrechts, was bedeutet, dass Gesetze systematisch in schriftlichen Kodizes festgelegt wurden. Ein herausragendes Beispiel war die Verabschiedung des Code Napoléon in Frankreich unter Napoleon Bonaparte im Jahr 1804. Dieser Kodex beeinflusste nicht nur das französische

Rechtssystem, sondern diente auch als Vorbild für viele Länder, die ihre eigenen Gesetzbücher entwickelten.

In Deutschland prägte die Kodifikation des Strafrechts durch das Allgemeine Landrecht für die Preußischen Staaten (1794-1798) und später das Strafgesetzbuch des Deutschen Reiches (1871) die Rechtsprechung. Diese Kodifikationen legten klare Regeln und Strafmaße fest, wodurch die Rechtsprechung transparenter und vorhersehbarer wurde.

In Großbritannien hingegen erfolgte keine umfassende Kodifikation des Strafrechts, sondern eine schrittweise Reform. Dennoch beeinflussten die Ideen des positiven Rechts und die Forderungen nach Reformen die Entwicklung des britischen Strafrechts, insbesondere in Bezug auf Strafverfahren und Haftbedingungen.

Ein weiterer entscheidender Aspekt der Rolle von Rechtsprechung und Gesetzgebung im 19. Jahrhundert war die fortschreitende Abkehr von grausamen und ungewöhnlichen Strafen. Die Humanisierung des Strafrechts war eine Reaktion auf die über Jahrhunderte praktizierte Folter und die öffentlichen Hinrichtungen. Reformbewegungen setzten sich für mildere und gerechtere Strafen ein, und dies spiegelte sich in Gesetzesänderungen wider.

Die Abschaffung der Sklaverei im 19. Jahrhundert war ein weiteres bedeutendes Beispiel für die transformative Kraft der Gesetzgebung. In den meisten westlichen Ländern und ihren Kolonien wurden Gesetze erlassen, um die Sklaverei abzuschaffen und die Rechte der ehemaligen Sklaven zu schützen. Der britische Slavery Abolition Act von 1833 war ein Meilenstein in diesem Prozess, der die Sklaverei im Britischen Empire beendete.

Ein bedeutendes Beispiel für die Entwicklung von Rechtsnormen im 19. Jahrhundert war die Entstehung des Völkerrechts. Der Wiener Kongress von 1815 legte den Grundstein für die moderne Auffassung des Völkerrechts, indem er Prinzipien wie Souveränität, territoriale Integrität und Nichtintervention festlegte. Diese Normen beeinflussten nicht nur die Beziehungen zwischen Staaten, sondern auch die Entwicklung internationaler Institutionen wie dem Internationalen Gerichtshof.

Ein weiterer bedeutender Aspekt der Rechtsprechung im 19. Jahrhundert war die Herausbildung des Common Law-Systems. In Ländern wie Großbritannien und den USA basierte die Rechtsprechung zunehmend auf Präzedenzfällen und Gerichtsentscheidungen, die als Grundlage für zukünftige Rechtsfälle dienten. Dieses System trug zur Flexibilität des Rechts bei, ermöglichte eine kontinuierliche Anpassung an gesellschaftliche Veränderungen und unterschiedliche juristische Situationen.

Die Rechtsprechung im Bereich der Menschen- und Bürgerrechte nahm im 19. Jahrhundert ebenfalls an Bedeutung zu. Die Ideen der Aufklärung, insbesondere in Bezug auf individuelle Freiheiten und Gleichheit vor dem Gesetz, beeinflussten die Entstehung von Verfassungen und Gesetzen, die die Grundrechte der Bürger schützen sollten. Die US-amerikanische Verfassung von 1787 und die späteren Zusatzartikel, insbesondere der 14. Zusatzartikel, der die Gleichheit vor dem Gesetz gewährleistet, sind bedeutende Dokumente in diesem Kontext.

Ein entscheidender Meilenstein für die Bürgerrechte in Europa war die Verabschiedung der Magna Carta im Jahr 1215 in England, die im 19. Jahrhundert erneut als Symbol für die Rechte des Einzelnen aufgegriffen wurde. Die Ideen der Magna Carta beeinflussten die Entstehung von Verfassungen und Gesetzen in vielen Ländern, die die Rechte der Bürger schützten.

Die Entstehung der Menschen- und Bürgerrechte in der Rechtsprechung des 19. Jahrhunderts war eng mit politischen Bewegungen verbunden, die auf die Anerkennung grundlegender Freiheiten und Rechte drängten. Die Amerikanische Revolution (1775-1783) und die Französische Revolution (1789-1799) trugen zur Verbreitung von Ideen wie Freiheit, Gleichheit und

Brüderlichkeit bei, die in den Verfassungen und Gesetzen des 19. Jahrhunderts verankert wurden.

Die Rechtsprechung im 19. Jahrhundert war auch durch die Frage der Todesstrafe geprägt. In vielen Ländern wurde die Debatte über die moralische Legitimität und Wirksamkeit der Todesstrafe intensiv geführt. Reformbewegungen setzten sich für die Abschaffung oder Einschränkung der Todesstrafe ein, wobei einige Länder diese Strafe tatsächlich abschafften oder nur noch in bestimmten Fällen anwendeten.

Ein Beispiel für die Reformbewegung gegen die Todesstrafe war die Gründung der Society for the Abolition of Capital Punishment (Gesellschaft zur Abschaffung der Todesstrafe) in Großbritannien im Jahr 1838. Diese Organisation setzte sich für die Abschaffung der Todesstrafe ein und beeinflusste die öffentliche Meinung und die Gesetzgebung.

Die Herausforderungen im Bereich der Rechtsprechung im 19. Jahrhundert waren vielfältig. Die raschen gesellschaftlichen Veränderungen und technologischen Entwicklungen stellten das bestehende Rechtssystem vor neue Herausforderungen. Insbesondere die Industrialisierung führte zu neuen rechtlichen Fragestellungen im Arbeitsrecht, im Bereich der Eigentumsrechte und im Vertragsrecht.

Die Spannungen zwischen traditionellen Rechtssystemen und modernen Entwicklungen waren offensichtlich. Die Auseinandersetzung mit Fragen wie Arbeitsbedingungen, Gewerkschaftsbildung und Arbeiterrechten führte zu rechtlichen Debatten und schrittweisen Reformen, die die Grundlagen des Arbeitsrechts im 19. Jahrhundert beeinflussten.

Ein Beispiel für eine solche Herausforderung war die Frage der Kinderarbeit. Mit dem Wachsen der industriellen Produktion stieg die Zahl der Kinder, die in Fabriken und Minen arbeiteten. Die

Debatte über Kinderarbeit führte zu Gesetzen und Reformen, die den Schutz von Kindern am Arbeitsplatz zum Ziel hatten.

In vielen Ländern gab es im 19. Jahrhundert auch Bemühungen um die Gleichstellung der Geschlechter vor dem Gesetz. Frauen kämpften für ihre Rechte, insbesondere in Bezug auf Eigentumsrechte, Scheidung und Zugang zu Bildung. Diese Bemühungen führten zu rechtlichen Veränderungen, die die Position von Frauen in der Gesellschaft verbesserten.

Ein weiteres zentrales Thema war die Frage der Rechtsmittel und der Justizzugang. Die Frage der Armenjustiz und der Zugang zu einem fairen Verfahren war in vielen Ländern ein Anliegen. Die Einführung von öffentlichen Verteidigern und Reformen im Strafverfahrensrecht trugen dazu bei, den Grundsatz der Gleichheit vor dem Gesetz zu stärken.

Die Rechtsprechung und Gesetzgebung im 19. Jahrhundert waren eng mit politischen, sozialen und wirtschaftlichen Entwicklungen verbunden. Die Herausforderungen, die das 19. Jahrhundert mit sich brachte, führten zu einer Vielzahl von rechtlichen Reformen und Veränderungen. Die Ideen der Aufklärung und die Forderung nach individuellen Rechten beeinflussten die Entstehung von Verfassungen und Gesetzen, die bis heute grundlegende Rechte und Freiheiten schützen.

Insgesamt war das 19. Jahrhundert eine Zeit intensiver Transformation in der Rechtsprechung und Gesetzgebung. Die Einführung des positiven Rechts, die Kodifikation des Strafrechts, die Entwicklung des Common Law-Systems, die Entstehung von Menschen- und Bürgerrechten sowie die Herausforderungen im Bereich der Justiz prägten die rechtliche Landschaft dieser Epoche. Die Reformen und Debatten des 19. Jahrhunderts legten den Grundstein für moderne Rechtssysteme und beeinflussten die Entwicklung der Rechtsprechung bis in die Gegenwart.

Verbindung zur Medizin und Naturwissenschaften

Das 19. Jahrhundert war eine Periode bedeutender Fortschritte in den Medizin- und Naturwissenschaften, wobei eine enge Verbindung zwischen beiden Disziplinen eine Schlüsselrolle spielte. Diese umfassende Zusammenfassung beleuchtet die vielschichtige Verbindung zur Medizin und Naturwissenschaften im 19. Jahrhundert, wobei verschiedene Aspekte wie die Entwicklung der medizinischen Wissenschaft, die Rolle der Wissenschaft in der öffentlichen Gesundheit, die Entstehung von Krankenhäusern, Fortschritte in der Mikrobiologie und Chirurgie sowie die Wechselwirkungen zwischen Medizin und Gesellschaft behandelt werden.

Die medizinischen Wissenschaften erlebten im 19. Jahrhundert eine transformative Ära, die von wissenschaftlichen Entdeckungen, technologischen Innovationen und neuen Ansätzen in der Diagnose und Behandlung von Krankheiten geprägt war. Einer der bahnbrechenden Fortschritte war die Entwicklung der Zelltheorie, die von Wissenschaftlern wie Matthias Schleiden, Theodor Schwann und Rudolf Virchow vorangetrieben wurde. Diese Theorie postulierte, dass der Körper aus Zellen besteht und dass Krankheiten auf Veränderungen in den Zellen zurückzuführen sind.

Rudolf Virchow, oft als "Vater der modernen Pathologie" bezeichnet, trug entscheidend zur Integration von Medizin und Naturwissenschaften bei. Seine Arbeit betonte die Bedeutung von Gewebeuntersuchungen zur Diagnose von Krankheiten und legte den Grundstein für die moderne Pathologie. Virchow's Konzept der Zellularpathologie hatte weitreichende Auswirkungen auf die medizinische Forschung und die Entwicklung von diagnostischen Methoden.

Die Anwendung wissenschaftlicher Prinzipien auf die Medizin erstreckte sich auch auf die Chirurgie. Der britische Chirurg Joseph Lister führte während des 19. Jahrhunderts die Antiseptik in der Chirurgie ein. Lister erkannte die Bedeutung von Keimen bei der Wundinfektion und entwickelte Methoden zur Sterilisation von

Instrumenten und Wunden. Diese bahnbrechende Entdeckung trug erheblich dazu bei, die Überlebensrate nach chirurgischen Eingriffen zu verbessern und die moderne aseptische Chirurgie zu etablieren.

In Verbindung mit den Fortschritten in der Chirurgie standen auch Entwicklungen in der Anästhesie. Die Entdeckung und Anwendung von Äther und Chloroform ermöglichte schmerzfreie chirurgische Eingriffe, was die Chirurgie sicherer und weniger schmerzhaft machte. Der Einsatz von Anästhesie revolutionierte die medizinische Praxis und trug zur Akzeptanz von komplexeren chirurgischen Verfahren bei.

Ein weiteres Schlüsselthema war die Mikrobiologie, die im 19. Jahrhundert stark voranschritt. Der deutsche Wissenschaftler Robert Koch leistete Pionierarbeit in der Identifikation von Krankheitserregern. Er entwickelte die Koch'schen Postulate, eine Reihe von Kriterien zur Identifikation von Krankheitserregern, und trug maßgeblich zur Erkenntnis bei, dass bestimmte Bakterien spezifische Krankheiten verursachen.

Parallel dazu führte Louis Pasteur in Frankreich wegweisende Arbeiten zur Keimtheorie durch. Pasteur zeigte, dass Mikroorganismen für die Gärung und Fäulnis verantwortlich sind, und entwickelte das Verfahren der Pasteurisierung zur Haltbarmachung von Lebensmitteln. Seine Forschung hatte auch Auswirkungen auf die Medizin, da sie die Grundlage für die Entwicklung von Impfstoffen gegen Infektionskrankheiten legte.

Die Entdeckungen in der Mikrobiologie hatten direkte Auswirkungen auf die öffentliche Gesundheit. Die Erkenntnis, dass Krankheiten durch Mikroorganismen verursacht werden, führte zu verbesserten Hygienepraktiken und Maßnahmen zur Infektionskontrolle. Die Einführung von Impfungen gegen Krankheiten wie Cholera, Pocken und Tuberkulose trug erheblich zur Eindämmung von Epidemien bei.

Im 19. Jahrhundert entwickelten sich auch die ersten medizinischen Fachgesellschaften und Institutionen. Die Royal Society of Medicine in London wurde 1805 gegründet und diente als Plattform für den Austausch wissenschaftlicher Erkenntnisse und die Förderung der medizinischen Forschung. Ähnliche Gesellschaften entstanden in anderen Teilen der Welt und trugen zur Entwicklung der medizinischen Gemeinschaft bei.

Die Verbindung zur Naturwissenschaft spiegelte sich auch in der Entstehung von Krankenhäusern wider. Die Gründung von Krankenhäusern, die auf wissenschaftlichen Prinzipien basierten, führte zu einer professionelleren und standardisierten medizinischen Versorgung. Florence Nightingale, eine Pionierin der Krankenpflege, setzte sich für hygienische Bedingungen und systematische Pflegepraktiken in Krankenhäusern ein, was zur Entwicklung moderner Krankenpflegestandards beitrug.

Die Wechselwirkungen zwischen Medizin und Gesellschaft waren während des 19. Jahrhunderts ebenfalls von großer Bedeutung. Der Anstieg der städtischen Bevölkerung, die Industrialisierung und soziale Veränderungen hatten weitreichende Auswirkungen auf die öffentliche Gesundheit. Die Entstehung von städtischen Zentren führte zu neuen Herausforderungen im Bereich der Hygiene, sanitären Bedingungen und Infektionskontrolle.

Die Arbeiterklasse, die in den Fabriken der aufstrebenden Industriegesellschaften arbeitete, war besonders anfällig für Krankheiten aufgrund von unhygienischen Arbeitsbedingungen und beengten Wohnverhältnissen. Medizinische Forschung und öffentliche Gesundheitsbemühungen konzentrierten sich darauf, die Ursachen von Krankheiten in städtischen Umgebungen zu verstehen und geeignete Präventionsmaßnahmen zu entwickeln.

Die Verbindung zur Medizin und Naturwissenschaften im 19. Jahrhundert manifestierte sich auch in der Entstehung von Psychiatrie als eigenständiger medizinischer Disziplin. Der französische Arzt Philippe Pinel war einer der Wegbereiter für humanere Behandlungsansätze von psychisch Kranken. Er setzte sich für eine reformierte Psychiatrie ein, die auf wissenschaftlichen Prinzipien basierte und auf die Verbesserung des Wohlbefindens der Patienten abzielte.

Einflussreiche Persönlichkeiten wie Sigmund Freud trugen zur Entwicklung der Psychiatrie bei, indem sie neue Theorien zur Erforschung des menschlichen Geistes und der Psyche vorstellten. Freud's Psychoanalyse beeinflusste nicht nur die Psychiatrie, sondern auch die breitere kulturelle Wahrnehmung von mentalen Gesundheitsfragen.

Ein wichtiger Aspekt der Verbindung zur Medizin und Naturwissenschaften im 19. Jahrhundert war die zunehmende Bedeutung von Statistiken in der medizinischen Forschung. Die Sammlung und Analyse von Daten ermöglichten es Wissenschaftlern, epidemiologische Muster zu identifizieren, Risikofaktoren für Krankheiten zu bestimmen und evidenzbasierte medizinische Praktiken zu entwickeln.

Die Rolle von Frauen in der Medizin gewann im 19. Jahrhundert ebenfalls an Bedeutung. Frauen, die zuvor häufig von der medizinischen Ausbildung ausgeschlossen waren, begannen, in größerer Zahl in medizinischen Schulen aufgenommen zu werden. Pionierinnen wie Elizabeth Blackwell, die 1849 die erste in den USA promovierte Ärztin wurde, ebneten den Weg für zukünftige Generationen von Frauen in der Medizin.

Die Verbindung zur Medizin und Naturwissenschaften manifestierte sich auch in der wachsenden Bedeutung von Pharmazie und Arzneimittelforschung. Die Isolierung und Identifikation von Wirkstoffen in Arzneipflanzen führte zu einer systematischen Entwicklung von Medikamenten. Die Entdeckung von Anästhetika, Antibiotika und anderen therapeutischen Mitteln revolutionierte die medizinische Praxis und trug zur Verbesserung der Lebensqualität von Patienten bei.

Der Einfluss der Medizin und Naturwissenschaften auf die Kunst und Literatur des 19. Jahrhunderts war ebenfalls spürbar. Die Darstellung von Krankheiten, medizinischen Praktiken und wissenschaftlichen Entdeckungen fand ihren Weg in die Werke von Künstlern und Schriftstellern. Romane wie Mary Shelleys "Frankenstein" und Robert Louis Stevensons "Dr. Jekyll und Mr. Hyde" reflektierten die ethischen und moralischen Fragen im Zusammenhang mit wissenschaftlichen Experimenten und Fortschritten in der Medizin.

Insgesamt prägte die Verbindung zur Medizin und Naturwissenschaften im 19. Jahrhundert nicht nur die Entwicklung der medizinischen Wissenschaften, sondern hatte auch tiefgreifende Auswirkungen auf die Gesellschaft, die öffentliche Gesundheit und die kulturelle Wahrnehmung von Wissenschaft und Medizin. Die Fortschritte in der Mikrobiologie, Chirurgie, Psychiatrie, öffentlichen Gesundheit und anderen Bereichen legten den Grundstein für die moderne Medizin und trugen dazu bei, die Lebensbedingungen und die Gesundheit der Bevölkerung nachhaltig zu verbessern.

Methodologische Herausforderungen
Das 19. Jahrhundert war eine Ära des Wandels und der Fortschritte in verschiedenen wissenschaftlichen, sozialen und kulturellen Bereichen. In diesem Zusammenhang brachte die methodologische Entwicklung ihre eigenen Herausforderungen mit sich. Die methodologischen Herausforderungen des 19. Jahrhunderts betrafen unterschiedliche Disziplinen, von den Naturwissenschaften über die Sozialwissenschaften bis hin zu den Geisteswissenschaften. Diese ausführliche Zusammenfassung beleuchtet die verschiedenen methodologischen Herausforderungen, mit denen Wissenschaftler, Forscher und Denker während dieser Zeit konfrontiert waren.

Die Naturwissenschaften erlebten im 19. Jahrhundert einen beispiellosen Aufschwung, der von bedeutenden Entdeckungen und Innovationen geprägt war. Dennoch standen Wissenschaftler vor zahlreichen methodologischen Herausforderungen, die sich aus den besonderen Gegebenheiten dieser Zeit ergaben.

Eine bedeutende Herausforderung in den Naturwissenschaften war die Entwicklung und Standardisierung von Messmethoden. In vielen Bereichen der Wissenschaft war die Genauigkeit von Messungen entscheidend, sei es in der Physik, Chemie oder Biologie. Die Einführung präziser Messinstrumente, wie etwa des Mikroskops in der Biologie oder des Spektrometers in der Chemie, ermöglichte es Wissenschaftlern, bisher unbekannte Phänomene zu entdecken und detaillierte Analysen durchzuführen.

Ein weiteres methodologisches Hindernis war die Notwendigkeit der Reproduzierbarkeit von Experimenten. Wissenschaftler wie Louis Pasteur betonten die Bedeutung wiederholbarer Experimente, um die Gültigkeit von Forschungsergebnissen zu gewährleisten. Dies erforderte nicht nur präzise Protokolle, sondern auch die Verfügbarkeit hochwertiger Ausrüstung und Materialien, was nicht immer einfach zu gewährleisten war.

Die Fortschritte in der Statistik und Datenanalyse stellten eine weitere methodologische Herausforderung dar. Wissenschaftliche Untersuchungen erforderten zunehmend die Verwendung von statistischen Methoden, um Daten zu analysieren und Schlussfolgerungen zu ziehen. Der britische Mathematiker und Statistiker Francis Galton trug zur Entwicklung statistischer Methoden bei und förderte deren Anwendung in den Wissenschaften.

Die Einführung neuer Theorien und Paradigmen in den Naturwissenschaften, wie die Evolutionstheorie von Charles Darwin, führte zu Debatten über die Validität und die methodologischen Grundlagen neuer wissenschaftlicher Ansätze. Die Anpassung existierender Methoden an die Anforderungen neuer Theorien war eine komplexe Aufgabe, die die Wissenschaftler vor Herausforderungen stellte.

In der Medizin waren methodologische Herausforderungen ebenfalls präsent. Die Verbindung von Medizin und Naturwissenschaften führte zu neuen Ansätzen in der Diagnose und Behandlung von Krankheiten. Die Notwendigkeit, wissenschaftliche Prinzipien in die medizinische Praxis zu integrieren, erforderte die Entwicklung neuer diagnostischer Techniken und evidenzbasierter Behandlungsansätze.

Die Einführung der Anästhesie in der Chirurgie stellte beispielsweise eine Herausforderung dar, da Chirurgen neue Techniken erlernen und anwenden mussten, um die Vorteile der schmerzfreien Chirurgie zu nutzen. Joseph Lister's Konzept der Antiseptik erforderte ebenfalls eine Umstellung in der chirurgischen Praxis, um Infektionen zu verhindern und die Sterilität bei Operationen zu gewährleisten.

Eine weitere methodologische Herausforderung in der Medizin war die Integration von psychologischen Aspekten in die Diagnose und Behandlung von Krankheiten. Die Entstehung der Psychiatrie als eigenständige Disziplin führte zu Debatten über die Methoden zur Untersuchung von psychischen Erkrankungen und zur Entwicklung von Therapieansätzen.

In den Sozialwissenschaften, insbesondere in der Soziologie und Anthropologie, standen Wissenschaftler vor einzigartigen Herausforderungen. Die Entwicklungen in diesen Disziplinen wurden stark von gesellschaftlichen Veränderungen beeinflusst, was zu methodologischen Anpassungen führte.

Die Soziologie, als die wissenschaftliche Untersuchung von Gesellschaft und sozialen Strukturen, stand vor der Herausforderung, qualitative und quantitative Methoden zu integrieren. Auguste Comte, ein französischer Philosoph und Soziologe, betonte die Wichtigkeit von Statistik und Mathematik in der soziologischen Forschung, während andere, wie Max Weber, qualitative Methoden wie die verstehende Soziologie betonten.

Die Anthropologie, die sich mit der Erforschung von Menschen und Kulturen befasst, hatte ihre eigenen methodologischen Herausforderungen. Die Durchführung von Feldforschung in entlegenen Gebieten und die angemessene Interpretation von kulturellen Praktiken erforderten ein tiefes Verständnis für die lokale Kultur und ihre Besonderheiten.

In den Geisteswissenschaften, insbesondere in der Literaturwissenschaft und der Geschichtsforschung, standen Forscher vor spezifischen methodologischen Herausforderungen. Die Interpretation von literarischen Werken und historischen Ereignissen erforderte eine sorgfältige Analyse und kritische Reflexion über die zugrunde liegenden Methoden.

Die Literaturwissenschaft sah sich mit der Herausforderung konfrontiert, literarische Texte nicht nur als künstlerische Werke, sondern auch als kulturelle Zeugnisse zu betrachten. Die Anwendung von Methoden wie der Hermeneutik, die darauf abzielt, den Sinn von Texten zu verstehen, war eine zentrale methodologische Überlegung.

In der Geschichtsforschung waren methodologische Fragen eng mit der Frage der historischen Quellen und ihrer Interpretation verbunden. Die Kritik von Quellen, die Untersuchung von Archiven und die Anwendung historischer Methoden, um ein umfassendes Bild der Vergangenheit zu zeichnen, waren entscheidende methodologische Überlegungen.

Eine übergeordnete methodologische Herausforderung in den Geisteswissenschaften war die Auseinandersetzung mit verschiedenen Denkrichtungen und Paradigmen. Die Entwicklung von Ideen wie dem Historismus, dem Positivismus, dem Idealismus und dem Materialismus führte zu Debatten über die methodologischen Grundlagen der Forschung in den Geisteswissenschaften.

Die Auswirkungen der Industrialisierung und technologischen Fortschritte auf die Gesellschaft waren ebenfalls eine Quelle methodologischer Herausforderungen. In der Soziologie und Wirtschaftswissenschaft standen Wissenschaftler vor der Aufgabe, die Auswirkungen von Industrialisierung, Urbanisierung und sozialen Veränderungen zu verstehen und angemessen zu analysieren.

Die Anwendung von Statistik in den Sozialwissenschaften führte zu Diskussionen über die Objektivität und Repräsentativität von Daten. Die Herausforderung bestand darin, geeignete Methoden zur Datenerhebung und -analyse zu entwickeln, die eine genaue Darstellung sozialer Phänomene ermöglichen.

Im Bereich der Philosophie waren die methodologischen Herausforderungen vielfältig. Die Auseinandersetzung mit den Auswirkungen der Aufklärung, die Suche nach einer neuen philosophischen Grundlage und die Integration von wissenschaftlichen Erkenntnissen in die philosophische Reflexion waren zentrale Überlegungen.

Denker wie Immanuel Kant und Georg Wilhelm Friedrich Hegel trugen zur Entwicklung von Methoden in der Philosophie bei, die auf systematischen Überlegungen und abstrakten Konzepten basierten. Die Integration von empirischen Erkenntnissen in die Philosophie führte zu Debatten über die Verbindung von Theorie und Praxis.

In der Kunst standen Künstler und Kunsttheoretiker vor der Herausforderung, die Auswirkungen von sozialen Veränderungen und wissenschaftlichen Entwicklungen in ihre Werke zu integrieren. Die Auseinandersetzung mit den Ideen der Romantik, des Realismus und anderer künstlerischer Strömungen erforderte eine kritische Reflexion über die methodologischen Grundlagen der Kunst.

Die methodologischen Herausforderungen im 19. Jahrhundert waren also breit gefächert und reichten von technologischen Anpassungen in den Naturwissenschaften über die Integration von empirischen Methoden in die Sozial- und Geisteswissenschaften bis hin zur Auseinandersetzung mit neuen Ideen und Paradigmen in verschiedenen Disziplinen.

Insgesamt war das 19. Jahrhundert eine Zeit intensiver intellektueller und wissenschaftlicher Veränderungen, die durch die Bewältigung methodologischer Herausforderungen geprägt war. Die Anpassung bestehender Methoden, die Entwicklung neuer Ansätze und die kritische Reflexion über wissenschaftliche Praktiken trugen dazu bei, die Grundlagen für die Forschung im 19. Jahrhundert zu schaffen und legten den Grundstein für viele der wissenschaftlichen Entwicklungen des 20. Jahrhunderts.

Toxikologie im 19. Jahrhundert

Giftstoffe und ihre Identifizierung

Das 19. Jahrhundert war eine Ära intensiver wissenschaftlicher Entwicklungen, und die Toxikologie, die sich mit der Erforschung von Giftstoffen und ihrer Wirkung auf lebende Organismen befasst, bildete dabei keine Ausnahme. Die Fortschritte in Chemie, Medizin und Biologie ermöglichten es Forschern, einen tieferen Einblick in die Natur von Giftstoffen zu gewinnen und Methoden zur Identifizierung, Analyse und Behandlung von Vergiftungen zu entwickeln.

Die Identifizierung von Giftstoffen war eine der zentralen Herausforderungen der Toxikologie im 19. Jahrhundert. Giftstoffe können natürlichen Ursprungs sein, wie etwa bestimmte Pflanzen oder Tiere, oder synthetisch hergestellt werden. Die Entwicklung von Methoden zur Detektion und Analyse von Giftstoffen war entscheidend, um Vergiftungen zu diagnostizieren und angemessene Behandlungsstrategien zu entwickeln.

Die Toxikologie profitierte erheblich von den Fortschritten in analytischen Methoden, insbesondere von Entwicklungen in der Spektroskopie und der Chromatographie. Der Aufstieg des Spektrometers ermöglichte die Identifizierung von Elementen in Substanzen, während die Chromatographie die Trennung von Gemischen erleichterte.

Der schwedische Chemiker Jöns Jakob Berzelius, ein Wegbereiter auf diesem Gebiet, trug maßgeblich zur Entwicklung der modernen chemischen Nomenklatur bei und trieb grundlegende Konzepte wie die Atombindung voran. Seine Arbeiten legten den Grundstein für eine präzisere chemische Analyse, was wiederum für die Toxikologie von großer Bedeutung war.

Die Identifizierung von Pflanzengiften war eine spezielle Herausforderung in der Toxikologie des 19. Jahrhunderts. Mit der Zunahme des internationalen Handels und der Entdeckung neuer

Pflanzenarten stieg auch das Risiko von Vergiftungen durch den Verzehr von toxischen Pflanzen.

Der deutsche Apotheker Friedrich Ludwig Knapp entwickelte eine Methode zur Identifizierung von Alkaloiden in Pflanzen, die als Knapp'sche Reaktion bekannt wurde. Diese Reaktion ermöglichte die Erkennung von Alkaloiden, einer Klasse von Pflanzengiften, durch die Bildung charakteristischer Farbreaktionen. Die Methode von Knapp wurde zu einem wichtigen Instrument für die Identifizierung von giftigen Pflanzen und trug zur Entstehung der Toxikologie als eigenständige Disziplin bei.

Die Identifizierung von Metallvergiftungen war ebenfalls ein bedeutendes Thema in der Toxikologie des 19. Jahrhunderts. Die Entwicklung von Methoden zur Identifizierung von Metallen und ihrer toxischen Wirkungen war entscheidend für die Diagnose und Behandlung von Vergiftungen.

Der österreichische Arzt und Chemiker Matthäus Scherer trug zur Identifizierung von Metallvergiftungen bei, insbesondere von Blei. Seine Forschungen führten zur Entwicklung von Nachweisverfahren für Blei in biologischen Proben, was die Diagnose von Bleivergiftungen verbesserte. Ähnliche Fortschritte wurden auch bei der Identifizierung anderer toxischer Metalle erzielt.

Die Toxikologie fand verstärkt Anwendung in der medizinischen Praxis des 19. Jahrhunderts. Die Erkenntnisse über Giftstoffe und ihre Wirkungen wurden genutzt, um Vergiftungen zu diagnostizieren, Gegenmittel zu entwickeln und allgemeine Strategien zur Prävention von Vergiftungen zu formulieren.

Die Entwicklung von Gegenmitteln für Vergiftungen war ein wichtiger Schwerpunkt in der medizinischen Toxikologie des 19. Jahrhunderts. Der französische Arzt Mathieu Orfila, oft als "Vater der modernen Toxikologie" bezeichnet, leistete wegweisende Arbeit auf diesem Gebiet.

Orfila entwickelte Methoden zur Identifizierung von Giftstoffen und erforschte die Wirkungen von Giften im menschlichen Körper. Seine Arbeit führte zur Entwicklung von Gegenmitteln für Arsenvergiftungen, die zu dieser Zeit häufig vorkamen. Orfila's Beitrag zur Entwicklung von Toxikologie als medizinischer Disziplin war von grundlegender Bedeutung und beeinflusste die spätere Entwicklung der Forensik.

Ein weiterer bedeutender Fortschritt in der Toxikologie war die Entwicklung von Antidoten, Substanzen, die die toxischen Wirkungen von Giften neutralisieren können. Die Erforschung von Antidoten war eng mit der Identifizierung von Giftstoffen verbunden, da die gezielte Gegenwirkung auf spezifische Gifte eine genaue Kenntnis der chemischen Struktur erforderte.

Insgesamt spiegelt die Entwicklung der Toxikologie im 19. Jahrhundert die Fortschritte in den Naturwissenschaften und der medizinischen Forschung wider. Die Methoden zur Identifizierung von Giftstoffen, die Entdeckung von Gegenmitteln und die Anwendung dieses Wissens in der Medizin trugen dazu bei, das Verständnis von Vergiftungen zu vertiefen und Strategien zur Prävention und Behandlung zu entwickeln.

Methoden der Giftanalyse
Das 19. Jahrhundert war eine entscheidende Phase in der Entwicklung der Toxikologie und der Analysemethoden für Gifte. Die verstärkte Industrialisierung, der wachsende internationale Handel und die vermehrte Nutzung chemischer Substanzen führten zu einer Zunahme von Vergiftungen. In dieser Zeit wurden wegweisende Fortschritte in den Methoden der Giftanalyse erzielt, die die Identifizierung von Giftstoffen, ihre Wirkungen und die Entwicklung von Gegenmaßnahmen ermöglichten.

Frühe Entwicklungen in der Giftanalyse: Das 19. Jahrhundert begann mit begrenzten Mitteln zur Giftanalyse. Die meisten Analysen wurden auf qualitative Weise durchgeführt, und es fehlten präzise quantitative Methoden. Dies änderte sich jedoch mit den

Fortschritten in der chemischen Analytik, insbesondere durch die Arbeiten von Pionieren wie Jöns Jakob Berzelius.

Berzelius, ein schwedischer Chemiker, war einer der Wegbereiter der modernen chemischen Analyse. Er entwickelte die qualitative und quantitative Analyse von Elementen und Verbindungen, was einen wichtigen Beitrag zur Giftanalyse leistete. Seine Methoden ermöglichten es, die chemische Zusammensetzung von Substanzen genauer zu bestimmen und somit die Identifizierung von Giftstoffen zu verbessern.

Quantitative Analysemethoden: Eine der bedeutendsten Entwicklungen im 19. Jahrhundert war die Einführung quantitativer Analysemethoden. Chemiker begannen, sich verstärkt mit der genauen Bestimmung von Substanzen in Proben auseinanderzusetzen. Carl Remigius Fresenius, ein deutscher Chemiker, trug maßgeblich zur Weiterentwicklung quantitativer Analysemethoden bei.

Fresenius entwickelte die Gravimetrie, eine Methode zur Bestimmung von Elementen basierend auf der Messung von Gewichtsänderungen nach chemischen Reaktionen. Diese quantitative Analysetechnik war von großer Bedeutung für die Giftanalyse, da sie eine genauere Bestimmung der Menge an Giftstoffen in einer Probe ermöglichte. Fresenius' Arbeit trug dazu bei, die chemische Analytik zu standardisieren und legte den Grundstein für präzise quantitative Giftanalysen.

Analytische Methoden in der Spektroskopie: Eine weitere bahnbrechende Entwicklung war der Einsatz spektroskopischer Methoden in der Giftanalyse. Die Spektroskopie ermöglichte die Untersuchung von Lichtwechselwirkungen mit Materie und bot somit neue Möglichkeiten für die Identifizierung von Elementen und Verbindungen in Proben.

Gustav Kirchhoff und Robert Bunsen, zwei deutsche Wissenschaftler, entwickelten die Spektralanalyse, eine Methode zur Untersuchung von Spektrallinien. Diese Technik ermöglichte die Identifizierung von Elementen durch die Analyse ihres charakteristischen Spektrums. Die Anwendung der Spektroskopie in der Giftanalyse ermöglichte eine präzisere Identifizierung von Giftstoffen und trug zur Erweiterung des Verständnisses ihrer chemischen Struktur bei.

Chromatographie: Die Chromatographie, eine Methode zur Trennung von Gemischen, wurde ebenfalls im 19. Jahrhundert eingeführt und revolutionierte die Giftanalyse. Mikhail Tsvet, ein russischer Chemiker, gilt als Pionier auf diesem Gebiet. Er entwickelte die Säulenchromatographie, eine Technik, bei der Substanzen aufgrund ihrer unterschiedlichen Wechselwirkungen mit einer stationären Phase getrennt werden.

Die Chromatographie erwies sich als äußerst nützlich für die Analyse von Giften, insbesondere von komplexen Gemischen. Diese Methode ermöglichte nicht nur die Trennung von Substanzen, sondern auch die quantitative Bestimmung ihrer Konzentration. Die Chromatographie trug dazu bei, die Giftanalyse zu verfeinern und die Fähigkeit zur Identifizierung von Giftstoffen zu verbessern.

Toxikologie in der forensischen Wissenschaft: Die Methoden der Giftanalyse spielten eine entscheidende Rolle in der forensischen Toxikologie des 19. Jahrhunderts. Die steigende Zahl von Vergiftungsfällen führte zu einem verstärkten Bedarf an präzisen Analysemethoden in der forensischen Wissenschaft.

Mathieu Orfila, ein französischer Mediziner und Chemiker, trug wesentlich zur forensischen Toxikologie bei. Er entwickelte Methoden zur Identifizierung von Giften und ihre Anwendung in der forensischen Analyse. Orfila's Werk "Traité des poisons" von 1814 gilt als wegweisend in der Giftanalyse und forensischen Toxikologie.

Insgesamt spiegeln die Methoden der Giftanalyse im 19. Jahrhundert die dynamische Entwicklung der chemischen Analytik wider. Die Einführung quantitativer Methoden, die Anwendung von Spektroskopie und Chromatographie sowie die Integration dieser Techniken in die forensische Wissenschaft trugen dazu bei, die Giftanalyse auf ein neues Niveau zu heben. Dies legte den Grundstein für die weiteren Fortschritte im 20. Jahrhundert und formte die moderne Toxikologie.

Forensische Bedeutung von Vergiftungen

Das 19. Jahrhundert markierte eine entscheidende Ära in der forensischen Wissenschaft, die von zahlreichen Entwicklungen in verschiedenen Disziplinen geprägt war. Eine besonders herausragende Rolle spielte die forensische Bedeutung von Vergiftungen. In dieser Epoche stiegen die Fälle von mutmaßlichen Vergiftungen signifikant an, und die forensische Toxikologie begann, sich als eigenständige Disziplin zu etablieren. Diese ausführliche Zusammenfassung widmet sich der forensischen Bedeutung von Vergiftungen im 19. Jahrhundert, betrachtet historische Entwicklungen, methodische Fortschritte und ihre Auswirkungen auf die forensische Praxis.

Anfänge der forensischen Toxikologie: Der Beginn des 19. Jahrhunderts markierte eine Zeit, in der die forensische Wissenschaft allmählich an Bedeutung gewann. Vergiftungen traten verstärkt als Mittel zur Verbrechensbegehung auf, und es wurde deutlich, dass eine spezialisierte Untersuchung notwendig war, um solche Fälle angemessen zu behandeln. Mathieu Orfila, ein französischer Chemiker und Mediziner, gilt als Pionier auf dem Gebiet der forensischen Toxikologie.

Orfila veröffentlichte 1814 sein Werk "Traité des poisons", das als wegweisend in der forensischen Toxikologie angesehen wird. Dieses Buch legte die Grundlagen für die Identifizierung von Giften und ihre Anwendung in der forensischen Analyse. Orfila entwickelte Methoden zur Untersuchung von Vergiftungsfällen und legte somit den Grundstein für die forensische Toxikologie als eigenständige Disziplin.

Analytische Methoden in der forensischen Toxikologie: Eine der bedeutendsten Entwicklungen war die Einführung quantitativer Analysemethoden. Dies ermöglichte eine genauere Bestimmung der Menge an Giftstoffen in Proben. Carl Remigius Fresenius, ein deutscher Chemiker, trug maßgeblich zur Weiterentwicklung quantitativer Analysemethoden bei. Seine Gravimetrie, eine Methode zur Bestimmung von Elementen basierend auf der Messung von Gewichtsänderungen nach chemischen Reaktionen, war von großer Bedeutung für die Giftanalyse.

Spektroskopische Methoden, die von Gustav Kirchhoff und Robert Bunsen entwickelt wurden, ermöglichten die Identifizierung von Elementen durch die Analyse ihres charakteristischen Spektrums. Diese Technik wurde erfolgreich in der forensischen Toxikologie angewendet und verbesserte die Fähigkeit zur Identifizierung von Giftstoffen erheblich.

Chromatographie, eine Methode zur Trennung von Gemischen, revolutionierte ebenfalls die Giftanalyse. Mikhail Tsvet entwickelte die Säulenchromatographie, eine Technik, bei der Substanzen aufgrund ihrer unterschiedlichen Wechselwirkungen mit einer stationären Phase getrennt werden. Die Chromatographie erwies sich als äußerst nützlich für die Analyse von Giften, insbesondere von komplexen Gemischen.

Forensische Praxis und Gesellschaft: Die forensische Toxikologie gewann im 19. Jahrhundert zunehmend an Bedeutung für die Strafverfolgung. Giftmorde wurden zu spektakulären Kriminalfällen, die die öffentliche Aufmerksamkeit erregten. Dies führte zu einer verstärkten Zusammenarbeit zwischen Wissenschaftlern, forensischen Experten und Strafverfolgungsbehörden.

Die Einführung von analytischen Methoden in der forensischen Toxikologie trug dazu bei, Gerichtsverfahren zu verbessern und die Zuverlässigkeit von Beweisen zu stärken. Die forensische Toxikologie wurde zu einem unverzichtbaren Werkzeug für die

Aufklärung von Vergiftungsfällen und die Gewährleistung einer gerechten Strafverfolgung.

Insgesamt spiegelt die forensische Bedeutung von Vergiftungen im 19. Jahrhundert die enge Verbindung zwischen wissenschaftlichen Fortschritten und gesellschaftlichem Wandel wider. Die Entwicklungen in der forensischen Toxikologie trugen dazu bei, die forensische Praxis zu professionalisieren und legten den Grundstein für die moderne forensische Wissenschaft im 20. Jahrhundert.

Toxikologische Gutachten in Gerichtsverfahren

Das 19. Jahrhundert war eine Zeit des Umbruchs und der Transformation, nicht nur in gesellschaftlicher und politischer Hinsicht, sondern auch im Bereich der forensischen Wissenschaften. Insbesondere die Toxikologie, als Teilgebiet der forensischen Wissenschaft, spielte eine entscheidende Rolle in Gerichtsverfahren des 19. Jahrhunderts. Toxikologische Gutachten gewannen an Bedeutung und trugen maßgeblich dazu bei, die Wahrheit in strafrechtlichen Fällen zu ermitteln. Diese ausführliche Zusammenfassung widmet sich der Rolle und Bedeutung toxikologischer Gutachten in Gerichtsverfahren während des 19. Jahrhunderts.

Die Anfänge des 19. Jahrhunderts zeichneten sich durch eine zunehmende Notwendigkeit aus, Vergiftungsfälle aufzuklären. Die steigende Zahl von mutmaßlichen Vergiftungen erforderte eine spezialisierte Untersuchung, um die Täter zu identifizieren und gerechte Strafen zu verhängen. In diesem Kontext spielte Mathieu Orfila, ein französischer Chemiker und Mediziner, eine entscheidende Rolle.

Orfila's Werk "Traité des poisons" von 1814 legte die Grundlagen für die Identifizierung von Giften und ihre Anwendung in der forensischen Analyse. Seine Methoden zur Untersuchung von Vergiftungsfällen bildeten das Fundament für die forensische Toxikologie als eigenständige Disziplin. Die Einführung analytischer

Methoden, wie quantitative Analysen und spektroskopische Verfahren, ermöglichte es, toxikologische Gutachten auf eine wissenschaftliche Grundlage zu stellen.

Im Laufe des 19. Jahrhunderts erlebte die forensische Toxikologie einen bedeutenden Aufschwung. Die zunehmende Anzahl von Giftmorden und Vergiftungsfällen machte die Expertise von Toxikologen in Gerichtsverfahren unverzichtbar. Die forensische Toxikologie entwickelte sich zu einer anerkannten Disziplin, die darauf abzielte, mithilfe wissenschaftlicher Methoden die Anwesenheit von Giften in Proben nachzuweisen und ihre Auswirkungen auf den menschlichen Körper zu verstehen.

Toxikologische Gutachten waren in dieser Zeit von entscheidender Bedeutung, um die Schuld oder Unschuld von Angeklagten zu klären. Toxikologen wurden zu wichtigen Zeugen vor Gericht, die aufgrund ihrer fachlichen Kompetenz dazu beitrugen, Giftmorde aufzuklären und Gerechtigkeit zu gewährleisten. Ihre Gutachten basierten auf einer Vielzahl von analytischen Methoden, die im Laufe des Jahrhunderts weiterentwickelt wurden.

Die Einführung quantitativer Analysemethoden war ein Meilenstein in der forensischen Toxikologie des 19. Jahrhunderts. Carl Remigius Fresenius, ein deutscher Chemiker, trug maßgeblich zur Weiterentwicklung quantitativer Analysemethoden bei. Seine Gravimetrie, eine Methode zur Bestimmung von Elementen basierend auf der Messung von Gewichtsänderungen nach chemischen Reaktionen, ermöglichte eine genauere Bestimmung der Menge an Giftstoffen in Proben.

Die Spektroskopie, entwickelt von Gustav Kirchhoff und Robert Bunsen, revolutionierte die Identifizierung von Elementen durch die Analyse charakteristischer Spektren. In der forensischen Toxikologie wurde diese Technik genutzt, um Gifte präzise zu identifizieren und ihre Konzentration in Proben zu bestimmen. Die Chromatographie, eingeführt von Mikhail Tsvet, ermöglichte die Trennung von Substanzen in komplexen Gemischen, was besonders in der Analyse von Vergiftungsfällen von großem Nutzen war.

Die forensische Toxikologie wandelte sich von einer auf Beobachtungen basierenden Praxis zu einer wissenschaftlich fundierten Disziplin, die auf genauen analytischen Methoden beruhte. Toxikologische Gutachten wurden durch diese Methoden objektiver, zuverlässiger und trugen dazu bei, die forensische Wissenschaft insgesamt zu professionalisieren.

Toxikologische Gutachten beeinflussten nicht nur die Rechtsprechung, sondern hatten auch Auswirkungen auf die öffentliche Meinung und Wahrnehmung von Kriminalfällen. Giftmorde wurden zu spektakulären Kriminalfällen, die die Phantasie der Öffentlichkeit beflügelten. Die Arbeit von Toxikologen wurde zunehmend in Medien und Literatur thematisiert, was zu einer breiteren Sensibilisierung für forensische Wissenschaften führte.

Toxikologen wurden zu prominenten Persönlichkeiten, die in Gerichtsverfahren eine Schlüsselrolle spielten. Ihr Fachwissen wurde in der Öffentlichkeit geschätzt, und die Bemühungen zur Aufklärung von Giftmorden trugen dazu bei, das Vertrauen der Bevölkerung in die Justiz zu stärken.

Trotz der Fortschritte in der forensischen Toxikologie und der Bedeutung von toxikologischen Gutachten gab es auch Herausforderungen und Kritik. Die Verlässlichkeit einiger analytischer Methoden wurde in Frage gestellt, und es gab Fälle, in denen unsachgemäße Verfahren oder mangelnde Kenntnisse zu fehlerhaften Ergebnissen führten.

Die rechtliche Anerkennung von toxikologischen Gutachten und die Standardisierung von Methoden waren ebenfalls Themen von Diskussionen. Die forensische Toxikologie stand vor der Herausforderung, sich in einem sich wandelnden rechtlichen und gesellschaftlichen Umfeld zu etablieren und sicherzustellen, dass ihre Methoden und Gutachten den höchsten Standards entsprachen.

Das 19. Jahrhundert legte den Grundstein für die moderne forensische Toxikologie und etablierte die Bedeutung toxikologischer Gutachten in Gerichtsverfahren. Die Einführung präziser analytischer Methoden und die Professionalisierung der forensischen Toxikologie trugen dazu bei, Giftmorde aufzuklären und das Vertrauen in die Justiz zu stärken.

Das Erbe dieser Zeit ist in der heutigen forensischen Wissenschaft spürbar. Die Toxikologie hat sich zu einer hochspezialisierten Disziplin entwickelt, die auf fortschrittlichen analytischen Methoden und wissenschaftlich fundierten Prinzipien basiert. Toxikologische Gutachten sind weiterhin von entscheidender Bedeutung für die Aufklärung von Straftaten und tragen dazu bei, Gerechtigkeit in Gerichtsverfahren zu gewährleisten.

Giftmorde und ihre Aufklärung
Das 19. Jahrhundert, eine Ära tiefgreifender gesellschaftlicher, wissenschaftlicher und rechtlicher Veränderungen, war auch geprägt von einer Vielzahl spektakulärer Kriminalfälle – insbesondere den Giftmorden. Diese Form des Verbrechens, oft subtil und raffiniert, wurde zu einem prominenten Bestandteil der Kriminalgeschichte dieser Zeit. Die Gründe für den Anstieg von Giftmorden waren vielfältig und reichten von persönlichen Motiven bis zu gesellschaftlichen Umwälzungen. Die Verfügbarkeit von toxischen Substanzen, die Industrialisierung und der wachsende Einsatz von Giften in Haushalten trugen zu einem deutlichen Anstieg von Vergiftungsfällen bei. Dabei wurden Giftmorde nicht nur als Mittel der individuellen Rache, sondern auch als Instrument in familiären Auseinandersetzungen und Erbschaftsstreitigkeiten eingesetzt.

Inmitten dieser Entwicklungen spielte die forensische Toxikologie eine entscheidende Rolle. Mathieu Orfila, ein französischer Chemiker und Mediziner, wird als Pionier auf diesem Gebiet betrachtet. Sein Werk "Traité des poisons" von 1814 legte die Grundlagen für die Identifizierung von Giften und deren Anwendung in der forensischen Analyse. Orfila entwickelte Methoden zur Untersuchung von Vergiftungsfällen, was den Grundstein für die forensische Toxikologie als eigenständige Disziplin legte.

Die forensische Toxikologie erlebte im Laufe des 19. Jahrhunderts bedeutende Fortschritte in den analytischen Methoden. Carl Remigius Fresenius trug maßgeblich zur Entwicklung quantitativer Analysemethoden bei, was eine genauere Bestimmung der Menge an Giftstoffen in Proben ermöglichte. Die Spektroskopie, entwickelt von Gustav Kirchhoff und Robert Bunsen, revolutionierte die Identifizierung von Elementen durch die Analyse charakteristischer Spektren. Diese Technik wurde in der forensischen Toxikologie genutzt, um Gifte präzise zu identifizieren und ihre Konzentration in Proben zu bestimmen.

Die Täter von Giftmorden waren oft darauf bedacht, ihre Spuren zu verwischen. Daher war die forensische Toxikologie, mit ihren immer präziseren analytischen Methoden, ein entscheidendes Werkzeug für die Aufklärung solcher Verbrechen. Die Arbeit von Toxikologen wurde zu einem unverzichtbaren Bestandteil von Gerichtsverfahren. In dieser Zeit wurden toxikologische Gutachten immer häufiger als Beweismittel vor Gericht verwendet, um die Schuld oder Unschuld von Angeklagten zu klären.

Die Giftmorde des 19. Jahrhunderts waren nicht nur kriminalistisch von Bedeutung, sondern beeinflussten auch die öffentliche Meinung und Wahrnehmung von Kriminalfällen. Giftmorde wurden zu spektakulären Kriminalgeschichten, die die Phantasie der Öffentlichkeit beflügelten. Toxikologen wurden zu prominenten Persönlichkeiten, die in Gerichtsverfahren eine Schlüsselrolle spielten. Ihr Fachwissen wurde geschätzt, und die Bemühungen zur Aufklärung von Giftmorden trugen dazu bei, das Vertrauen der Bevölkerung in die Justiz zu stärken.

Trotz der Fortschritte in der forensischen Toxikologie und der Bedeutung von toxikologischen Gutachten gab es auch Herausforderungen und Kritik. Die Verlässlichkeit einiger analytischer Methoden wurde in Frage gestellt, und es gab Fälle, in denen unsachgemäße Verfahren oder mangelnde Kenntnisse zu fehlerhaften Ergebnissen führten. Die rechtliche Anerkennung von toxikologischen Gutachten und die Standardisierung von Methoden waren ebenfalls Themen von Diskussionen.

Die Giftmorde des 19. Jahrhunderts haben das Erbe für die moderne forensische Toxikologie hinterlassen. Die Einführung präziser analytischer Methoden und die Professionalisierung der forensischen Toxikologie trugen dazu bei, Giftmorde aufzuklären und das Vertrauen in die Justiz zu stärken. Die forensische Toxikologie hat sich zu einer hochspezialisierten Disziplin entwickelt, die auf fortschrittlichen analytischen Methoden und wissenschaftlich fundierten Prinzipien basiert. Toxikologische Gutachten sind weiterhin von entscheidender Bedeutung für die Aufklärung von Straftaten und tragen dazu bei, Gerechtigkeit in Gerichtsverfahren zu gewährleisten.

Entwicklungen in der Analyse von Arzneimitteln
Das 19. Jahrhundert war eine Epoche signifikanter Veränderungen in verschiedenen wissenschaftlichen, medizinischen und technologischen Bereichen. Insbesondere die Analyse von Arzneimitteln durchlief in dieser Zeit bedeutsame Entwicklungen, die nicht nur die Medizin, sondern auch die pharmazeutische Industrie nachhaltig beeinflussten. Diese ausführliche Zusammenfassung widmet sich den Fortschritten und Entwicklungen in der Analyse von Arzneimitteln im 19. Jahrhundert, beleuchtet historische Meilensteine, methodische Innovationen und ihre Auswirkungen auf die Medizin und Gesellschaft.

Die zweite Hälfte des 19. Jahrhunderts war geprägt von bahnbrechenden Fortschritten in der medizinischen Forschung und Pharmazie. Die Analyse von Arzneimitteln wurde zu einem entscheidenden Bereich, um die Zusammensetzung, Qualität und

Wirkung von Medikamenten zu verstehen. Dies war eine Zeit, in der die Pharmakologie als eigenständige Disziplin an Bedeutung gewann und die systematische Untersuchung von Arzneimitteln intensiviert wurde.

Einer der maßgeblichen Fortschritte war die Einführung chemischer Analysemethoden in der Medizin und Pharmazie. Die qualitative und quantitative Analyse von Arzneimitteln wurde zunehmend präziser und erlaubte eine genauere Bestimmung der in Medikamenten enthaltenen Substanzen. Dabei spielten Chemiker wie Justus von Liebig eine Schlüsselrolle. Seine Forschungen auf dem Gebiet der organischen Chemie trugen dazu bei, die Grundlagen für die chemische Analyse von Arzneimitteln zu schaffen.

Die Spektroskopie, eine innovative Methode zur Untersuchung des Lichts, wurde von Gustav Kirchhoff und Robert Bunsen entwickelt und fand auch in der Analyse von Arzneimitteln Anwendung. Diese Technik ermöglichte die Identifizierung spezifischer Elemente in Substanzen und trug zur Aufklärung der chemischen Zusammensetzung von Arzneimitteln bei.

Viele Arzneimittel im 19. Jahrhundert basierten auf Pflanzenextrakten, und die Analyse dieser Substanzen wurde zu einem Schwerpunkt der pharmazeutischen Forschung. Die Entdeckung und Isolierung von Wirkstoffen aus Pflanzen, wie das Chinin aus der Chinarinde, waren entscheidende Meilensteine. Diese Isolierung ermöglichte nicht nur die Herstellung wirksamerer Medikamente, sondern erleichterte auch die genaue Analyse der in den Pflanzen enthaltenen Wirkstoffe.

Parallel zur chemischen Analyse von Arzneimitteln erlebte auch die Galenik, die Wissenschaft der Arzneiformen, bedeutende Entwicklungen. Die Herstellung von Medikamenten wurde systematischer und standardisierter. Pharmazeuten begannen, die physikalischen Eigenschaften von Arzneistoffen genauer zu untersuchen, um geeignete Darreichungsformen zu entwickeln.

Dies führte zur Einführung neuer Arzneiformen wie Tabletten und Kapseln, die eine präzisere Dosierung und Anwendung ermöglichten.

Im Verlauf des 19. Jahrhunderts entwickelte sich die Pharmakologie zu einer eigenständigen wissenschaftlichen Disziplin. Wissenschaftler wie Rudolf Buchheim trugen dazu bei, die Wirkungen von Arzneimitteln auf den menschlichen Körper systematisch zu erforschen. Die pharmakologische Forschung lieferte nicht nur Erkenntnisse über die Wirkmechanismen von Medikamenten, sondern trug auch dazu bei, die Grundlagen für die moderne Arzneimittelforschung zu legen.

Mit dem Fortschreiten der organischen Chemie im 19. Jahrhundert begann die Ära der synthetischen Arzneimittel. Chemiker wie Paul Ehrlich und Felix Hoffmann trugen zur Entdeckung und Entwicklung neuer Wirkstoffe bei. Die Synthese von Aspirin durch Hoffmann im Jahr 1897 markierte einen Meilenstein in der Geschichte der Arzneimittelentwicklung. Die Einführung synthetischer Arzneimittel stellte die Analytik vor neue Herausforderungen, da nun auch die Identifikation und Quantifizierung von künstlich hergestellten Substanzen erforderlich wurde.

Die steigende Bedeutung der Analyse von Arzneimitteln führte zur Etablierung von Qualitätskontrollen und Gesetzgebungen im pharmazeutischen Bereich. Die Pharmaindustrie wurde verpflichtet, die Qualität, Reinheit und Wirksamkeit ihrer Produkte zu gewährleisten. Die Einführung von Arzneimittelgesetzen trug dazu bei, die Sicherheit und Effektivität von Medikamenten zu verbessern und schuf eine Grundlage für die moderne Arzneimittelregulierung.

Die Entwicklungen in der Analyse von Arzneimitteln hatten auch erhebliche soziale Auswirkungen. Die Verbesserung der Qualität und Wirksamkeit von Medikamenten trug dazu bei, die Gesundheitsversorgung zu optimieren und die Lebensqualität der Bevölkerung zu verbessern. Die Verfügbarkeit standardisierter

Arzneimittel ermöglichte eine präzisere medizinische Behandlung und förderte das Vertrauen in die pharmazeutische Industrie.

Die Entwicklungen in der Analyse von Arzneimitteln im 19. Jahrhundert markierten einen Wendepunkt in der Geschichte der Pharmazie und Medizin. Die Einführung chemischer Analysemethoden, die Erforschung von Pflanzenextrakten, die Entwicklung der Galenik und die Entstehung synthetischer Arzneimittel trugen dazu bei, die Wirksamkeit und Sicherheit von Medikamenten zu verbessern. Gleichzeitig führten diese Fortschritte zu einer systematischeren Herstellung von Arzneiformen und legten den Grundstein für moderne pharmazeutische Entwicklungen. Die sozialen Auswirkungen dieser Entwicklungen waren enorm, da sie zu einer effektiveren Gesundheitsversorgung und einer Erhöhung der Lebensqualität beitrugen.

Bekannte Toxikologen des 19. Jahrhunderts

Das 19. Jahrhundert war eine Epoche des Wandels und der Entdeckungen, in der sich auch die Toxikologie als eigenständige Disziplin herausbildete. Während dieser Zeit traten mehrere herausragende Persönlichkeiten auf dem Gebiet der Toxikologie hervor, deren Beiträge und Entdeckungen die Grundlagen für die moderne forensische und medizinische Toxikologie legten. Die folgende ausführliche Zusammenfassung beleuchtet das Leben und die Arbeit einiger bekannter Toxikologen des 19. Jahrhunderts sowie ihren Einfluss auf die Entwicklung dieser wichtigen Wissenschaft.

Mathieu Orfila (1787-1853):

Mathieu Orfila, ein französischer Chemiker und Mediziner, wird oft als einer der Pioniere der forensischen Toxikologie betrachtet. Sein Einfluss erstreckte sich über das gesamte 19. Jahrhundert und legte den Grundstein für viele Entwicklungen in der Toxikologie. Orfila wurde 1787 in Mahón, Menorca, geboren und studierte Medizin in Valencia und Paris. Sein bahnbrechendes Werk "Traité des poisons" von 1814 gilt als eines der ersten Lehrbücher auf dem Gebiet der Toxikologie. Orfila entwickelte systematische Methoden zur Identifizierung von Giften und prägte die forensische Analyse von Vergiftungsfällen. Seine Arbeit trug maßgeblich dazu bei, die Toxikologie als eigenständige Disziplin zu etablieren.

Orfila führte rigorose experimentelle Studien durch, um die Wirkungen von Giften auf den menschlichen Körper zu verstehen. Er entwickelte auch Methoden zur Isolierung und Identifizierung von Giften in Gewebeproben. Orfilas Beitrag zur forensischen Toxikologie erstreckte sich über die Untersuchung von Vergiftungsfällen hinaus und umfasste auch die Entwicklung von Richtlinien für die gerichtsmedizinische Untersuchung. Seine Bemühungen trugen dazu bei, die forensische Toxikologie als unverzichtbare Disziplin in der Strafjustiz zu etablieren.

Carl Remigius Fresenius (1818-1897):

Der deutsche Chemiker Carl Remigius Fresenius war eine prägende Figur in der Entwicklung der quantitativen Analysemethoden in der Toxikologie des 19. Jahrhunderts. Geboren 1818 in Frankfurt am Main, widmete sich Fresenius der Erforschung analytischer Chemie. Er gründete 1848 das "Chemische Laboratorium Fresenius" und veröffentlichte das bedeutende Werk "Anleitung zur qualitativen chemischen Analyse" (1841), das als Standardwerk für die chemische Analyse galt.

Fresenius' Arbeit trug dazu bei, die Genauigkeit und Zuverlässigkeit toxikologischer Analysen zu verbessern. Seine Entwicklung gravimetrischer Methoden ermöglichte eine genauere Bestimmung der Menge an Giftstoffen in Proben. Dies war von entscheidender Bedeutung für die forensische Toxikologie, da es eine präzisere Quantifizierung von Giften ermöglichte. Fresenius trug nicht nur zur Methodenentwicklung bei, sondern leistete auch wichtige Beiträge zur Ausbildung von Toxikologen und Chemikern.

Gustav Kirchhoff (1824-1887) und Robert Bunsen (1811-1899):

Die Entdeckung der Spektroskopie durch Gustav Kirchhoff und Robert Bunsen im 19. Jahrhundert hatte weitreichende Auswirkungen auf die Toxikologie und die Identifizierung von Elementen in Proben. Gustav Kirchhoff, geboren 1824 in Königsberg, war ein deutscher Physiker, während Robert Bunsen, geboren 1811 in Göttingen, ein deutscher Chemiker war. Gemeinsam entwickelten sie die Spektroskopie als Methode zur Untersuchung des Lichts.

Die Spektroskopie ermöglichte die Identifizierung spezifischer Elemente in Proben durch die Analyse charakteristischer Spektren. In der forensischen Toxikologie wurde diese Methode entscheidend für die Identifizierung von Giften und ihre Unterscheidung in Proben. Die Arbeit von Kirchhoff und Bunsen trug nicht nur zur Entwicklung analytischer Methoden bei, sondern beeinflusste auch die gesamte Chemie des 19. Jahrhunderts.

Rudolf Buchheim (1820-1879):

Der deutsche Pharmakologe Rudolf Buchheim war eine herausragende Figur in der Entwicklung der Pharmakologie im 19. Jahrhundert. Geboren 1820 in Hirschberg, studierte er Medizin und Chemie und wurde später Professor für Pharmakologie an der Universität Dorpat (heute Tartu, Estland) und später in Berlin. Buchheims Arbeit konzentrierte sich auf die Untersuchung der Wirkungen von Arzneimitteln auf den menschlichen Körper.

Buchheim trug zur Entstehung der Pharmakologie als eigenständige Disziplin bei. Er erforschte systematisch die Wirkungen verschiedener Arzneimittel, klassifizierte sie und entwickelte neue Methoden zur experimentellen Pharmakologie. Sein Beitrag erstreckte sich über die Toxikologie hinaus und prägte die moderne Pharmakologie als wissenschaftliche Disziplin.

Paul Ehrlich (1854-1915) und Felix Hoffmann (1868-1946):

Das Ende des 19. Jahrhunderts brachte die Ära der synthetischen Arzneimittel, und zwei herausragende Persönlichkeiten auf diesem Gebiet waren Paul Ehrlich und Felix Hoffmann. Paul Ehrlich, geboren 1854 in Strehlen, war ein deutscher Immunologe und Serologe. Ehrlich beschäftigte sich intensiv mit der Chemotherapie und entdeckte das erste synthetische Arzneimittel, Salvarsan, das zur Behandlung von Syphilis eingesetzt wurde.

Felix Hoffmann, geboren 1868 in Ludwigsburg, war ein deutscher Chemiker, der bei der Bayer AG arbeitete. Hoffmann synthetisierte 1897 Acetylsalicylsäure, besser bekannt als Aspirin. Diese Entdeckung revolutionierte die Schmerztherapie und machte Aspirin zu einem der bekanntesten Medikamente weltweit.

Die Arbeit von Ehrlich und Hoffmann hatte nicht nur einen großen Einfluss auf die medizinische Praxis, sondern stellte auch die Toxikologie vor neue Herausforderungen im Umgang mit synthetisch hergestellten Substanzen.

Die Entwicklungen im 19. Jahrhundert führten auch zu Fortschritten in der Pharmakopöe, der Sammlung von Standards für Arzneimittel. Toxikologen wie Orfila und Fresenius trugen dazu bei, Richtlinien und Methoden für die Analyse von Arzneimitteln zu etablieren. Die Pharmakopöen wurden zu wichtigen Referenzwerken für Apotheker und Ärzte und trugen zur Sicherheit und Wirksamkeit von Medikamenten bei.

Die steigende Bedeutung der Toxikologie und Pharmakologie führte zur Einführung von Qualitätskontrollen und Arzneimittelgesetzen. Die Pharmaindustrie wurde verpflichtet, die Qualität, Reinheit und Wirksamkeit ihrer Produkte zu gewährleisten. Die Arzneimittelgesetzgebung schuf einen rechtlichen Rahmen für die Herstellung und den Verkauf von Arzneimitteln. Diese Maßnahmen trugen dazu bei, die Sicherheit und Effektivität von Medikamenten zu verbessern und schufen eine Grundlage für die moderne Arzneimittelregulierung.

Die Entwicklungen im Bereich der Toxikologie hatten nicht nur Auswirkungen auf die wissenschaftliche Forschung, sondern auch auf die Gesellschaft. Die Verfügbarkeit standardisierter Arzneimittel trug dazu bei, die medizinische Versorgung zu optimieren und das Vertrauen in die pharmazeutische Industrie zu stärken. Die sozialen Auswirkungen waren enorm, da die verbesserte Qualität von Medikamenten die Lebensqualität der Bevölkerung erhöhte.

Insgesamt prägten die bekannten Toxikologen des 19. Jahrhunderts diese Epoche durch ihre bahnbrechenden Entdeckungen und ihre Beiträge zur Entwicklung der Toxikologie und Pharmakologie. Ihre Arbeit erstreckte sich über verschiedene Bereiche, von der Identifizierung von Giften bis zur Entwicklung synthetischer Arzneimittel, und beeinflusst noch heute die Toxikologie in all ihren Facetten. Ihr Erbe bildet die Grundlage für die moderne forensische und medizinische Toxikologie, die weiterhin entscheidend zur Aufklärung von Vergiftungsfällen und zur Verbesserung der Gesundheitsversorgung beiträgt.

Giftaufnahme und Todesursachen
Im 19. Jahrhundert erlebte die Medizin und insbesondere die Toxikologie erhebliche Fortschritte und Veränderungen. Die Giftaufnahme und die damit verbundenen Todesursachen waren Themen von großem Interesse und erforderten eine gründliche Untersuchung. In dieser ausführlichen Zusammenfassung wird die komplexe Welt der Giftaufnahme und Todesursachen im 19. Jahrhundert beleuchtet, wobei sowohl die wissenschaftlichen Entwicklungen als auch die gesellschaftlichen Kontexte berücksichtigt werden.

Das 19. Jahrhundert war geprägt von zahlreichen Veränderungen in der Gesellschaft, der Wissenschaft und der Medizin. Im Bereich der Toxikologie war die Identifikation und Analyse von Giften sowie die Erforschung ihrer Auswirkungen auf den menschlichen Körper von zentraler Bedeutung. Vergiftungen durch verschiedene Substanzen, sei es absichtlich oder unbeabsichtigt, gehörten zu den häufigsten Todesursachen dieser Zeit.

Die medizinische Forschung und die Erfassung von Todesursachen erlebten im 19. Jahrhundert einen Wandel. Die damalige Gesellschaft sah sich mit verschiedenen Herausforderungen konfrontiert, darunter Infektionskrankheiten, Mangelernährung und industrielle Unfälle. Gleichzeitig stieg das Bewusstsein für Vergiftungen, sei es durch Haushaltsgegenstände, unsachgemäß zubereitete Medikamente oder absichtliche Vergiftungen.

Die Toxikologie gewann an Bedeutung als eigenständige medizinische Disziplin. Toxikologen, darunter Mathieu Orfila und Carl Remigius Fresenius, trugen dazu bei, die Identifizierung von Giften und die Analyse von Vergiftungsfällen systematisch zu entwickeln. Ihre Arbeit legte den Grundstein für die forensische Toxikologie und half, Todesursachen genauer zu bestimmen.

Im 19. Jahrhundert waren viele toxische Substanzen im täglichen Leben weit verbreitet. Blei, Arsen, Quecksilber und andere Schwermetalle waren in Haushaltsgegenständen, Medikamenten und industriellen Prozessen enthalten. Die unsachgemäße Anwendung oder der Missbrauch dieser Substanzen führte zu zahlreichen Vergiftungsfällen. Insbesondere die Verwendung von Blei in Geschirr, Farben und sogar in Lebensmitteln trug zu chronischen Vergiftungen und Todesfällen bei.

Die Medikamentenentwicklung im 19. Jahrhundert war geprägt von Entdeckungen wie der Isolierung von Wirkstoffen aus Pflanzen (Alkaloiden) und der Synthese neuer Arzneimittel. Allerdings waren viele Medikamente dieser Zeit nicht ausreichend getestet, und ihre toxischen Nebenwirkungen wurden oft erst nach ihrer Einführung erkannt. Opium, Arsen und Quecksilber waren gängige Bestandteile von Arzneimitteln, und ihr unsachgemäßer Gebrauch führte zu Vergiftungen und Todesfällen.

Die dunkle Seite der Giftaufnahme im 19. Jahrhundert manifestierte sich in kriminellen Handlungen. Der Einsatz von Giften für Mordzwecke war keine Seltenheit, und die Aufklärung solcher Fälle erforderte fortgeschrittene forensische Techniken. Mathieu Orfila, als einer der führenden Toxikologen seiner Zeit, spielte eine entscheidende Rolle in der Analyse und Identifikation von Giftmorden.

Die forensische Toxikologie begann im 19. Jahrhundert, sich als eigenständige Disziplin zu etablieren. Die Arbeit von Mathieu Orfila, der als Pionier auf diesem Gebiet gilt, trug dazu bei, Richtlinien und Methoden für die forensische Analyse von Vergiftungsfällen zu entwickeln. Die systematische Identifizierung von Giften und ihre quantitativen Analysen wurden zu Schlüsselaspekten der forensischen Toxikologie.

Die Analyse von Vergiftungsfällen erforderte im 19. Jahrhundert fortschrittliche Methoden und Techniken. Chemiker wie Carl Remigius Fresenius entwickelten quantitative Analysemethoden, darunter gravimetrische Verfahren, um die Menge an Giftstoffen in Proben genau zu bestimmen. Die Einführung der Spektroskopie durch Gustav Kirchhoff und Robert Bunsen ermöglichte die Identifizierung spezifischer Elemente in toxischen Substanzen.

Die pathologische Anatomie und medizinische Autopsien spielten eine entscheidende Rolle bei der Untersuchung von Todesursachen im 19. Jahrhundert. Pathologen wie Rudolf Virchow trugen dazu bei, die Auswirkungen von Giften auf Organe und Gewebe zu verstehen. Die systematische Erforschung von Gewebeproben ermöglichte die Identifizierung von toxischen Substanzen und half, Todesursachen präziser zu bestimmen.

Die Industrialisierung im 19. Jahrhundert führte zu neuen Gefahren in der Arbeitswelt. Arbeiter wurden oft giftigen Substanzen ausgesetzt, sei es in Minen, Fabriken oder bei der Verarbeitung von Chemikalien. Die Identifikation von toxischen Expositionen am Arbeitsplatz und die Entwicklung von Schutzmaßnahmen waren zentrale Anliegen, um die Gesundheit der Arbeitnehmer zu schützen.

Die Zunahme von Vergiftungsfällen führte zu Veränderungen in der Gesetzgebung und Rechtsprechung. Neue Gesetze wurden erlassen, um den Missbrauch von Giften zu verhindern, und Richtlinien für die Untersuchung von Vergiftungsfällen wurden etabliert. Forensische Toxikologen spielten eine aktive Rolle vor Gericht, um Beweise zu präsentieren und zur Klärung von Todesfällen beizutragen.

Die Giftaufnahme im 19. Jahrhundert spiegelte nicht nur wissenschaftliche Entwicklungen, sondern auch soziale und kulturelle Kontexte wider. Die Furcht vor Vergiftungen war weit verbreitet, und die Gesellschaft reagierte mit Vorsichtsmaßnahmen. Die Rolle von Frauen in Bezug auf Vergiftungen wurde in der Literatur und Kultur der Zeit oft verzerrt dargestellt, was zu Vorurteilen und Stereotypen führte.

Die Giftaufnahme und die damit verbundenen Todesursachen im 19. Jahrhundert waren von einer Vielzahl von Faktoren geprägt. Von der unsachgemäßen Verwendung von alltäglichen Substanzen bis hin zu absichtlichen Vergiftungen und industriellen Gefahren bot diese Ära eine komplexe und faszinierende Landschaft. Die Fortschritte in der Toxikologie, forensischen Wissenschaft und Medizin trugen dazu bei, die Identifizierung von Giften zu verbessern und die Ursachen von Vergiftungen genauer zu verstehen. In der Gesellschaft hinterließ die Angst vor Vergiftungen und die Suche nach Lösungen einen nachhaltigen Einfluss auf das alltägliche Leben und die Entwicklung der medizinischen Praxis.

Gesetzliche Regelungen zu Giftstoffen
Das 19. Jahrhundert war eine Zeit tiefgreifender Veränderungen, die nicht nur durch industrielle und wissenschaftliche Fortschritte, sondern auch durch gesellschaftliche Umwälzungen und rechtliche Entwicklungen geprägt war. In diesem Kontext gewannen gesetzliche Regelungen zu Giftstoffen an Bedeutung, da die

zunehmende Industrialisierung und technologische Innovationen zu einer verstärkten Exposition gegenüber toxischen Substanzen führten. Diese ausführliche Zusammenfassung wird sich auf die Entwicklung, den Kontext und die Auswirkungen der gesetzlichen Regelungen zu Giftstoffen im 19. Jahrhundert konzentrieren, ohne Zwischenkapitel.

Die Anfänge des 19. Jahrhunderts zeigten eine begrenzte Sensibilität für die potenziellen Gefahren von Giftstoffen in der Gesellschaft. Obwohl es vereinzelte Regelungen gab, wie den Arsen Act von 1808 in Großbritannien, der die Herstellung und den Verkauf von Arsen regulierte, war das Regelwerk rudimentär und nicht auf die Vielzahl von toxischen Substanzen ausgerichtet, mit denen die Menschen in ihrem täglichen Leben in Berührung kamen.

Mit dem Fortschreiten der industriellen Revolution und dem vermehrten Einsatz von Chemikalien in verschiedenen Sektoren stiegen auch die Herausforderungen im Umgang mit Giftstoffen. Arbeitsplätze in Fabriken und Bergwerken wurden zu potenziellen Gefahrenzonen, in denen Arbeiter giftigen Substanzen ausgesetzt waren. Diese Entwicklung führte zu einem steigenden Bewusstsein für die dringende Notwendigkeit, adäquate gesetzliche Regelungen zu schaffen.

Ein bedeutender Schwerpunkt lag auf der Regulierung von Arzneimitteln, da viele Medikamente toxische Inhaltsstoffe enthielten. In den frühen Jahren des 19. Jahrhunderts wurden Arzneimittel oft ohne ausreichende Prüfung auf den Markt gebracht, was zu gesundheitlichen Risiken für die Verbraucher führte. Die Einführung von Gesetzen zur Arzneimittelqualität und -sicherheit war eine Reaktion auf diese Gefahren und setzte Standards für die Herstellung und Kennzeichnung von Arzneimitteln.

Parallel dazu gewann auch die Lebensmittelgesetzgebung an Bedeutung. Die Verwendung von schädlichen Substanzen wie Blei in Lebensmitteln wurde genauer unter die Lupe genommen. Gesetze zur Lebensmittelqualität und -sicherheit wurden erlassen, um die Bevölkerung vor verunreinigten oder gefährlichen Lebensmitteln zu schützen.

Die steigende Notwendigkeit einer internationalen Zusammenarbeit wurde mit dem zunehmenden internationalen Handel deutlich. Gemeinsame Standards für den Umgang mit Giften wurden entwickelt, um sicherzustellen, dass der Handel mit toxischen Substanzen sicherer wurde und Verbraucher weltweit geschützt wurden.

Trotz dieser Fortschritte und Bemühungen um Regulierung gab es im 19. Jahrhundert immer noch Herausforderungen und Lücken. Die schnelle Entwicklung neuer Technologien und die Vielfalt neuer Chemikalien stellten die Gesetzgeber vor Schwierigkeiten, mit den Entwicklungen Schritt zu halten. Die Regulierung war oft reaktiv und musste auf neue Erkenntnisse und Entwicklungen reagieren, anstatt proaktiv präventive Maßnahmen zu ergreifen.

Insgesamt spiegeln die gesetzlichen Regelungen zu Giftstoffen im 19. Jahrhundert die Herausforderungen und Dynamiken einer sich wandelnden Welt wider. Die fortschreitende Industrialisierung, die zunehmende Vielfalt toxischer Substanzen und die steigende Anzahl von Vergiftungsfällen machten rechtliche Interventionen notwendig. Diese frühen Bemühungen legten den Grundstein für moderne Regulierungen im Umgang mit Giftstoffen und trugen dazu bei, die Sicherheit der Bevölkerung zu gewährleisten.

Einfluss der Toxikologie auf die Medizin
Das 19. Jahrhundert war eine entscheidende Epoche für die Medizin, geprägt von tiefgreifenden Veränderungen und bedeutenden Fortschritten. In diesem Kontext spielte die Toxikologie eine Schlüsselrolle und beeinflusste maßgeblich die Entwicklung der medizinischen Praxis. Die vorliegende umfassende Zusammenfassung wird sich detailliert mit dem Einfluss der Toxikologie auf die Medizin im 19. Jahrhundert auseinandersetzen, ohne dabei Zwischenkapitel zu verwenden.

Zu Beginn des 19. Jahrhunderts existierte eine rudimentäre Verbindung zwischen Toxikologie und Medizin. Obwohl Vergiftungen als Phänomen bekannt waren, fehlte es an einem systematischen Verständnis der Ursachen und an effektiven Methoden zur Diagnose und Behandlung. Die medizinische Praxis jener Zeit basierte häufig auf empirischem Wissen und Erfahrungen, ohne eine fundierte Herangehensweise an Vergiftungsfälle.

Die eigentliche Transformation der Toxikologie zu einer eigenständigen Disziplin begann mit dem Wirken von Mathieu Orfila, einem herausragenden französischen Toxikologen. Sein bahnbrechendes Werk "Traité des poisons" von 1814 markierte einen Meilenstein in der Geschichte der Toxikologie. Orfila trug dazu bei, die Toxikologie von einer rein medizinischen Praxis zu einer eigenständigen wissenschaftlichen Disziplin zu transformieren.

Orfilas Forschungen konzentrierten sich auf die Entwicklung von Methoden zur Identifizierung von Giften und ein tieferes Verständnis der Auswirkungen von Vergiftungen auf den menschlichen Körper. Diese wegweisenden Erkenntnisse legten den Grundstein für eine systematischere Herangehensweise an Vergiftungsfälle und beeinflussten nachhaltig die medizinische Praxis des 19. Jahrhunderts.

Die fortschreitende Entwicklung der Toxikologie ermöglichte eine präzisere Betrachtung von Vergiftungen und trug wesentlich zur Entwicklung neuer diagnostischer Techniken bei. Die Identifizierung von Giften wurde systematischer und genauer, da Orfila und seine Zeitgenossen innovative Methoden entwickelten, um toxische Substanzen in biologischen Proben nachzuweisen. Dies führte zu einer verbesserten Fähigkeit, Vergiftungsfälle zu diagnostizieren und angemessen zu behandeln.

Ein weiterer Meilenstein war die Integration der Toxikologie als eigenständiges Lehrfach an medizinischen Schulen. Dies trug dazu bei, dass angehende Ärzte nicht nur mit den Grundlagen der Toxikologie vertraut wurden, sondern auch mit den neuesten Erkenntnissen und Methoden zur Identifizierung von Giften. Ärzte erlangten dadurch eine umfassendere Ausbildung, die es ihnen ermöglichte, Vergiftungsfälle differenzierter zu betrachten und adäquat zu reagieren.

Die Erkenntnisse der Toxikologie hatten nicht nur einen Einfluss auf die Diagnose und Behandlung von Vergiftungen, sondern trugen auch direkt zur Entwicklung von Medikamenten bei. Das vertiefte Verständnis der pharmakologischen Wirkungen von Substanzen ermöglichte eine gezieltere Anwendung in der Medizin. Toxikologische Studien trugen dazu bei, die Dosierung und Verträglichkeit von Arzneimitteln besser zu verstehen, was zu sichereren und wirksameren Therapien führte.

Im Laufe des 19. Jahrhunderts begann die Toxikologie auch, Einzug in das öffentliche Bewusstsein zu halten. Berichte über spektakuläre Vergiftungsfälle, sei es durch Unfälle, Suizide oder kriminelle Handlungen, erregten die Aufmerksamkeit der Öffentlichkeit. Dies führte zu einem gesteigerten Interesse an toxikologischen Themen und trug dazu bei, das Bewusstsein für Gefahren im Alltag zu schärfen.

Trotz dieser Fortschritte gab es im 19. Jahrhundert auch Herausforderungen im Zusammenhang mit der Toxikologie. Ethische Diskussionen über den Einsatz von Giften in medizinischen Experimenten entstanden, und es wurden Bemühungen unternommen, Richtlinien für verantwortungsbewusste Forschung und Praxis zu etablieren. Die Balance zwischen wissenschaftlichem Fortschritt und ethischer Verantwortung war eine Thematik, die intensiv diskutiert wurde.

Mit dem Fortschreiten des 19. Jahrhunderts wurde deutlich, dass die Herausforderungen im Zusammenhang mit Giften nicht an Ländergrenzen haltmachten. Internationale Zusammenarbeit und der Austausch von Wissen wurden zunehmend wichtig, um sich gemeinsam den komplexen Fragen der Toxikologie zu stellen. Konferenzen, wissenschaftliche Veröffentlichungen und der regelmäßige Austausch von Experten trugen dazu bei, dass die Toxikologie zu einer globalen Disziplin wurde.

Die industrielle Revolution hatte einen erheblichen Einfluss auf die Toxikologie und deren Beziehung zur Medizin. Die vermehrte Nutzung von Chemikalien in der Industrie führte zu neuen Herausforderungen und Risiken im Umgang mit toxischen Substanzen. Vergiftungen am Arbeitsplatz wurden zu einem wichtigen Forschungsgebiet, und die Toxikologie spielte eine Schlüsselrolle bei der Entwicklung von Sicherheitsstandards und Schutzmaßnahmen für Arbeitnehmer.

Die Toxikologie erwies sich auch als essenziell für die forensische Medizin im 19. Jahrhundert. Die Identifizierung von Giften spielte eine entscheidende Rolle in gerichtsmedizinischen Untersuchungen, insbesondere bei Verdachtsfällen von Vergiftung oder in kriminellen Ermittlungen. Forensische Toxikologen wurden zu unverzichtbaren Experten bei der Aufklärung von Todesfällen und der Sammlung von Beweismitteln.

Die Toxikologie des 19. Jahrhunderts wurde auch von technologischen Innovationen in der analytischen Chemie geprägt. Neue Methoden zur Extraktion von Giften aus biologischen Proben und zur quantitativen Bestimmung trugen dazu bei, die Genauigkeit der Toxikologie zu verbessern. Die Einführung von Spektroskopie, Chromatographie und anderen analytischen Techniken erweiterte die Möglichkeiten der Giftdetektion erheblich.

Zusammenfassend lässt sich feststellen, dass die Toxikologie im 19. Jahrhundert einen tiefgreifenden Einfluss auf die Medizin hatte. Von den Anfängen, geprägt von empirischem Wissen, entwickelte sie sich zu einer etablierten wissenschaftlichen Disziplin, die die Diagnose, Behandlung und Prävention von Vergiftungen revolutionierte. Der Beitrag von Mathieu Orfila, die Integration in die medizinische Ausbildung, die forensische Anwendung, die Analytik und die Auswirkungen auf die industrielle und öffentliche Gesundheit trugen dazu bei, die Toxikologie als essenziellen Bestandteil der medizinischen Forschung und Praxis zu etablieren.

Kriminalanthropologie und Phrenologie

Studien zur Verbrechensursachen

Die Kriminalanthropologie und Phrenologie, zwei wissenschaftliche Ansätze des 19. Jahrhunderts, beschäftigten sich intensiv mit der Erforschung von Verbrechensursachen. Diese disziplinären Ansätze, obwohl heute als überholt und pseudowissenschaftlich betrachtet, hatten einen erheblichen Einfluss auf die kriminologische Forschung und legten die Grundlage für spätere Entwicklungen in der Kriminologie. Die vorliegende umfassende Zusammenfassung wird sich detailliert mit der Kriminalanthropologie, der Phrenologie und den Studien zur Verbrechensursachen im 19. Jahrhundert auseinandersetzen, ohne dabei Zwischenkapitel zu verwenden.

Die Kriminalanthropologie des 19. Jahrhunderts war geprägt von dem Bestreben, die Ursachen von Kriminalität durch die Untersuchung physischer Merkmale und psychologischer Profile zu verstehen. In dieser Zeit entstand ein wachsendes Interesse daran, ob bestimmte physiologische oder psychologische Eigenschaften mit einer Neigung zu kriminellen Handlungen korrelierten. Die Idee, dass Verbrechen auf angeborene Merkmale zurückzuführen sein könnten, fand Anhänger in verschiedenen wissenschaftlichen Kreisen.

Die Kriminalanthropologie basierte auf der Annahme, dass äußere Merkmale wie Schädelform, Gesichtszüge und Körperbau Aufschluss über die Veranlagung zu kriminellem Verhalten geben könnten. Cesare Lombroso, ein führender Vertreter der Kriminalanthropologie, prägte den Begriff des "geborenen Verbrechers". Lombroso behauptete, dass Menschen mit bestimmten physischen Merkmalen, wie ausgeprägten Kieferknochen oder niedriger Stirn, eher zu kriminellen Handlungen neigen würden. Diese Ansicht wurde jedoch später kritisiert und als deterministisch abgelehnt.

Die Kriminalanthropologie versuchte auch, psychologische Merkmale als Ursachen für Kriminalität zu identifizieren. Frühe Versuche, durch die Analyse von Persönlichkeitsmerkmalen und intellektuellen Fähigkeiten kriminelle Tendenzen vorherzusagen, waren jedoch von begrenztem Erfolg geprägt. Die Entwicklung der Psychologie als eigenständige Disziplin in der zweiten Hälfte des 19. Jahrhunderts trug dazu bei, den Blick auf die Erklärung von Kriminalität zu erweitern.

Die Phrenologie, eine pseudowissenschaftliche Disziplin, die auf der Annahme basiert, dass die Form des Schädels Aufschluss über die charakterlichen Eigenschaften eines Menschen gibt, hatte im 19. Jahrhundert ebenfalls Einfluss auf kriminologische Studien. Der Begründer der Phrenologie, Franz Joseph Gall, postulierte, dass verschiedene Gehirnregionen für unterschiedliche Charakterzüge und Fähigkeiten verantwortlich seien.

Phrenologen glaubten, dass sie durch das Tasten des Schädels die Persönlichkeit und die moralische Integrität einer Person bestimmen könnten. In Bezug auf Kriminalität wurde die Phrenologie als Werkzeug zur Identifizierung von potenziellen Verbrechern betrachtet. Einige Phrenologen behaupteten sogar, dass bestimmte Schädelformen auf eine Veranlagung zu kriminellem Verhalten hindeuteten.

Obwohl die Phrenologie nie den wissenschaftlichen Status erreichte, den ihre Befürworter behaupteten, fand sie dennoch Verbreitung in der Gesellschaft und beeinflusste das populäre Verständnis von Kriminalität und Persönlichkeit.

Die Studien zur Verbrechensursachen im 19. Jahrhundert waren vielfältig und reichten von anthropologischen Ansätzen bis hin zu soziologischen und ökonomischen Erklärungsmodellen. Einen bedeutenden Beitrag leistete Émile Durkheim, ein Begründer der Soziologie, der die sozialen Ursachen von Kriminalität erforschte. Durkheim argumentierte, dass soziale Strukturen und Normen einen entscheidenden Einfluss auf das Auftreten von Verbrechen haben.

In seinem Werk "Die Regeln der soziologischen Methode" betonte Durkheim, dass Kriminalität nicht nur auf individuellen Faktoren, sondern auch auf gesellschaftlichen Bedingungen beruht. Er unterschied zwischen anomischem und egoistischem Verbrechen und argumentierte, dass eine mangelnde Integration in die Gesellschaft zu kriminellem Verhalten führen könne.

Parallel dazu untersuchten andere Wissenschaftler ökonomische Faktoren als potenzielle Verbrechensursachen. Karl Marx und Friedrich Engels argumentierten, dass soziale Ungleichheit und wirtschaftliche Ausbeutung das Auftreten von Verbrechen fördern könnten. Die Idee, dass ökonomische Bedingungen das Verhalten von Individuen beeinflussen, prägte das Verständnis von Verbrechensursachen im 19. Jahrhundert.

Die medizinische Perspektive auf Verbrechensursachen erfuhr ebenfalls Fortschritte. Neben der Kriminalanthropologie spielten psychiatrische Erklärungsansätze eine zunehmend wichtige Rolle. Psychiater wie Benjamin Rush und später Sigmund Freud versuchten, psychische Störungen und Persönlichkeitsmerkmale mit kriminellem Verhalten in Verbindung zu bringen.

Die Studien zur Verbrechensursachen im 19. Jahrhundert spiegelten die Vielfalt der damaligen intellektuellen Strömungen wider. Die Suche nach Ursachen für Kriminalität erstreckte sich über biologische, psychologische, soziologische und ökonomische Dimensionen. Während einige Ansätze wie die Kriminalanthropologie und Phrenologie heute als überholt gelten, trugen sie dennoch dazu bei, die komplexe Natur von Verbrechen zu erforschen und legten den Grundstein für modernere kriminologische Ansätze.

Obwohl die Kriminalanthropologie und Phrenologie im Laufe des 20. Jahrhunderts an wissenschaftlicher Legitimität verloren, hinterließen sie dennoch einen bleibenden Einfluss auf die Kriminologie. Die Fokussierung auf individuelle Merkmale und die Suche nach spezifischen kriminellen Neigungen prägte das frühe Verständnis von Kriminalität.

Im Zuge der weiteren Entwicklung der Kriminologie verlagerte sich der Fokus jedoch zunehmend auf soziologische und ökonomische Erklärungsmodelle. Der Einfluss von Durkheim und anderen Soziologen führte zu einem Paradigmenwechsel, bei dem die soziale Umwelt und die gesellschaftlichen Strukturen als entscheidende Faktoren für Kriminalität anerkannt wurden.

Insgesamt trugen die Studien zur Verbrechensursachen im 19. Jahrhundert dazu bei, die Kriminologie als eigenständige Disziplin zu etablieren. Die verschiedenen Ansätze, auch wenn sie teilweise pseudowissenschaftlich waren, trugen dazu bei, das wissenschaftliche Interesse an der Erforschung von Kriminalität zu wecken und legten den Grundstein für spätere, evidenzbasierte kriminologische Modelle.

Phrenologie als frühe Form der forensischen Psychologie
Die Phrenologie, eine im 19. Jahrhundert entstandene pseudowissenschaftliche Disziplin, gilt als eine frühe Form der forensischen Psychologie. Diese Zusammenfassung wird sich detailliert mit der Phrenologie und ihrer Rolle als Vorläufer der forensischen Psychologie befassen, ohne dabei Zwischenkapitel zu verwenden.

Die Phrenologie wurde Ende des 18. Jahrhunderts von Franz Joseph Gall begründet und behauptete, dass die Persönlichkeit und die charakterlichen Eigenschaften eines Individuums durch die Form des Schädels bestimmt werden könnten. Gall postulierte, dass verschiedene Gehirnregionen für unterschiedliche Charakterzüge und Fähigkeiten verantwortlich seien. Die Phrenologie basierte auf der Idee, dass die äußere Struktur des Schädels Rückschlüsse auf die inneren geistigen Fähigkeiten erlaube.

In der Blütezeit der Phrenologie, besonders im 19. Jahrhundert, gewann diese pseudowissenschaftliche Disziplin an Popularität, beeinflusste verschiedene Bereiche der Gesellschaft und fand sogar Anwendung in der Justiz und forensischen Praxis.

Die forensische Anwendung der Phrenologie konzentrierte sich auf die Idee, dass bestimmte Schädelformen mit kriminellem Verhalten in Verbindung stehen könnten. Phrenologen behaupteten, durch das Tasten und Vermessen des Schädels eines Individuums könnten sie nicht nur dessen Persönlichkeitseigenschaften bestimmen, sondern auch potenzielle kriminelle Neigungen identifizieren.

Dieser Ansatz fand insbesondere in der forensischen Psychologie des 19. Jahrhunderts Anwendung, da die Phrenologie als Werkzeug zur Identifizierung von potenziellen Verbrechern betrachtet wurde. Einige Phrenologen behaupteten sogar, dass bestimmte Schädelformen auf eine Veranlagung zu kriminellem Verhalten hinweisen könnten.

Die forensische Phrenologie beeinflusste die Gerichtsmedizin und die Strafrechtspflege dieser Zeit erheblich. Insbesondere bei der Beurteilung von Angeklagten spielte die phrenologische Analyse eine gewisse Rolle. Es wurden Versuche unternommen, Phrenologie als wissenschaftliche Methode zur Identifizierung von Tätern und zur Beurteilung von Zeugenaussagen zu etablieren.

Trotz ihrer Popularität und Anwendung in der forensischen Praxis erntete die Phrenologie auch erhebliche Kritik. Zahlreiche Wissenschaftler und Intellektuelle bezweifelten die wissenschaftliche Grundlage der Phrenologie und wiesen darauf hin, dass die Vermessung des Schädels nicht die Komplexität der menschlichen Psyche und Persönlichkeit erfassen könne.

Kritiker bemängelten auch die mangelnde Standardisierung und Objektivität in der phrenologischen Praxis. Die Interpretation der Schädelformen war oft subjektiv und hing stark von den

Überzeugungen und Vorurteilen des Phrenologen ab. Diese Schwächen führten dazu, dass die Phrenologie nicht als zuverlässige forensische Methode anerkannt wurde.

Obwohl die Phrenologie letztendlich als pseudowissenschaftlich entlarvt wurde, hinterließ sie dennoch einen Einfluss auf die Entwicklung der forensischen Psychologie im 20. Jahrhundert. Der Fokus auf die Untersuchung von Individuen im Kontext von Straftaten und die Idee, dass bestimmte Merkmale auf kriminelles Verhalten hinweisen könnten, beeinflusste die weitere Erforschung der kriminellen Psyche.

Die forensische Psychologie des 20. Jahrhunderts entwickelte sich jedoch in eine evidenzbasierte Richtung. Durch den Einsatz wissenschaftlicher Methoden, wie psychologischer Tests, Verhaltensanalysen und neurobiologischer Forschung, versuchte die moderne forensische Psychologie, objektivere und zuverlässigere Methoden zur Identifizierung und Bewertung von kriminellem Verhalten zu etablieren.

Der Beitrag der Phrenologie zur forensischen Psychologie des 20. Jahrhunderts liegt eher in ihrer historischen Rolle als in ihrer wissenschaftlichen Legitimität. Die Herausforderungen und Kritikpunkte, die gegen die Phrenologie vorgebracht wurden, trugen dazu bei, dass die forensische Psychologie sich von subjektiven und nicht standardisierten Methoden entfernte und stattdessen wissenschaftliche Standards und ethische Richtlinien einführte.

Die Phrenologie als frühe Form der forensischen Psychologie hatte einen markanten Einfluss auf die forensische Praxis im 19. Jahrhundert. Trotz ihrer Popularität wurde die phrenologische Methode jedoch durch wissenschaftliche Kritik und die Unfähigkeit, objektive und standardisierte Ergebnisse zu liefern, diskreditiert.

Die historische Bedeutung der Phrenologie liegt in ihrer Rolle als Vorläufer der forensischen Psychologie, die versucht hat, die psychologischen Aspekte von kriminellem Verhalten zu verstehen und zu erklären. Während die Phrenologie als pseudowissenschaftliche Episode betrachtet wird, hat ihre Kritik dazu beigetragen, die forensische Psychologie in eine evidenzbasierte und wissenschaftlich fundierte Richtung zu lenken, die bis heute weiterentwickelt wird.

Anthropometrie und Kriminalstatistik

Die Anthropometrie und Kriminalstatistik waren im 19. Jahrhundert bedeutende Ansätze in der Kriminologie und forensischen Wissenschaft. Diese Zusammenfassung wird einen eingehenden Einblick in die Anthropometrie, die Vermessung von Menschen, und die Kriminalstatistik als Methoden zur Kriminologie im 19. Jahrhundert bieten, ohne dabei Zwischenkapitel zu verwenden.

Die Anthropometrie entwickelte sich im 19. Jahrhundert zu einem prominenten Bereich der Kriminologie und forensischen Wissenschaft. Diese wissenschaftliche Methode beinhaltete die Vermessung und Analyse von physischen Merkmalen des menschlichen Körpers, mit dem Ziel, Muster und Zusammenhänge zwischen körperlichen Eigenschaften und kriminellem Verhalten zu identifizieren.

Der Begründer der Anthropometrie in der Kriminologie war der französische Kriminologe Alphonse Bertillon. Er führte das System der "Bertillonage" ein, das die systematische Erfassung von Körpermaßen, Gesichtsmerkmalen und anderen physischen Attributen umfasste. Diese Daten sollten dazu dienen, kriminelle Individuen anhand ihrer einzigartigen anthropometrischen Merkmale zu identifizieren und zu klassifizieren.

Die Anthropometrie im 19. Jahrhundert hatte mehrere Zielsetzungen. Einerseits sollte sie zur Identifizierung von Straftätern dienen, indem individuelle Merkmale erfasst und in einer Datenbank gespeichert wurden. Andererseits strebte die Anthropometrie an, Muster und Zusammenhänge zwischen physischen Merkmalen und kriminellem Verhalten zu erkennen, um mögliche Prädiktoren für kriminelle Neigungen zu identifizieren.

Die Messungen umfassten verschiedene Aspekte, darunter die Länge von Armen, Beinen, Fingern, der Kopfumfang und weitere spezifische Körpermaße. Die Anthropometrie versuchte, durch diese präzise Erfassung von Körperdaten eine wissenschaftliche Grundlage für die Kriminalitätsprävention und -erkennung zu schaffen.

Die von Alphonse Bertillon entwickelte "Bertillonage" wurde insbesondere in Frankreich und anderen europäischen Ländern eingeführt und fand rasch Anwendung in der forensischen Praxis. Das System wurde als effektives Mittel zur Identifizierung von Straftätern betrachtet, bevor moderne Technologien wie Fingerabdrücke und DNA-Analysen entwickelt wurden.

Die "Bertillonage" nutzte ein Standardprotokoll für die Erfassung von 11 spezifischen Körpermaßen, ergänzt durch zusätzliche Merkmale wie Narben, Tätowierungen und Hautfarbe. Jeder Straftäter erhielt eine eindeutige Identifikationsnummer basierend auf diesen anthropometrischen Daten. Diese Methode wurde in den Strafverfolgungsbehörden und Gefängnissen angewendet, um Wiederholungstäter zu identifizieren und die Kriminalitätsbekämpfung zu verbessern.

Die "Bertillonage" hatte in der forensischen Praxis Erfolg, doch sie stieß auch auf Kritik und Herausforderungen. Insbesondere die Frage der Standardisierung und die Notwendigkeit, genaue Messungen durchzuführen, führten dazu, dass die Methode nicht immer zuverlässige Ergebnisse lieferte. Zudem war die manuelle Verwaltung großer Datenmengen zeitaufwendig und fehleranfällig.

Die Anthropometrie im 19. Jahrhundert war nicht nur auf forensische Anwendungen beschränkt, sondern fand auch Eingang in sozialwissenschaftliche Diskussionen, insbesondere im Kontext der aufkommenden Eugenik-Bewegung. Eugenik befasste sich mit der Verbesserung der genetischen Qualität der menschlichen Bevölkerung durch gezielte Züchtung.

Einige Vertreter der Eugenik, wie Francis Galton, verwendeten anthropometrische Daten, um angeblich minderwertige und überlegene genetische Merkmale zu identifizieren. Diese Ansätze beeinflussten die öffentliche Wahrnehmung von Kriminalität und führten zu Diskussionen über genetische Vorbestimmung und soziale Kontrolle.

Die Anthropometrie als Instrument der Eugenik war ethisch umstritten und wurde später wegen ihrer Verbindung zu rassistischen Ideologien und Menschenrechtsverletzungen kritisiert. Die Vorstellung, dass bestimmte physische Merkmale auf genetische Minderwertigkeit hinweisen könnten, trug zur Entstehung von Vorurteilen und Diskriminierung bei.

Parallel zur Anthropometrie entwickelte sich im 19. Jahrhundert auch die Kriminalstatistik als bedeutendes Instrument in der Kriminologie. Auguste Comte, ein französischer Soziologe, wird oft als einer der Pioniere der Kriminalstatistik betrachtet. Er betonte die Notwendigkeit, kriminologische Phänomene systematisch zu erfassen und zu analysieren, um wissenschaftliche Erklärungen für Kriminalität zu entwickeln.

Die Kriminalstatistik basierte auf der Idee, dass kriminelle Handlungen quantifiziert und analysiert werden können, um Muster und Ursachen zu identifizieren. Hierbei wurden verschiedene statistische Methoden angewendet, um Informationen über Kriminalität, Täter, Opfer und andere relevante Faktoren zu sammeln.

Die Entwicklung der Kriminalstatistik wurde durch den Einfluss von Cesare Lombroso weiter vorangetrieben. Lombroso, ein italienischer Kriminologe, betonte die Bedeutung von statistischen Analysen, um Muster von kriminellem Verhalten zu verstehen. Er war einer der ersten, der statistische Methoden zur Untersuchung von Kriminalität auf breiterer Ebene anwendete.

Cesare Lombroso kombinierte Elemente der Anthropometrie mit der Kriminalstatistik und schuf so eine umfassende kriminologische Theorie. Lombroso argumentierte, dass bestimmte physiologische Merkmale, die er als atavistisch oder primitiv betrachtete, auf eine genetische Neigung zu kriminellem Verhalten hinweisen könnten.

Die Kombination von Lombrosos Kriminalanthropologie und Kriminalstatistik führte zur Entstehung des "positiven Schule" genannten Ansatzes in der Kriminologie. Dieser Ansatz betonte die Rolle von Umwelt- und genetischen Faktoren bei der Entstehung von Kriminalität und verfolgte einen empirischen Ansatz zur Identifizierung von kriminellen Mustern.

Lombroso und seine Zeitgenossen trugen dazu bei, dass die Kriminalstatistik als wissenschaftliche Methode in der Kriminologie etabliert wurde. Die systematische Erfassung und Analyse von kriminologischen Daten wurde zu einem grundlegenden Instrument, um Kriminalität zu verstehen und präventive Maßnahmen zu entwickeln.

Trotz ihrer Fortschritte und ihrer Bedeutung in der Kriminologie wurde die Kriminalstatistik im 19. Jahrhundert auch kritisiert. Ein zentraler Kritikpunkt betraf die Qualität und Genauigkeit der gesammelten Daten. Die Abhängigkeit von offiziellen Polizeiberichten und strafrechtlichen Statistiken führte zu Bedenken hinsichtlich der Repräsentativität und Vollständigkeit der Daten.

Zudem wurde argumentiert, dass die Kriminalstatistik wenig über die zugrunde liegenden Ursachen von Kriminalität aussagen könne. Statistiken können Trends und Muster aufzeigen, aber sie allein liefern nicht zwangsläufig tiefergehende Einblicke in die sozialen, ökonomischen und psychologischen Dynamiken, die kriminelles Verhalten beeinflussen.

Die Anthropometrie und Kriminalstatistik des 19. Jahrhunderts hatten einen nachhaltigen Einfluss auf die Kriminologie des 20. Jahrhunderts. Während die Anthropometrie aufgrund ethischer

Bedenken und ihrer begrenzten Zuverlässigkeit allmählich an Bedeutung verlor, wurde die Kriminalstatistik weiterentwickelt und bleibt ein integraler Bestandteil der modernen Kriminologie.

Die Erkenntnisse und Methoden der Anthropometrie beeinflussten später Entwicklungen in der forensischen Wissenschaft, insbesondere in Bezug auf Identifikationstechnologien. Die Weiterentwicklung von Fingerabdruckanalysen und anderen forensischen Methoden löste schließlich die anthropometrischen Ansätze ab.

Die Kriminalstatistik hingegen entwickelte sich weiter und integrierte fortgeschrittenere statistische Methoden. Im 20. Jahrhundert wurde die Kriminologie zu einer interdisziplinären Wissenschaft, die sich mit soziologischen, psychologischen, ökonomischen und politischen Aspekten von Kriminalität befasste.

Die Anthropometrie und Kriminalstatistik prägten die Kriminologie des 19. Jahrhunderts und ebneten den Weg für die Entwicklung von forensischen und kriminologischen Methoden. Während die Anthropometrie aufgrund ihrer begrenzten Zuverlässigkeit und ethischen Bedenken in den Hintergrund trat, wurde die Kriminalstatistik zu einem fundamentalen Instrument in der Erforschung von Kriminalität und ihrer Ursachen.

Die Fortschritte und Herausforderungen dieser beiden Ansätze im 19. Jahrhundert schufen die Grundlage für die Entwicklung evidenzbasierter und interdisziplinärer Methoden in der Kriminologie des 20. Jahrhunderts. Die Anthropometrie und Kriminalstatistik sind somit nicht nur historische Kapitel, sondern wichtige Etappen in der Evolution der Kriminologie als Wissenschaft.

Einfluss der Umweltfaktoren auf Kriminalität

Im 19. Jahrhundert erlebte die Kriminologie eine intensive Entwicklung, die sich nicht nur auf individuelle Merkmale, sondern auch auf Umweltfaktoren konzentrierte, die das Auftreten von

Kriminalität beeinflussten. Diese Zusammenfassung wird den Einfluss der Umweltfaktoren auf Kriminalität im 19. Jahrhundert beleuchten, ohne Zwischenkapitel zu verwenden.

Das 19. Jahrhundert war eine Zeit des sozialen und wirtschaftlichen Wandels, die von Urbanisierung, Industrialisierung und politischen Umwälzungen geprägt war. Diese Veränderungen hatten weitreichende Auswirkungen auf die Kriminalität und die Wechselwirkungen zwischen Umweltfaktoren und delinquentem Verhalten.

Die soziale Umwelt im 19. Jahrhundert war geprägt von weitreichender Armut, sozialer Ungleichheit und wachsender sozialer Desintegration. Insbesondere in den rasch wachsenden Städten waren die Lebensbedingungen für viele Menschen prekär, und Armut und soziale Ausgrenzung waren weit verbreitet. Diese sozialen Umstände schufen einen Nährboden für kriminelles Verhalten, da viele Menschen gezwungen waren, illegale Mittel zur Sicherung ihres Lebensunterhalts zu ergreifen.

Die Veränderungen in der Arbeitswelt, wie die Einführung von Fabrikarbeit und die Urbanisierung, trugen ebenfalls zum Anstieg der Kriminalität bei. Die fehlende Regulierung von Arbeitsbedingungen und die Ausbeutung von Arbeitern führten zu sozialen Spannungen und Konflikten, die sich oft in Form von Protesten, Streiks und sozialen Unruhen äußerten.

Die wirtschaftliche Umwelt im 19. Jahrhundert war von tiefgreifenden Veränderungen geprägt, die sich auf das Auftreten von Kriminalität auswirkten. Die industrielle Revolution führte zu einem rapiden wirtschaftlichen Wandel, der neue Formen der Arbeit und des Handels hervorbrachte. Gleichzeitig führten wirtschaftliche Krisen und Rezessionen zu erhöhter Arbeitslosigkeit und wirtschaftlicher Unsicherheit, was das Risiko von Kriminalität erhöhte.

Die Auswirkungen der wirtschaftlichen Veränderungen auf die Kriminalität waren vielfältig. Insbesondere Eigentumsdelikte wie Diebstahl und Einbruch nahmen in Zeiten wirtschaftlicher Not zu, da Menschen gezwungen waren, alternative Einkommensquellen zu finden. Auch illegale Aktivitäten wie Schmuggel, Fälschung und Glücksspiel nahmen im Zuge wirtschaftlicher Instabilität zu.

Die geografische Umwelt spielte ebenfalls eine Rolle bei der Entstehung von Kriminalität im 19. Jahrhundert. Insbesondere städtische Gebiete waren oft von hoher Kriminalität betroffen, da die hohe Bevölkerungsdichte und die sozialen Spannungen die Entstehung von kriminellem Verhalten begünstigten. In den wachsenden Städten waren bestimmte Viertel und Stadtteile berüchtigt für ihre hohe Kriminalitätsrate und ihre Gefährlichkeit.

Die Verfügbarkeit von bestimmten Ressourcen und Einrichtungen, wie Bars, Bordellen und Glücksspielhäusern, trug ebenfalls zur Entstehung von Kriminalität bei. Diese Orte zogen oft kriminelle Elemente an und boten Gelegenheiten für delinquentes Verhalten. Auch die Verfügbarkeit von Waffen und anderen Tatwerkzeugen trug dazu bei, dass sich kriminelles Verhalten in bestimmten Gebieten häufte.

Die kulturellen und gesellschaftlichen Umweltfaktoren spielten im 19. Jahrhundert eine bedeutende Rolle bei der Entstehung von Kriminalität. Bestimmte Wertvorstellungen, Normen und Einstellungen gegenüber Kriminalität und Recht beeinflussten das Auftreten von kriminellem Verhalten. In Gesellschaften, in denen Gewalt und Aggression toleriert oder sogar glorifiziert wurden, war das Risiko von Kriminalität höher.

Die Art und Weise, wie Kriminalität in der Gesellschaft wahrgenommen und behandelt wurde, hatte ebenfalls Auswirkungen auf das Auftreten von Kriminalität. Eine niedrige Aufklärungsquote von Straftaten oder eine geringe Strafverfolgung können dazu führen, dass Personen weniger Hemmungen haben, kriminelle Handlungen zu begehen. Umgekehrt können effektive

Strafverfolgungsmaßnahmen und präventive Programme dazu beitragen, das Auftreten von Kriminalität zu reduzieren.

Die politischen Umweltfaktoren hatten im 19. Jahrhundert ebenfalls erhebliche Auswirkungen auf das Auftreten von Kriminalität. Die Art und Weise, wie Regierungen Gesetze erließen und durchsetzten, konnte das Verhalten der Bürger beeinflussen und die Kriminalitätsraten beeinflussen. Ineffektive oder ungerechte Gesetze, Korruption in der Regierung und mangelnde Rechtsdurchsetzung konnten das Risiko von Kriminalität erhöhen, indem sie das Vertrauen der Bürger in den Rechtsstaat untergruben.

Gleichzeitig konnten politische Maßnahmen zur Kriminalitätsprävention und -bekämpfung einen positiven Einfluss auf das Auftreten von Kriminalität haben. Effektive Strafverfolgungsmaßnahmen, die Einführung von Gesetzen zur Regulierung von Waffen und die Förderung von Bildungs- und Beschäftigungsprogrammen konnten dazu beitragen, das Risiko von Kriminalität zu verringern und die Sicherheit der Bevölkerung zu gewährleisten.

Der Einfluss der Umweltfaktoren auf Kriminalität im 19. Jahrhundert war vielfältig und komplex. Soziale, wirtschaftliche, geografische, kulturelle, gesellschaftliche und politische Faktoren wirkten in Wechselwirkung miteinander und beeinflussten das Auftreten von Kriminalität auf individueller und gesellschaftlicher Ebene. Ein umfassendes Verständnis dieser Zusammenhänge ist entscheidend, um effektive Kriminalitätspräventions- und Interventionsstrategien zu entwickeln und die Sicherheit und das Wohlergehen der Gesellschaft zu fördern.

Kritik und Kontroversen um phrenologische Ansätze
Im 19. Jahrhundert gewann die Phrenologie als pseudowissenschaftliche Theorie, die behauptete, Persönlichkeitsmerkmale und geistige Fähigkeiten anhand der Schädelform zu bestimmen, an Popularität. Diese

Zusammenfassung wird die Kritik und Kontroversen um phrenologische Ansätze im 19. Jahrhundert beleuchten, ohne Zwischenkapitel zu verwenden.

Die Phrenologie wurde im späten 18. Jahrhundert von Franz Joseph Gall entwickelt und von seinem Schüler Johann Spurzheim weiterentwickelt. Die Phrenologen behaupteten, dass das Gehirn aus verschiedenen Organen oder "Fakultäten" bestehe, die jeweils für bestimmte geistige Eigenschaften oder Charakterzüge verantwortlich seien. Diese Organe sollten sich auf der Schädelform abzeichnen, was es ermöglichte, die Persönlichkeit und die geistigen Fähigkeiten einer Person anhand einer Schädelformanalyse zu bestimmen.

Die Phrenologie stieß im 19. Jahrhundert auf erhebliche Kritik an ihrer wissenschaftlichen Grundlage. Wissenschaftler und Mediziner bestritten die Vorstellung, dass das Gehirn in separaten Organen organisiert sei, die für spezifische Eigenschaften oder Fähigkeiten verantwortlich seien. Die Vorstellung, dass die Schädelform Rückschlüsse auf die Persönlichkeit oder geistige Fähigkeiten einer Person zulasse, wurde als unwissenschaftlich und ungenau betrachtet.

Kritiker der Phrenologie argumentierten, dass die Annahme, dass die Schädelform die geistigen Fähigkeiten und Eigenschaften einer Person widerspiegelt, keine wissenschaftliche Grundlage habe und auf pseudowissenschaftlichen Annahmen beruhe. Die Phrenologen konnten keine überzeugenden Beweise für ihre Theorien vorlegen und ihre Methoden wurden als unwissenschaftlich und unzuverlässig betrachtet.

Die Phrenologie war stark von ethnischen Vorurteilen und rassistischen Annahmen geprägt, die im 19. Jahrhundert weit verbreitet waren. Phrenologen behaupteten, dass bestimmte Schädelformen und Merkmale auf genetische Unterschiede und angebliche Rassenmerkmale hinweisen könnten. Diese rassistische Interpretation der Phrenologie führte zu Vorurteilen und

Diskriminierung gegenüber bestimmten ethnischen Gruppen und Minderheiten.

Die Vorstellung, dass die Schädelform die intellektuellen Fähigkeiten und die moralische Natur einer Person bestimmt, wurde von einigen als Rechtfertigung für rassistische Vorurteile und Ungleichheiten verwendet. Die Phrenologie trug zur Verbreitung rassistischer Ideologien bei und verstärkte bestehende Vorurteile und Diskriminierung gegenüber Minderheiten.

Die phrenologischen Methoden wurden auch wegen ihrer mangelnden wissenschaftlichen Validität und Unzuverlässigkeit kritisiert. Phrenologen behaupteten, dass sie anhand einer Schädelformanalyse genaue Schlussfolgerungen über die Persönlichkeit und die geistigen Fähigkeiten einer Person ziehen könnten. Es gab jedoch wenig Beweise dafür, dass die phrenologischen Diagnosen konsistent oder zuverlässig waren.

Studien und Experimente, die die Genauigkeit der phrenologischen Diagnosen überprüften, kamen zu dem Schluss, dass die phrenologischen Methoden nicht reproduzierbar oder verlässlich waren. Die Interpretationen der Schädelform waren subjektiv und wurden oft von den persönlichen Überzeugungen und Vorurteilen des Phrenologen beeinflusst. Diese mangelnde Objektivität und Zuverlässigkeit untergrub die Glaubwürdigkeit der Phrenologie als wissenschaftliche Disziplin.

Die Phrenologie stieß auch auf Widerstand von etablierten medizinischen und wissenschaftlichen Disziplinen, die die Gültigkeit ihrer Theorien und Methoden anzweifelten. Die phrenologischen Ansätze wurden von der wissenschaftlichen Gemeinschaft weitgehend abgelehnt und als unwissenschaftlich und pseudowissenschaftlich betrachtet. Die Phrenologen wurden beschuldigt, die Grenzen zwischen Wissenschaft und Aberglauben zu verwischen und ihre Theorien ohne ausreichende Beweise oder empirische Unterstützung zu verbreiten.

Trotz der Kritik und Kontroversen hatte die Phrenologie einen erheblichen Einfluss auf die Gesellschaft und Kultur des 19. Jahrhunderts. Sie fand in vielen Teilen der Welt große Popularität und beeinflusste die Vorstellungen von Persönlichkeit, Intelligenz und menschlichem Verhalten. Die Phrenologie führte zur Entstehung einer Vielzahl von phrenologischen Gesellschaften, Klubs und Publikationen, die sich der Verbreitung und Förderung ihrer Theorien widmeten.

Die phrenologischen Ansätze fanden auch Eingang in die Kunst, Literatur und Populärkultur des 19. Jahrhunderts und prägten die Vorstellungen von Charakteren und Persönlichkeiten in Romanen, Gemälden und Theaterstücken. Obwohl die Phrenologie heute weitgehend als pseudowissenschaftlich und überholt betrachtet wird, bleibt ihr Einfluss auf die Gesellschaft und Kultur des 19. Jahrhunderts ein interessantes Kapitel in der Geschichte der Wissenschaft und des menschlichen Denkens.

Anwendung von Kriminalanthropologie in Gerichtsverfahren
Die Anwendung von Kriminalanthropologie in Gerichtsverfahren im 19. Jahrhundert war ein faszinierender Aspekt der forensischen Praxis dieser Zeit. Die Kriminalanthropologie, eine Disziplin, die sich mit der Untersuchung von kriminellem Verhalten und seiner Ursachen befasst, gewann im 19. Jahrhundert zunehmend an Bedeutung und fand ihren Weg in die Gerichtssäle. Diese Zusammenfassung wird sich eingehend mit der Anwendung von Kriminalanthropologie in Gerichtsverfahren im 19. Jahrhundert befassen, ohne Zwischenüberschriften zu verwenden.

Die Kriminalanthropologie entwickelte sich im 19. Jahrhundert aus dem Bestreben heraus, kriminelles Verhalten zu verstehen und zu erklären. Sie vereinte Erkenntnisse aus verschiedenen Disziplinen wie Anthropologie, Kriminologie, Psychologie und Medizin, um die Ursachen von Kriminalität zu erforschen. Im Laufe des 19. Jahrhunderts gewann die Kriminalanthropologie zunehmend an Einfluss und fand ihren Weg in die forensische Praxis und die Gerichtsverfahren.

Die Kriminalanthropologie wurde im 19. Jahrhundert verstärkt in die forensische Praxis integriert, insbesondere in der Untersuchung von Kriminalfällen und der Bewertung von Täterprofilen. Forensische Experten, die sich auf Kriminalanthropologie spezialisiert hatten, wurden oft als Gutachter in Gerichtsverfahren hinzugezogen, um ihr Fachwissen und ihre Erfahrung in der Analyse von kriminellem Verhalten einzubringen.

Die Anwendung von Kriminalanthropologie in der forensischen Praxis umfasste verschiedene Aspekte, darunter die Erstellung von Täterprofilen, die Analyse von Tatorten und Beweismitteln sowie die Untersuchung von Motiven und psychologischen Merkmalen von Verdächtigen. Durch die Integration von kriminalanthropologischen Methoden und Techniken konnte die forensische Praxis im 19. Jahrhundert erheblich verbessert und professionalisiert werden.

Kriminalanthropologen spielten im 19. Jahrhundert eine wichtige Rolle in Gerichtsverfahren, insbesondere bei Fällen, die komplexe psychologische und soziale Fragen aufwarfen. Sie wurden oft als Sachverständige hinzugezogen, um das Gericht bei der Bewertung von Beweismitteln und der Beurteilung von Verdächtigen zu unterstützen. Kriminalanthropologen trugen dazu bei, die Motive und Verhaltensmuster von Tätern zu analysieren und dem Gericht wichtige Einblicke in die psychologischen Aspekte von Kriminalfällen zu liefern.

Die Expertise von Kriminalanthropologen war besonders bei Fällen von Serienmorden, Sexualverbrechen und anderen komplexen Straftaten gefragt. Sie konnten dabei helfen, Täterprofile zu erstellen, Verdächtige zu identifizieren und Beweise zu interpretieren, die auf das Motiv und die psychologischen Merkmale des Täters hinwiesen. Durch ihre Fachkenntnisse trugen Kriminalanthropologen dazu bei, die Gerechtigkeit in Gerichtsverfahren zu fördern und zur Aufklärung von Verbrechen beizutragen.

Trotz ihres Potenzials und ihres Beitrag zur forensischen Praxis war die Anwendung von Kriminalanthropologie im 19. Jahrhundert nicht ohne Herausforderungen und Kritik. Einige Kritiker bemängelten, dass kriminalanthropologische Methoden und Techniken nicht ausreichend wissenschaftlich fundiert seien und auf subjektiven Interpretationen beruhten. Andere warfen den Kriminalanthropologen vor, voreingenommen zu sein und ihre Schlussfolgerungen auf Vorurteilen und Stereotypen zu basieren.

Die Anwendung von Kriminalanthropologie in Gerichtsverfahren war auch mit ethischen Fragen verbunden, insbesondere in Bezug auf die Privatsphäre und die Rechte der Verdächtigen. Einige Kritiker warnten davor, dass die Verwendung von kriminalanthropologischen Methoden dazu führen könnte, dass unschuldige Personen fälschlicherweise verdächtigt oder stigmatisiert würden, und forderten eine kritische Überprüfung der Methoden und Verfahren.

Trotz der Herausforderungen und Kritikpunkte erlebte die Kriminalanthropologie im 19. Jahrhundert eine bedeutende Weiterentwicklung und Professionalisierung. Neue Forschungsergebnisse und Erkenntnisse aus den Bereichen Anthropologie, Psychologie und Kriminologie trugen dazu bei, die Methoden und Techniken der Kriminalanthropologie zu verfeinern und zu verbessern. Die Etablierung von Ausbildungsprogrammen und Forschungseinrichtungen förderte die Entwicklung einer wissenschaftlichen Basis für die Kriminalanthropologie und trug zur Anerkennung ihres Fachgebietes bei.

Die Anwendung von Kriminalanthropologie in Gerichtsverfahren im 19. Jahrhundert war ein wichtiger Schritt in der Entwicklung der forensischen Wissenschaft. Trotz der Herausforderungen und Kritikpunkte trugen Kriminalanthropologen dazu bei, die forensische Praxis zu professionalisieren und die Gerechtigkeit in Gerichtsverfahren zu fördern. Ihr Beitrag zur Analyse von kriminellem Verhalten und zur Bewertung von Beweisen hinterließ einen bleibenden Eindruck auf die forensische Wissenschaft und lege den Grundstein für zukünftige Entwicklungen in der forensischen Praxis.

Erforschung von Serienverbrechern

Die Erforschung von Serienverbrechern im 19. Jahrhundert war ein faszinierender Aspekt der forensischen Wissenschaft dieser Zeit. Serienverbrecher, auch bekannt als Serienmörder, hinterließen eine Spur von Gewaltverbrechen und erschütterten die Gesellschaft mit ihren grausamen Taten. Diese Zusammenfassung wird sich eingehend mit der Erforschung von Serienverbrechern im 19. Jahrhundert befassen, ohne Zwischenkapitel zu verwenden.

Das 19. Jahrhundert war eine Zeit, in der die forensische Wissenschaft noch in den Kinderschuhen steckte, und die Erforschung von Serienverbrechern war eine neue und aufregende Herausforderung für Ermittler und forensische Experten. Serienverbrecher zeichneten sich durch die wiederholte Begehung von schweren Gewaltverbrechen wie Mord aus, oft mit einer gewissen Regelmäßigkeit und einem bestimmten Modus operandi.

Im 19. Jahrhundert tauchten einige berüchtigte Serienverbrecher auf, deren Taten die Öffentlichkeit schockierten und faszinierten. Einer der bekanntesten Serienverbrecher dieser Zeit war Jack the Ripper, der im späten 19. Jahrhundert in London mindestens fünf Frauen ermordete und deren Morde nie aufgeklärt wurden. Seine Grausamkeit und die scheinbare Unfähigkeit der Polizei, ihn zu fassen, machten ihn zu einem Symbol für das Böse und die Gefahr, die von Serienverbrechern ausging.

Ein weiterer berüchtigter Serienverbrecher des 19. Jahrhunderts war H. H. Holmes, der in den USA als "America's First Serial Killer" bekannt wurde. Holmes soll während der Weltausstellung von Chicago im Jahr 1893 mehrere Menschen ermordet haben und sein Hotel, das später als "Mörderhotel" bekannt wurde, als Todesfalle für seine Opfer genutzt haben. Seine kaltblütigen Morde und seine manipulativen Fähigkeiten machten ihn zu einem der berüchtigtsten Serienverbrecher der Geschichte.

Im 19. Jahrhundert standen den Ermittlern und forensischen Experten begrenzte Ressourcen und Technologien zur Verfügung, um Serienverbrecher zu identifizieren und zu fassen. Die forensische Wissenschaft war noch in den Anfängen, und viele der heute gebräuchlichen Techniken und Methoden waren noch nicht entwickelt. Dennoch setzten die Ermittler verschiedene Methoden ein, um Serienverbrecher zu identifizieren und zur Rechenschaft zu ziehen.

Eine der wichtigsten Methoden der Ermittlung von Serienverbrechern war die kriminalistische Analyse von Tatorten und Beweismitteln. Ermittler sammelten Spuren wie Fingerabdrücke, Haare, Fasern und Blutproben, um die Identität des Täters zu bestimmen und Verbindungen zwischen verschiedenen Verbrechen herzustellen. Die Analyse von Täterprofilen und das Studium von Verhaltensmustern waren ebenfalls wichtige Werkzeuge bei der Identifizierung von Serienverbrechern und der Entwicklung von Ermittlungsstrategien.

Die psychologische Analyse und Profilierung von Serienverbrechern war ein weiterer wichtiger Aspekt der Ermittlungsarbeit im 19. Jahrhundert. Ermittler und forensische Experten versuchten, die Motive und psychologischen Merkmale von Serienverbrechern zu verstehen, um ihre Handlungen besser zu erklären und mögliche Hinweise auf ihre Identität zu finden. Durch die Analyse von Verhaltensmustern und psychologischen Abweichungen konnten sie versuchen, ein Profil des Täters zu erstellen und ihn zu identifizieren.

Die Taten von Serienverbrechern lösten im 19. Jahrhundert oft eine starke öffentliche Reaktion aus und fanden breite mediale Aufmerksamkeit. Die Zeitungen berichteten ausführlich über die Morde und Spekulationen über die Identität des Täters wurden wild verbreitet. Die öffentliche Furcht vor Serienverbrechern führte oft zu Massenhysterie und verstärkten Sicherheitsmaßnahmen, aber auch zu Sensationslust und Faszination für das Böse.

Im Laufe des 19. Jahrhunderts wurden bedeutende Fortschritte in der forensischen Wissenschaft erzielt, die die Ermittlung und Identifizierung von Serienverbrechern erleichterten. Die Entwicklung neuer Technologien wie Fingerabdruckerkennung, forensischer Anthropologie und Toxikologie trug dazu bei, die forensische Praxis zu professionalisieren und die Genauigkeit der Ermittlungen zu verbessern. Diese Fortschritte hatten einen großen Einfluss auf die Aufklärung von Verbrechen und die Verfolgung von Serienverbrechern.

Die Erforschung von Serienverbrechern im 19. Jahrhundert war von intensiven Ermittlungsarbeiten, öffentlicher Faszination und forensischen Herausforderungen geprägt. Die Taten berüchtigter Serienverbrecher wie Jack the Ripper und H. H. Holmes erschütterten die Gesellschaft und hinterließen einen bleibenden Eindruck auf die forensische Wissenschaft. Trotz der begrenzten Ressourcen und Technologien gelang es den Ermittlern und forensischen Experten, bedeutende Fortschritte bei der Identifizierung und Verfolgung von Serienverbrechern zu erzielen und einen wichtigen Beitrag zur Entwicklung der forensischen Praxis zu leisten.

Soziokulturelle Einflüsse auf Kriminalität
Die soziokulturellen Einflüsse auf Kriminalität im 19. Jahrhundert waren vielfältig und komplex. Soziale, wirtschaftliche, geografische, kulturelle, gesellschaftliche und politische Faktoren wirkten in Wechselwirkung miteinander und beeinflussten das Auftreten von Kriminalität auf individueller und gesellschaftlicher Ebene. Diese Zusammenfassung wird sich eingehend mit den soziokulturellen Einflüssen auf Kriminalität im 19. Jahrhundert befassen, ohne Zwischenkapitel zu verwenden.

Das 19. Jahrhundert war eine Zeit des Umbruchs und der Veränderungen, die von weitreichenden soziokulturellen Entwicklungen geprägt war. Die Industrialisierung, Urbanisierung, Modernisierung und politische Transformationen hatten tiefgreifende Auswirkungen auf die Gesellschaft und schufen neue soziale Dynamiken und Spannungen, die sich auch auf das Auftreten von Kriminalität auswirkten.

Die Industrialisierung war ein bedeutender Treiber soziokultureller Veränderungen im 19. Jahrhundert. Der Aufstieg von Fabriken und industriellen Produktionsstätten führte zur Massenmigration vom Land in die Städte und zur Entstehung von dicht besiedelten urbanen Zentren. Die Urbanisierung schuf neue soziale Probleme wie Armut, Überbevölkerung, Wohnungsnot, Arbeitslosigkeit und soziale Ungleichheit, die mit einem Anstieg der Kriminalität einhergingen.

In den städtischen Armenvierteln herrschten oft schlechte Lebensbedingungen und hohe Kriminalitätsraten. Die Menschen lebten in überfüllten, heruntergekommenen Unterkünften, ohne Zugang zu angemessener Gesundheitsversorgung, Bildung oder Arbeitsmöglichkeiten. Die Armut zwang viele zur Kriminalität, um ihr Überleben zu sichern, und die wachsende städtische Bevölkerung bot einen Nährboden für die Ausbreitung von Verbrechen wie Diebstahl, Raub, Prostitution und Gewaltverbrechen.

Die soziale Ungleichheit war ein weiterer wichtiger Faktor, der das Auftreten von Kriminalität im 19. Jahrhundert beeinflusste. Die Gesellschaft war stark hierarchisiert, und es gab große Unterschiede zwischen Arm und Reich, Arbeitern und Kapitalisten, Stadt und Land. Die reiche Oberschicht genoss privilegierte Lebensbedingungen und hatte Zugang zu Bildung, Gesundheitsversorgung und sozialen Netzwerken, während die arme Unterschicht unter prekären Bedingungen lebte und oft von Ausbeutung und Unterdrückung betroffen war.

Die sozialen Spannungen zwischen den verschiedenen Bevölkerungsgruppen führten zu Konflikten und Unruhen, die sich auch in Form von Kriminalität äußerten. Arbeitskämpfe, Streiks, Proteste und soziale Bewegungen waren häufige Erscheinungen im 19. Jahrhundert und wurden oft von staatlicher Repression und Polizeigewalt begleitet. Die politischen und sozialen Unruhen trugen zur Zunahme von Verbrechen wie Vandalismus, Brandstiftung, Plünderungen und politischer Gewalt bei.

Die kulturellen Einflüsse und gesellschaftlichen Normen spielten ebenfalls eine wichtige Rolle bei der Gestaltung des Kriminalitätsmusters im 19. Jahrhundert. Die viktorianische Ära war von einer strengen moralischen Ordnung und puritanischen Werten geprägt, die ein bestimmtes Verhalten und eine bestimmte Lebensweise vorschrieben. Die Vorstellungen von Anstand, Moral und Tugendhaftigkeit bestimmten das soziale Leben und legten fest, was als akzeptables Verhalten galt und was nicht.

Die gesellschaftlichen Normen und kulturellen Werte beeinflussten auch die Wahrnehmung von Kriminalität und die Reaktionen darauf. Bestimmte Verhaltensweisen wurden als deviant oder unangemessen betrachtet und konnten zu Stigmatisierung, Ausgrenzung und strafrechtlicher Verfolgung führen. Die Gesellschaftliche Normen spiegelten sich auch in den Gesetzen und Strafmaßnahmen wider, die darauf abzielten, das soziale Gleichgewicht aufrechtzuerhalten und die moralische Ordnung zu schützen.

Die politischen und rechtlichen Rahmenbedingungen hatten ebenfalls einen erheblichen Einfluss auf das Auftreten von Kriminalität im 19. Jahrhundert. Die Gesetzgebung und die Strafverfolgung waren oft von politischen Interessen, Machtkämpfen und gesellschaftlichen Konflikten geprägt und konnten je nach politischer Ausrichtung und Regierungspolitik variieren. Die Gesetze und Strafmaßnahmen wurden oft genutzt, um bestimmte Bevölkerungsgruppen zu kontrollieren, zu unterdrücken oder zu diskriminieren und dienten oft dazu, die Macht und Autorität der herrschenden Eliten zu festigen.

Die politischen Umbrüche, Revolutionen und sozialen Bewegungen des 19. Jahrhunderts hatten auch Auswirkungen auf das Kriminalitätsmuster. Die politische Instabilität, die durch politische Unruhen, Aufstände und Revolutionen verursacht wurde, führte oft zu einem Anstieg der Kriminalität und einer Verschärfung der staatlichen Repression und Strafverfolgung.

Die soziokulturellen Einflüsse auf Kriminalität im 19. Jahrhundert waren vielschichtig und komplex und wurden von einer Vielzahl von Faktoren bestimmt, darunter die Industrialisierung, Urbanisierung, soziale Ungleichheit, politische Umbrüche, kulturelle Normen und gesetzliche Rahmenbedingungen. Diese Faktoren wirkten in Wechselwirkung miteinander und formten das Kriminalitätsmuster dieser Zeit. Die sozioökonomischen Bedingungen, die gesellschaftlichen Normen und die politischen Rahmenbedingungen schufen einen Nährboden für das Auftreten von Kriminalität und beeinflussten die Wahrnehmung und Reaktionen auf Verbrechen in der Gesellschaft.

Forensische Gesichtsrekonstruktion

Die forensische Gesichtsrekonstruktion im 19. Jahrhundert war eine faszinierende, wenn auch rudimentäre Methode, um das Aussehen von Verstorbenen oder unbekannten Individuen zu rekonstruieren. In einer Zeit, in der forensische Wissenschaft noch in den Kinderschuhen steckte und technologische Möglichkeiten begrenzt waren, versuchten forensische Experten und Künstler, Gesichter aus Skelettresten oder anderen menschlichen Überresten zu rekonstruieren. Diese Zusammenfassung wird sich eingehend mit der forensischen Gesichtsrekonstruktion im 19. Jahrhundert befassen, ohne Zwischenkapitel zu verwenden.

Die forensische Gesichtsrekonstruktion ist eine forensische Methode, bei der versucht wird, das Aussehen eines Menschen auf der Grundlage von Skelettresten, Schädeln oder anderen menschlichen Überresten zu rekonstruieren. Im 19. Jahrhundert wurde diese Technik hauptsächlich von forensischen Experten und Künstlern angewendet, um Verstorbenen oder unbekannten Individuen ein Gesicht zu geben und ihre Identität zu bestimmen.

Die forensische Gesichtsrekonstruktion im 19. Jahrhundert war stark von den Fortschritten in der Anatomie, Anthropologie und

Kunst beeinflusst. Forensische Experten und Künstler studierten die Struktur des menschlichen Schädels und Gesichts, um die richtigen Proportionen und Merkmale zu bestimmen. Sie verwendeten anatomische Kenntnisse und künstlerische Techniken, um ein realistisches Abbild des Gesichts zu schaffen und so die Identifizierung von Verstorbenen oder unbekannten Individuen zu ermöglichen.

Im 19. Jahrhundert wurden verschiedene Methoden der forensischen Gesichtsrekonstruktion angewendet, wobei die meisten auf manuellen Techniken und künstlerischem Geschick basierten. Forensische Experten und Künstler verwendeten Skelettreste oder Schädel, um die Grundstruktur des Gesichts zu bestimmen, und fügten dann Schichten von Modelliermasse oder Gips hinzu, um die Gesichtszüge zu formen. Feine Details wie Augen, Nase, Mund und Haare wurden sorgfältig modelliert, um ein möglichst realistisches Abbild des Verstorbenen zu schaffen.

Die forensische Gesichtsrekonstruktion wurde im 19. Jahrhundert hauptsächlich in Fällen angewendet, in denen die Identität von Verstorbenen oder unbekannten Individuen festgestellt werden musste. Forensische Experten und Künstler arbeiteten oft eng mit Ermittlern, Gerichtsmedizinern und Strafverfolgungsbehörden zusammen, um vermisste Personen zu identifizieren oder ungeklärte Todesfälle aufzuklären. Die Gesichtsrekonstruktion konnte auch verwendet werden, um Opfer von Verbrechen zu identifizieren oder historische Persönlichkeiten zu porträtieren.

Die forensische Gesichtsrekonstruktion im 19. Jahrhundert war mit verschiedenen Herausforderungen und Grenzen konfrontiert. Die begrenzten technologischen Möglichkeiten und das Fehlen moderner forensischer Techniken erschwerten die Arbeit der forensischen Experten und Künstler. Die Genauigkeit und Zuverlässigkeit der Gesichtsrekonstruktion hing stark von der Qualität der verfügbaren Skelettreste oder Schädel ab und war oft subjektiven Interpretationen und künstlerischen Einschätzungen unterworfen.

Trotz der Herausforderungen und Grenzen erlebte die forensische Gesichtsrekonstruktion im 19. Jahrhundert eine gewisse Weiterentwicklung und Verfeinerung. Forensische Experten und Künstler experimentierten mit verschiedenen Materialien und Techniken, um die Genauigkeit und Realitätsnähe der Gesichtsrekonstruktion zu verbessern. Sie entwickelten auch anatomische Modelle und Schablonen, um die Proportionen und Merkmale des menschlichen Gesichts genauer zu bestimmen und zu reproduzieren.

Die forensische Gesichtsrekonstruktion im 19. Jahrhundert war eine wichtige forensische Methode zur Identifizierung von Verstorbenen oder unbekannten Individuen. Trotz der begrenzten technologischen Möglichkeiten und der subjektiven Natur der Gesichtsrekonstruktion leisteten forensische Experten und Künstler wichtige Beiträge zur Aufklärung von Verbrechen und zur Identifizierung von Opfern. Die forensische Gesichtsrekonstruktion war ein früher Schritt auf dem Weg zur modernen forensischen Anthropologie und bildete die Grundlage für weitere Entwicklungen in der forensischen Wissenschaft.

Erbe der kriminalanthropologischen Forschung

Die kriminalanthropologische Forschung im 19. Jahrhundert legte den Grundstein für die moderne forensische Wissenschaft und hatte einen tiefgreifenden Einfluss auf die Art und Weise, wie Verbrechen betrachtet, analysiert und bekämpft wurden. Die Zusammenfassung wird sich ausführlich mit dem Erbe der kriminalanthropologischen Forschung im 19. Jahrhundert befassen, ohne Zwischenkapitel zu verwenden.

Die kriminalanthropologische Forschung des 19. Jahrhunderts war eng mit den sozialen, wissenschaftlichen und politischen Entwicklungen dieser Zeit verbunden. Die Aufklärung von Verbrechen und die Identifizierung von Tätern waren von zentraler Bedeutung für die Sicherheit und Stabilität der Gesellschaft, und die Suche nach wissenschaftlich fundierten Methoden zur

Verbrechensbekämpfung war ein wichtiges Anliegen der damaligen Zeit.

Die kriminalanthropologische Forschung des 19. Jahrhunderts war geprägt von verschiedenen Strömungen und Ansätzen, die versuchten, die Ursachen von Kriminalität zu erklären und effektive Maßnahmen zur Verhinderung und Bekämpfung von Verbrechen zu entwickeln. Zu den prominentesten Vertretern dieser Forschungsrichtungen gehörten Cesare Lombroso, Johann Spurzheim und Franz Joseph Gall, die wichtige Beiträge zur Entwicklung der Kriminalanthropologie leisteten und deren Erbe bis heute fortwirkt.

Cesare Lombroso, ein italienischer Arzt und Kriminologe, gilt als einer der Begründer der modernen Kriminalanthropologie. In seinem bahnbrechenden Werk "L'uomo delinquente" (Der Verbrecher in anthropologischer, juristischer und sozialer Beziehung) postulierte Lombroso die These vom "geborenen Verbrecher", wonach bestimmte physische Merkmale und Anomalien auf eine angeborene Neigung zur Kriminalität hinweisen könnten. Er führte ausgedehnte Studien durch, in denen er Schädelmaße und körperliche Merkmale von Verbrechern untersuchte und versuchte, Muster und Zusammenhänge zwischen körperlichen Eigenschaften und kriminellem Verhalten zu identifizieren.

Johann Spurzheim und Franz Joseph Gall, zwei bedeutende Vertreter der Phrenologie, trugen ebenfalls wesentlich zum Erbe der kriminalanthropologischen Forschung im 19. Jahrhundert bei. Die Phrenologie war eine pseudowissenschaftliche Theorie, die davon ausging, dass bestimmte Persönlichkeitsmerkmale und Verhaltensweisen direkt mit der Struktur des Gehirns und insbesondere mit der Form des Schädels zusammenhängen. Spurzheim und Gall entwickelten komplexe Systeme zur Charakteranalyse und Persönlichkeitsdiagnostik, die auf der Untersuchung von Schädelformen und Gehirnarealen basierten. Obwohl die Phrenologie heute als überholt und unwissenschaftlich angesehen wird, hatte sie einen beträchtlichen Einfluss auf die kriminalanthropologische Forschung des 19. Jahrhunderts und trug zur Entstehung moderner Ansätze zur Persönlichkeitsdiagnostik und Verhaltensforschung bei.

Das Erbe der kriminalanthropologischen Forschung im 19. Jahrhundert erstreckt sich jedoch über die Arbeit einzelner Wissenschaftler hinaus und umfasst auch breitere gesellschaftliche und wissenschaftliche Entwicklungen dieser Zeit. Die Vorstellung von einem "geborenen Verbrecher" und die Suche nach physiologischen und anatomischen Merkmalen, die auf kriminelle Neigungen hinweisen könnten, beeinflussten die forensische Medizin und Kriminalistik nachhaltig und trugen zur Entwicklung moderner forensischer Techniken und Methoden bei.

Die Kriminalanthropologie des 19. Jahrhunderts legte auch den Grundstein für die moderne forensische Psychologie und Kriminologie, indem sie die Bedeutung von Persönlichkeitsmerkmalen, Verhaltensweisen und Umweltfaktoren für die Entstehung von Kriminalität betonte. Die Idee, dass kriminelles Verhalten nicht allein auf angeborene Neigungen zurückzuführen ist, sondern auch durch soziale, wirtschaftliche und kulturelle Einflüsse geprägt wird, wurde zu einem zentralen Thema der modernen Kriminologie und führte zu einem breiteren Verständnis der Ursachen von Kriminalität und der Entwicklung von präventiven Maßnahmen zur Kriminalitätsbekämpfung.

Darüber hinaus trug die kriminalanthropologische Forschung des 19. Jahrhunderts zur Entwicklung moderner forensischer Methoden und Techniken bei, die heute in der Kriminalistik und Gerichtsmedizin weit verbreitet sind. Die Untersuchung von Schädeln und Skelettresten zur Identifizierung von Tätern oder Opfern, die Anwendung von forensischer Anthropologie und DNA-Analyse zur Aufklärung von Verbrechen und die Verwendung von psychologischen Profilen und Verhaltensanalysen zur Täterermittlung sind nur einige Beispiele für die fortgeschrittenen forensischen Methoden, die auf den Grundlagen der kriminalanthropologischen Forschung des 19. Jahrhunderts beruhen.

Insgesamt hinterließ die kriminalanthropologische Forschung des 19. Jahrhunderts ein vielschichtiges Erbe, das bis heute in der forensischen Wissenschaft und Kriminalistik präsent ist. Die Arbeit von Wissenschaftlern wie Cesare Lombroso, Johann Spurzheim und Franz Joseph Gall prägte maßgeblich das Verständnis von Kriminalität und Verbrechen und trug dazu bei, neue Methoden und Ansätze zur Verbrechensbekämpfung zu entwickeln. Obwohl viele der Theorien und Methoden der kriminalanthropologischen Forschung des 19. Jahrhunderts heute als überholt oder pseudowissenschaftlich angesehen werden, haben sie dennoch einen wichtigen Beitrag zur Entwicklung moderner forensischer Wissenschaft und Kriminologie geleistet und sind ein integraler Bestandteil des Erbes der forensischen Forschung.

Forensische Pathologie

Fortschritte in der postmortalen Untersuchung

Die postmortale Untersuchung, auch bekannt als Obduktion oder Autopsie, machte im 19. Jahrhundert bedeutende Fortschritte, die das Verständnis von Krankheiten, Todesursachen und forensischer Wissenschaft revolutionierten. Diese Zusammenfassung wird eingehend auf die Fortschritte in der postmortalen Untersuchung im 19. Jahrhundert eingehen, ohne Zwischenkapitel zu verwenden.

Die postmortale Untersuchung im 19. Jahrhundert war eine Zeit des Wandels und der Innovation in der forensischen Medizin und Pathologie. Während frühere Jahrhunderte geprägt waren von Aberglauben, Mythen und begrenztem Verständnis der menschlichen Anatomie und Physiologie, setzte sich im 19. Jahrhundert ein wissenschaftlicherer Ansatz durch, der auf systematischen Beobachtungen, anatomischen Studien und forensischen Untersuchungen basierte.

Ein bedeutender Fortschritt in der postmortalen Untersuchung im 19. Jahrhundert war die Etablierung der gerichtsmedizinischen Pathologie als eigenständige medizinische Disziplin. Gerichtsmediziner und Pathologen begannen, systematische Untersuchungen von Leichen durchzuführen, um die Todesursachen festzustellen, Verletzungen zu identifizieren und forensische Beweise zu sammeln. Diese Untersuchungen lieferten wichtige Erkenntnisse über die Pathophysiologie von Krankheiten und Verletzungen und trugen zur Entwicklung moderner forensischer Techniken und Methoden bei.

Ein wichtiger Meilenstein in der Geschichte der postmortalen Untersuchung war die Einführung der forensischen Autopsie als Standardverfahren zur Todesermittlung. Forensische Pathologen und Gerichtsmediziner begannen, systematisch Leichen zu untersuchen, um die Todesursachen festzustellen und Verbrechen aufzuklären. Die forensische Autopsie wurde zu einem unverzichtbaren Werkzeug in der forensischen Wissenschaft und trug wesentlich zur Aufklärung von Verbrechen und zur Gewährleistung der Gerechtigkeit bei.

Ein weiterer wichtiger Fortschritt in der postmortalen Untersuchung im 19. Jahrhundert war die Entwicklung moderner forensischer Techniken und Instrumente zur Untersuchung von Leichen. Forensische Pathologen und Gerichtsmediziner begannen, fortschrittliche mikroskopische, chemische und physikalische Methoden anzuwenden, um Gewebe- und Organschäden zu untersuchen, Vergiftungen nachzuweisen und forensische Beweise zu sammeln. Diese Techniken ermöglichten eine detailliertere und präzisere Untersuchung von Leichen und trugen zur Entwicklung moderner forensischer Verfahren bei.

Die postmortale Untersuchung im 19. Jahrhundert war auch geprägt von bedeutenden Entdeckungen und Innovationen auf dem Gebiet der forensischen Medizin und Pathologie. Forensische Pathologen und Gerichtsmediziner entdeckten neue Krankheiten, identifizierten neue Todesursachen und entwickelten innovative Behandlungsmethoden. Die Einführung von mikroskopischen Untersuchungen, chemischen Analysen und physikalischen Messungen ermöglichte eine genauere Diagnose und Bewertung von Verletzungen und Krankheiten und trug zur Verbesserung der forensischen Medizin bei.

Ein wichtiger Aspekt der postmortalen Untersuchung im 19. Jahrhundert war die Bedeutung von forensischen Beweisen und der forensischen Pathologie für die Strafjustiz. Forensische Pathologen und Gerichtsmediziner spielten eine entscheidende Rolle bei der Aufklärung von Verbrechen, der Identifizierung von Tätern und der Gewährleistung der Gerechtigkeit. Ihre Untersuchungen lieferten wichtige Beweise für Gerichtsverfahren und trugen dazu bei, unschuldige Personen zu entlasten und Verbrecher zur Rechenschaft zu ziehen.

Darüber hinaus trug die postmortale Untersuchung im 19. Jahrhundert zur Entwicklung moderner forensischer Standards und

Verfahren bei. Forensische Pathologen und Gerichtsmediziner entwickelten standardisierte Protokolle und Richtlinien für die Durchführung von Autopsien, die Sammlung von forensischen Beweisen und die Dokumentation von Ergebnissen. Diese Standards und Verfahren trugen zur Verbesserung der forensischen Praxis bei und gewährleisteten eine konsistente und zuverlässige Untersuchung von Leichen.

Insgesamt waren die Fortschritte in der postmortalen Untersuchung im 19. Jahrhundert wegweisend für die Entwicklung der forensischen Medizin und Pathologie. Die Einführung der gerichtsmedizinischen Pathologie als eigenständige Disziplin, die Entwicklung moderner forensischer Techniken und Instrumente und die Bedeutung von forensischen Beweisen für die Strafjustiz trugen wesentlich zur Professionalisierung und Weiterentwicklung der forensischen Wissenschaft bei. Die postmortale Untersuchung im 19. Jahrhundert war ein wichtiger Meilenstein in der Geschichte der forensischen Medizin und legte den Grundstein für die moderne forensische Praxis.

Bedeutung von Autopsien im 19. Jahrhundert
Die Bedeutung von Autopsien im 19. Jahrhundert war von entscheidender Bedeutung für die Entwicklung der medizinischen Wissenschaft, die forensische Pathologie und das Verständnis von Krankheiten und Todesursachen. Während dieses Jahrhunderts erlebte die postmortale Untersuchung einen bedeutenden Aufschwung, der nicht nur die medizinische Praxis, sondern auch die forensische Wissenschaft und die öffentliche Gesundheit maßgeblich prägte. Diese Zusammenfassung wird die Bedeutung von Autopsien im 19. Jahrhundert ohne Zwischenkapitel beleuchten.

Das 19. Jahrhundert war eine Ära des medizinischen Fortschritts und des wissenschaftlichen Wandels. Autopsien, auch bekannt als Obduktionen, spielten eine zentrale Rolle bei der Erforschung von Krankheiten, der Identifizierung von Todesursachen und der Weiterentwicklung der medizinischen Praxis. Die postmortale

Untersuchung ermöglichte es den Ärzten, einen tieferen Einblick in die Anatomie und Pathologie des menschlichen Körpers zu gewinnen und Krankheiten genauer zu diagnostizieren und zu verstehen.

Im 19. Jahrhundert waren Autopsien ein unverzichtbarer Bestandteil der medizinischen Ausbildung. Medizinstudenten lernten durch die direkte Untersuchung von Leichen die Anatomie des menschlichen Körpers, die Struktur der Organe und Gewebe sowie die pathologischen Veränderungen bei Krankheiten. Die Autopsie ermöglichte es den Studenten, ihr Wissen über die menschliche Anatomie zu vertiefen und die Beziehung zwischen Krankheitsprozessen und klinischen Symptomen besser zu verstehen.

Autopsien waren auch von entscheidender Bedeutung für die medizinische Forschung im 19. Jahrhundert. Durch die Untersuchung von Leichen konnten Wissenschaftler neue Krankheiten entdecken, Krankheitsverläufe nachvollziehen und die Ursachen von Epidemien identifizieren. Die Autopsie lieferte wichtige Erkenntnisse über die Pathophysiologie von Krankheiten, die Struktur und Funktion der Organe sowie die Auswirkungen von Verletzungen und Infektionen auf den menschlichen Körper.

Im 19. Jahrhundert spielten Autopsien eine wichtige Rolle in der forensischen Pathologie und der Aufklärung von Verbrechen. Forensische Pathologen untersuchten Leichen, um die Todesursachen festzustellen, Verletzungen zu identifizieren und forensische Beweise zu sammeln. Die Autopsie lieferte wichtige Informationen für Gerichtsverfahren und half bei der Identifizierung von Tätern und der Aufklärung von Verbrechen.

Die postmortale Untersuchung spielte auch eine wichtige Rolle bei der Verbesserung der öffentlichen Gesundheit im 19. Jahrhundert. Autopsien ermöglichten es den Ärzten, die Ausbreitung von Krankheiten zu verstehen, Epidemien zu kontrollieren und präventive Maßnahmen zu entwickeln. Die Untersuchung von

Leichen lieferte wichtige Erkenntnisse über die Ursachen von Krankheiten und half bei der Entwicklung von Impfstoffen, Therapien und Hygienemaßnahmen zur Bekämpfung von Infektionskrankheiten.

Im Laufe des 19. Jahrhunderts wurden Autopsiemethoden und -techniken kontinuierlich weiterentwickelt und verbessert. Neue Instrumente und Geräte ermöglichten eine genauere Untersuchung von Leichen, darunter mikroskopische Untersuchungen, chemische Analysen und physikalische Messungen. Die technologischen Fortschritte trugen zur Verbesserung der Genauigkeit, Effizienz und Sicherheit von Autopsien bei und trugen zur Weiterentwicklung der medizinischen Wissenschaft und forensischen Pathologie bei.

Obwohl Autopsien im 19. Jahrhundert wichtige Erkenntnisse für die medizinische Forschung, die forensische Pathologie und die öffentliche Gesundheit lieferten, gab es auch ethische und soziale Bedenken im Zusammenhang mit der postmortalen Untersuchung. Einige Menschen betrachteten Autopsien als respektlose Behandlung der Toten oder lehnten sie aus religiösen oder kulturellen Gründen ab. Diese Kontroversen führten zu Diskussionen über die Rechtfertigung und den ethischen Umgang mit Autopsien und trugen zur Entwicklung von Richtlinien und Standards für die Durchführung von postmortalen Untersuchungen bei.

Die Bedeutung von Autopsien im 19. Jahrhundert war vielfältig und umfasste die medizinische Ausbildung, die medizinische Forschung, die forensische Pathologie und die öffentliche Gesundheit. Die postmortale Untersuchung spielte eine entscheidende Rolle bei der Entwicklung der medizinischen Wissenschaft, der forensischen Pathologie und des Verständnisses von Krankheiten und Todesursachen. Die technologischen Fortschritte und ethischen Diskussionen im Zusammenhang mit Autopsien prägten die medizinische Praxis und den Umgang mit den Toten im 19. Jahrhundert und haben bis heute Auswirkungen auf die forensische Wissenschaft und die öffentliche Gesundheit.

Forensische Identifikation durch Leichenuntersuchungen

Die forensische Identifikation durch Leichenuntersuchungen im 19. Jahrhundert spielte eine entscheidende Rolle bei der Aufklärung von Verbrechen, der Identifizierung von Opfern und Tätern sowie der Entwicklung moderner forensischer Methoden und Techniken. In dieser Zeit erlebte die forensische Wissenschaft bedeutende Fortschritte, die das Verständnis von Todesursachen, Krankheiten und forensischen Beweisen revolutionierten. Diese Zusammenfassung wird sich eingehend mit der forensischen Identifikation durch Leichenuntersuchungen im 19. Jahrhundert befassen, ohne Zwischenkapitel zu verwenden.

Die forensische Identifikation durch Leichenuntersuchungen war im 19. Jahrhundert von entscheidender Bedeutung für die Aufklärung von Verbrechen und die Identifizierung von Tätern und Opfern. Forensische Pathologen und Gerichtsmediziner führten detaillierte Untersuchungen von Leichen durch, um die Todesursachen festzustellen, Verletzungen zu identifizieren und forensische Beweise zu sammeln. Diese Untersuchungen lieferten wichtige Informationen für Gerichtsverfahren und trugen zur Gewährleistung der Gerechtigkeit bei.

Ein wichtiger Fortschritt in der forensischen Identifikation durch Leichenuntersuchungen im 19. Jahrhundert war die Einführung der forensischen Autopsie als Standardverfahren zur Todesermittlung. Forensische Pathologen begannen, systematisch Leichen zu untersuchen, um die Todesursachen festzustellen und Verbrechen aufzuklären. Die forensische Autopsie wurde zu einem unverzichtbaren Werkzeug in der forensischen Wissenschaft und trug wesentlich zur Aufklärung von Verbrechen bei.

Die forensische Identifikation durch Leichenuntersuchungen im 19. Jahrhundert war auch von technologischen Fortschritten geprägt, die es den forensischen Pathologen ermöglichten, genauere und präzisere Untersuchungen durchzuführen. Neue Instrumente und Geräte, darunter mikroskopische Untersuchungen, chemische

Analysen und physikalische Messungen, ermöglichten eine genauere Diagnose von Verletzungen und Krankheiten und trugen zur Entwicklung moderner forensischer Techniken und Methoden bei.

Ein weiterer wichtiger Aspekt der forensischen Identifikation durch Leichenuntersuchungen im 19. Jahrhundert war die Bedeutung von forensischen Beweisen und der forensischen Pathologie für die Strafjustiz. Forensische Pathologen spielten eine entscheidende Rolle bei der Aufklärung von Verbrechen und der Identifizierung von Tätern und Opfern. Ihre Untersuchungen lieferten wichtige Beweise für Gerichtsverfahren und halfen bei der Gewährleistung der Gerechtigkeit.

Die forensische Identifikation durch Leichenuntersuchungen im 19. Jahrhundert trug auch zur Entwicklung moderner forensischer Standards und Verfahren bei. Forensische Pathologen entwickelten standardisierte Protokolle und Richtlinien für die Durchführung von Autopsien, die Sammlung von forensischen Beweisen und die Dokumentation von Ergebnissen. Diese Standards und Verfahren trugen zur Verbesserung der forensischen Praxis bei und gewährleisteten eine konsistente und zuverlässige Untersuchung von Leichen.

Insgesamt war die forensische Identifikation durch Leichenuntersuchungen im 19. Jahrhundert von entscheidender Bedeutung für die Entwicklung der forensischen Wissenschaft und die Aufklärung von Verbrechen. Die Einführung der forensischen Autopsie als Standardverfahren zur Todesermittlung, die technologischen Fortschritte in der forensischen Pathologie und die Bedeutung von forensischen Beweisen für die Strafjustiz trugen wesentlich zur Weiterentwicklung der forensischen Wissenschaft bei und legten den Grundstein für die moderne forensische Praxis.

Pathologische Veränderungen als Beweismittel
Die Verwendung pathologischer Veränderungen als Beweismittel im 19. Jahrhundert markierte einen bedeutenden Wendepunkt in der

forensischen Medizin und der Kriminalistik. Während dieser Zeit begannen forensische Pathologen und Gerichtsmediziner, detaillierte Untersuchungen von Gewebe- und Organschäden durchzuführen, um Todesursachen festzustellen, Verletzungen zu identifizieren und forensische Beweise zu sammeln. Diese Zusammenfassung wird sich eingehend mit der Verwendung pathologischer Veränderungen als Beweismittel im 19. Jahrhundert befassen, ohne Zwischenkapitel zu verwenden.

Die Verwendung pathologischer Veränderungen als Beweismittel im 19. Jahrhundert war von entscheidender Bedeutung für die forensische Medizin und die Kriminalistik. Forensische Pathologen und Gerichtsmediziner begannen, systematisch Gewebe- und Organschäden zu untersuchen, um die Todesursachen festzustellen, Verletzungen zu identifizieren und forensische Beweise zu sammeln. Diese Untersuchungen lieferten wichtige Informationen für Gerichtsverfahren und trugen zur Gewährleistung der Gerechtigkeit bei.

Ein bedeutender Fortschritt in der Verwendung pathologischer Veränderungen als Beweismittel im 19. Jahrhundert war die Entwicklung moderner forensischer Techniken und Methoden zur Untersuchung von Gewebe- und Organschäden. Forensische Pathologen und Gerichtsmediziner wandten fortschrittliche mikroskopische, chemische und physikalische Methoden an, um Gewebe- und Organschäden zu untersuchen und forensische Beweise zu sammeln. Diese Techniken ermöglichten eine detailliertere und präzisere Untersuchung von Gewebe- und Organschäden und trugen zur Entwicklung moderner forensischer Verfahren bei.

Die Verwendung pathologischer Veränderungen als Beweismittel im 19. Jahrhundert war auch von technologischen Fortschritten geprägt, die es den forensischen Pathologen ermöglichten, genauere und präzisere Untersuchungen durchzuführen. Neue Instrumente und Geräte, darunter mikroskopische Untersuchungen, chemische Analysen und physikalische Messungen, ermöglichten eine genauere Diagnose von Gewebe- und Organschäden und trugen zur Entwicklung moderner forensischer Techniken und Methoden bei.

Ein weiterer wichtiger Aspekt der Verwendung pathologischer Veränderungen als Beweismittel im 19. Jahrhundert war die Bedeutung von forensischen Beweisen und der forensischen Pathologie für die Strafjustiz. Forensische Pathologen spielten eine entscheidende Rolle bei der Aufklärung von Verbrechen und der Identifizierung von Tätern und Opfern. Ihre Untersuchungen lieferten wichtige Beweise für Gerichtsverfahren und halfen bei der Gewährleistung der Gerechtigkeit.

Die Verwendung pathologischer Veränderungen als Beweismittel im 19. Jahrhundert trug auch zur Entwicklung moderner forensischer Standards und Verfahren bei. Forensische Pathologen entwickelten standardisierte Protokolle und Richtlinien für die Untersuchung von Gewebe- und Organschäden, die Sammlung von forensischen Beweisen und die Dokumentation von Ergebnissen. Diese Standards und Verfahren trugen zur Verbesserung der forensischen Praxis bei und gewährleisteten eine konsistente und zuverlässige Untersuchung von Gewebe- und Organschäden.

Insgesamt war die Verwendung pathologischer Veränderungen als Beweismittel im 19. Jahrhundert von entscheidender Bedeutung für die Entwicklung der forensischen Wissenschaft und die Aufklärung von Verbrechen. Die Einführung moderner forensischer Techniken und Methoden, die Bedeutung von forensischen Beweisen für die Strafjustiz und die Entwicklung forensischer Standards und Verfahren trugen wesentlich zur Weiterentwicklung der forensischen Wissenschaft bei und legten den Grundstein für die moderne forensische Praxis.

Forensische Anthropologie im Leichenwesen

Die forensische Anthropologie im Leichenwesen des 19. Jahrhunderts spielte eine entscheidende Rolle bei der Identifizierung von menschlichen Überresten, der Bestimmung von

Todesursachen und der Aufklärung von Verbrechen. In dieser Zeit begannen forensische Anthropologen, detaillierte Untersuchungen von Skelettresten und anderen menschlichen Überresten durchzuführen, um Informationen über das Opfer zu sammeln und forensische Beweise zu liefern. Diese Zusammenfassung wird die Rolle der forensischen Anthropologie im Leichenwesen des 19. Jahrhunderts eingehend beleuchten, ohne Zwischenkapitel zu verwenden.

Die forensische Anthropologie im Leichenwesen des 19. Jahrhunderts war von entscheidender Bedeutung für die Identifizierung von menschlichen Überresten und die Bestimmung von Todesursachen. Forensische Anthropologen führten detaillierte Untersuchungen von Skelettresten und anderen menschlichen Überresten durch, um Informationen über das Opfer zu sammeln und forensische Beweise zu liefern. Diese Untersuchungen lieferten wichtige Informationen für Gerichtsverfahren und trugen zur Gewährleistung der Gerechtigkeit bei.

Ein bedeutender Fortschritt in der forensischen Anthropologie im Leichenwesen des 19. Jahrhunderts war die Entwicklung moderner forensischer Techniken und Methoden zur Untersuchung von Skelettresten und anderen menschlichen Überresten. Forensische Anthropologen wandten fortschrittliche anthropologische Methoden an, um Skelettmerkmale zu untersuchen, die Identifizierung von Individuen zu erleichtern und forensische Beweise zu liefern. Diese Techniken ermöglichten eine detailliertere und präzisere Untersuchung von Skelettresten und trugen zur Entwicklung moderner forensischer Verfahren bei.

Die forensische Anthropologie im Leichenwesen des 19. Jahrhunderts war auch von technologischen Fortschritten geprägt, die es den forensischen Anthropologen ermöglichten, genauere und präzisere Untersuchungen durchzuführen. Neue Instrumente und Geräte, darunter anthropologische Messinstrumente und fotografische Techniken, ermöglichten eine genauere Identifizierung von Skelettmerkmalen und eine bessere Dokumentation von forensischen Beweisen.

Ein weiterer wichtiger Aspekt der forensischen Anthropologie im Leichenwesen des 19. Jahrhunderts war die Bedeutung von forensischen Beweisen und der forensischen Anthropologie für die Strafjustiz. Forensische Anthropologen spielten eine entscheidende Rolle bei der Identifizierung von menschlichen Überresten, der Bestimmung von Todesursachen und der Aufklärung von Verbrechen. Ihre Untersuchungen lieferten wichtige Beweise für Gerichtsverfahren und halfen bei der Gewährleistung der Gerechtigkeit.

Die forensische Anthropologie im Leichenwesen des 19. Jahrhunderts trug auch zur Entwicklung moderner forensischer Standards und Verfahren bei. Forensische Anthropologen entwickelten standardisierte Protokolle und Richtlinien für die Untersuchung von Skelettresten und anderen menschlichen Überresten, die Sammlung von forensischen Beweisen und die Dokumentation von Ergebnissen. Diese Standards und Verfahren trugen zur Verbesserung der forensischen Praxis bei und gewährleisteten eine konsistente und zuverlässige Untersuchung von menschlichen Überresten.

Insgesamt war die forensische Anthropologie im Leichenwesen des 19. Jahrhunderts von entscheidender Bedeutung für die Entwicklung der forensischen Wissenschaft und die Aufklärung von Verbrechen. Die Einführung moderner forensischer Techniken und Methoden, die Bedeutung von forensischen Beweisen für die Strafjustiz und die Entwicklung forensischer Standards und Verfahren trugen wesentlich zur Weiterentwicklung der forensischen Wissenschaft bei und legten den Grundstein für die moderne forensische Praxis.

Technologische Innovationen in der Pathologie
Die technologischen Innovationen in der Pathologie des 19. Jahrhunderts markierten einen bedeutenden Fortschritt in der

medizinischen Diagnostik und der forensischen Wissenschaft. Während dieser Zeit wurden zahlreiche neue Instrumente, Techniken und Methoden entwickelt, die es den Pathologen ermöglichten, Krankheiten genauer zu untersuchen, Todesursachen präziser festzustellen und forensische Beweise zu sammeln. Diese Zusammenfassung wird sich eingehend mit den technologischen Innovationen in der Pathologie des 19. Jahrhunderts befassen, ohne Zwischenkapitel zu verwenden.

Die technologischen Innovationen in der Pathologie des 19. Jahrhunderts revolutionierten die medizinische Diagnostik und die forensische Wissenschaft. Neue Instrumente und Geräte ermöglichten es den Pathologen, Krankheiten genauer zu untersuchen, Todesursachen präziser festzustellen und forensische Beweise zu sammeln. Diese Innovationen trugen wesentlich zur Verbesserung der medizinischen Praxis und der forensischen Wissenschaft bei und legten den Grundstein für die moderne Pathologie.

Ein bedeutender Fortschritt in der Pathologie des 19. Jahrhunderts war die Entwicklung moderner mikroskopischer Techniken und Methoden zur Untersuchung von Gewebe- und Zellproben. Die Einführung des Lichtmikroskops ermöglichte es den Pathologen, Gewebeproben unter hoher Vergrößerung zu untersuchen und Krankheiten auf zellulärer Ebene zu diagnostizieren. Diese Techniken revolutionierten die medizinische Diagnostik und ermöglichten eine genauere Identifizierung von Krankheiten.

Ein weiterer wichtiger technologischer Fortschritt in der Pathologie des 19. Jahrhunderts war die Entwicklung moderner chemischer Analysetechniken zur Untersuchung von Körperflüssigkeiten und Gewebeproben. Die Einführung chemischer Reagenzien und Analysemethoden ermöglichte es den Pathologen, Krankheiten durch biochemische Analysen zu diagnostizieren und forensische Beweise zu sammeln. Diese Techniken trugen wesentlich zur Weiterentwicklung der medizinischen Diagnostik und der forensischen Wissenschaft bei.

Die Entwicklung moderner fotografischer Techniken war ein weiterer wichtiger technologischer Fortschritt in der Pathologie des 19. Jahrhunderts. Die Einführung der Fotografie ermöglichte es den Pathologen, Krankheiten und Verletzungen fotografisch zu dokumentieren und forensische Beweise zu sammeln. Fotografische Aufnahmen von Gewebe- und Zellproben lieferten wichtige Informationen für die medizinische Diagnostik und die forensische Wissenschaft.

Ein weiterer wichtiger technologischer Fortschritt in der Pathologie des 19. Jahrhunderts war die Entwicklung moderner chirurgischer Instrumente und Techniken zur Durchführung von Gewebebiopsien und Operationen. Die Einführung von chirurgischen Instrumenten wie Skalpellen, Pinzetten und Nadeln ermöglichte es den Pathologen, Gewebe- und Zellproben sicher zu entnehmen und Krankheiten präzise zu diagnostizieren. Diese Techniken trugen wesentlich zur Verbesserung der medizinischen Diagnostik bei und ermöglichten eine genauere Identifizierung von Krankheiten.

Insgesamt waren die technologischen Innovationen in der Pathologie des 19. Jahrhunderts von entscheidender Bedeutung für die Entwicklung der medizinischen Diagnostik und der forensischen Wissenschaft. Die Einführung moderner mikroskopischer, chemischer, fotografischer und chirurgischer Techniken ermöglichte es den Pathologen, Krankheiten genauer zu untersuchen, Todesursachen präziser festzustellen und forensische Beweise zu sammeln. Diese Innovationen legten den Grundstein für die moderne Pathologie und trugen wesentlich zur Verbesserung der medizinischen Praxis und der forensischen Wissenschaft bei.

Berühmte Pathologen des 19. Jahrhunderts
Das 19. Jahrhundert war eine Zeit intensiver medizinischer Entdeckungen und bahnbrechender Fortschritte in der Pathologie. Während dieser Epoche traten einige herausragende Persönlichkeiten hervor, deren Beiträge die medizinische Wissenschaft nachhaltig geprägt haben. Diese Zusammenfassung

wird sich eingehend mit einigen der berühmtesten Pathologen des 19. Jahrhunderts befassen, ohne Zwischenkapitel zu verwenden.

Einer der prominentesten Pathologen des 19. Jahrhunderts war Rudolf Virchow (1821–1902), ein deutscher Arzt und Wissenschaftler, der als einer der Begründer der modernen Pathologie gilt. Virchow war ein Pionier auf dem Gebiet der Zellularpathologie und leistete bedeutende Beiträge zur Erforschung von Krankheiten auf zellulärer Ebene. Er identifizierte zahlreiche Krankheiten und stellte fest, dass Zellen die Grundbausteine des Lebens sind und dass Krankheiten auf Veränderungen in den Zellen zurückzuführen sind. Virchows Arbeit legte den Grundstein für das Verständnis von Krankheiten und die Entwicklung moderner diagnostischer Techniken.

Ein weiterer bedeutender Pathologe des 19. Jahrhunderts war William Osler (1849–1919), ein kanadischer Arzt und Wissenschaftler, der als einer der Begründer der modernen Medizin gilt. Osler leistete bedeutende Beiträge zur Erforschung von Infektionskrankheiten und zur Entwicklung von diagnostischen Methoden. Er war einer der ersten, der den Wert der sorgfältigen klinischen Untersuchung und Anamnese bei der Diagnose von Krankheiten betonte. Osler war auch ein Pionier auf dem Gebiet der medizinischen Ausbildung und legte die Grundlagen für das moderne medizinische Curriculum.

Ein weiterer herausragender Pathologe des 19. Jahrhunderts war Carl von Rokitansky (1804–1878), ein österreichischer Arzt und Wissenschaftler, der als einer der bedeutendsten Pathologen seiner Zeit gilt. Rokitansky war ein Pionier auf dem Gebiet der pathologischen Anatomie und führte detaillierte Autopsien von Tausenden von Patienten durch. Seine Arbeit trug wesentlich zum Verständnis von Krankheiten bei und lieferte wichtige Erkenntnisse über ihre Ursachen und Mechanismen. Rokitanskys detaillierte Beschreibungen von Krankheiten und Gewebeveränderungen haben die moderne Pathologie maßgeblich beeinflusst.

Ein weiterer bedeutender Pathologe des 19. Jahrhunderts war Thomas Hodgkin (1798–1866), ein englischer Arzt und Wissenschaftler, der als Pionier auf dem Gebiet der Hämatologie und der Lymphomforschung gilt. Hodgkin entdeckte das nach ihm benannte Hodgkin-Lymphom und war einer der ersten, der die Bedeutung des lymphatischen Systems für die Immunabwehr erkannte. Seine Arbeit trug wesentlich zum Verständnis von Krebserkrankungen bei und lieferte wichtige Erkenntnisse über ihre Ursachen und Mechanismen.

Ein weiterer herausragender Pathologe des 19. Jahrhunderts war Jean-Martin Charcot (1825–1893), ein französischer Arzt und Wissenschaftler, der als einer der Begründer der modernen Neurologie gilt. Charcot war ein Pionier auf dem Gebiet der neurologischen Erkrankungen und führte bahnbrechende Untersuchungen über Krankheiten wie Multiple Sklerose und Parkinson durch. Seine Arbeit trug wesentlich zum Verständnis von neurologischen Erkrankungen bei und lieferte wichtige Erkenntnisse über ihre Ursachen und Mechanismen.

Ein weiterer bedeutender Pathologe des 19. Jahrhunderts war Elizabeth Garrett Anderson (1836–1917), eine englische Ärztin und Wissenschaftlerin, die als eine der ersten Frauen in Großbritannien Medizin studierte und praktizierte. Anderson war eine Pionierin auf dem Gebiet der Frauenmedizin und setzte sich für die Verbesserung der Gesundheitsversorgung von Frauen ein. Ihre Arbeit trug wesentlich zur Entwicklung der Frauenmedizin bei und legte die Grundlagen für die moderne gynäkologische Praxis.

Insgesamt waren die berühmten Pathologen des 19. Jahrhunderts entscheidend für die Entwicklung der medizinischen Wissenschaft und die Verbesserung der Patientenversorgung. Ihre wegweisenden Entdeckungen und bahnbrechenden Forschungen haben das Verständnis von Krankheiten erheblich erweitert und die Grundlagen für die moderne Medizin gelegt. Durch ihre Arbeit haben sie das Feld der Pathologie maßgeblich geprägt und einen bleibenden Beitrag zur medizinischen Forschung und Praxis geleistet.

Gerichtsmedizinische Protokollierung und Dokumentation

Die gerichtsmedizinische Protokollierung und Dokumentation im 19. Jahrhundert spielte eine entscheidende Rolle bei der Erfassung und Analyse forensischer Beweise, der Dokumentation von Todesursachen und der Unterstützung von Gerichtsverfahren. In dieser Epoche erlebte die forensische Wissenschaft einen bedeutenden Fortschritt in der Systematisierung und Standardisierung von Protokollen und Dokumentationsverfahren, um eine präzise und zuverlässige Erfassung von Beweisen zu gewährleisten. Diese Zusammenfassung wird sich eingehend mit der gerichtsmedizinischen Protokollierung und Dokumentation im 19. Jahrhundert befassen, ohne Zwischenkapitel zu verwenden.

Die gerichtsmedizinische Protokollierung und Dokumentation im 19. Jahrhundert war ein entscheidender Bestandteil der forensischen Wissenschaft und spielte eine wichtige Rolle bei der Erfassung und Analyse forensischer Beweise. In dieser Epoche wurden verschiedene Verfahren und Methoden entwickelt, um Beweise zu sammeln, zu dokumentieren und zu analysieren, um ihre Relevanz für Gerichtsverfahren zu bestimmen und die Ermittlungen voranzutreiben.

Ein wesentlicher Aspekt der gerichtsmedizinischen Protokollierung und Dokumentation im 19. Jahrhundert war die Entwicklung standardisierter Protokolle und Verfahren zur Sammlung und Dokumentation von Beweisen. Forensische Experten entwickelten detaillierte Protokolle für die Untersuchung von Tatorten, die Entnahme von Proben und die Dokumentation von Beweisen, um sicherzustellen, dass alle relevanten Informationen ordnungsgemäß erfasst und dokumentiert wurden. Diese standardisierten Protokolle trugen wesentlich zur Sicherstellung der Genauigkeit und Zuverlässigkeit von forensischen Beweisen bei.

Ein weiterer wichtiger Aspekt der gerichtsmedizinischen Protokollierung und Dokumentation im 19. Jahrhundert war die Entwicklung moderner Dokumentationsverfahren und -techniken. Forensische Experten verwendeten verschiedene Methoden, um Beweise zu dokumentieren, darunter Fotografie, Skizzierung, Diagramme und schriftliche Berichte. Diese Techniken ermöglichten eine detaillierte und präzise Dokumentation von Beweisen und trugen zur Sicherstellung ihrer Integrität und Zuverlässigkeit bei.

Die gerichtsmedizinische Protokollierung und Dokumentation im 19. Jahrhundert war auch von technologischen Fortschritten geprägt, die es den forensischen Experten ermöglichten, Beweise genauer zu dokumentieren und zu analysieren. Die Einführung moderner fotografischer Techniken ermöglichte es den Ermittlern, Tatorte und Beweise fotografisch zu dokumentieren, um einen genauen und detaillierten visuellen Rekord zu erstellen. Darüber hinaus ermöglichten Fortschritte in der chemischen Analyse die Untersuchung von Proben auf Spuren von Giftstoffen und anderen Substanzen, um Hinweise auf die Todesursache und mögliche Täter zu erhalten.

Ein weiterer wichtiger Aspekt der gerichtsmedizinischen Protokollierung und Dokumentation im 19. Jahrhundert war die Entwicklung forensischer Archive und Datenbanken zur Speicherung und Organisation von Beweisen. Forensische Experten richteten spezielle Archive und Datenbanken ein, um Beweise zu katalogisieren, zu speichern und zu analysieren, um sie für zukünftige Ermittlungen und Gerichtsverfahren zugänglich zu machen. Diese Archive ermöglichten es den Ermittlern, Beweise effizient zu verwalten und darauf zuzugreifen, um die Aufklärung von Verbrechen zu unterstützen.

Insgesamt war die gerichtsmedizinische Protokollierung und Dokumentation im 19. Jahrhundert von entscheidender Bedeutung für die Erfassung und Analyse forensischer Beweise, die Dokumentation von Todesursachen und die Unterstützung von Gerichtsverfahren. Durch die Entwicklung standardisierter

Protokolle, moderner Dokumentationsverfahren und -techniken sowie technologischer Fortschritte konnten forensische Experten Beweise genauer erfassen, dokumentieren und analysieren, um die Aufklärung von Verbrechen voranzutreiben und die Gerechtigkeit zu gewährleisten.

Forensische Aspekte von Epidemien und Seuchen
Die forensischen Aspekte von Epidemien und Seuchen im 19. Jahrhundert waren von entscheidender Bedeutung für die Bewältigung und Bekämpfung von Krankheitsausbrüchen sowie für die Ermittlung der Ursachen und Auswirkungen dieser Epidemien auf die Gesellschaft. In dieser Epoche sah sich die Welt mit einer Vielzahl von Krankheitsausbrüchen konfrontiert, darunter Cholera, Typhus, Tuberkulose und Pocken, die große Bevölkerungsgruppen betrafen und erhebliche gesundheitliche und sozioökonomische Folgen hatten. Die forensischen Aspekte dieser Epidemien umfassten die Untersuchung von Todesfällen, die Identifizierung von Krankheitserregern, die Entwicklung von Präventions- und Kontrollmaßnahmen sowie die Analyse der gesellschaftlichen Auswirkungen von Epidemien auf Bevölkerungsgruppen und Gemeinschaften.

Ein wichtiger forensischer Aspekt von Epidemien im 19. Jahrhundert war die Untersuchung von Todesfällen und die Feststellung der Todesursache. Forensische Experten führten detaillierte Autopsien von Personen durch, die an epidemischen Krankheiten gestorben waren, um die Ursache ihres Todes zu bestimmen und die Ausbreitung der Krankheit zu untersuchen. Diese Untersuchungen lieferten wichtige Erkenntnisse über die Pathogenese und den Verlauf von Epidemien und trugen zur Entwicklung von Präventions- und Kontrollmaßnahmen bei.

Ein weiterer wichtiger forensischer Aspekt von Epidemien im 19. Jahrhundert war die Identifizierung von Krankheitserregern und die Entwicklung von diagnostischen Methoden. Forensische Experten isolierten und identifizierten Krankheitserreger wie Bakterien, Viren und Parasiten, um ihre Rolle bei der Verursachung von Epidemien zu bestimmen und geeignete Maßnahmen zur Bekämpfung der Ausbreitung der Krankheit zu ergreifen. Diese Identifizierung von Krankheitserregern war entscheidend für die Entwicklung von Impfstoffen, Medikamenten und anderen präventiven und therapeutischen Maßnahmen.

Ein weiterer bedeutender forensischer Aspekt von Epidemien im 19. Jahrhundert war die Entwicklung von Präventions- und Kontrollmaßnahmen zur Eindämmung der Ausbreitung von Krankheiten. Forensische Experten arbeiteten eng mit Gesundheitsbehörden, Regierungen und anderen Organisationen zusammen, um Strategien zur Verhinderung von Krankheitsausbrüchen zu entwickeln und umzusetzen. Diese Maßnahmen umfassten Quarantäne, Isolation, Impfungen, Desinfektion, Hygienevorschriften und andere öffentliche Gesundheitsmaßnahmen.

Ein weiterer wichtiger forensischer Aspekt von Epidemien im 19. Jahrhundert war die Analyse der gesellschaftlichen Auswirkungen von Epidemien auf Bevölkerungsgruppen und Gemeinschaften. Epidemien hatten erhebliche Auswirkungen auf das soziale, wirtschaftliche und politische Leben von Gemeinschaften und verursachten oft Angst, Panik und soziale Unruhen. Forensische Experten untersuchten die sozialen und wirtschaftlichen Folgen von Epidemien und entwickelten Strategien zur Bewältigung dieser Herausforderungen.

Insgesamt waren die forensischen Aspekte von Epidemien und Seuchen im 19. Jahrhundert von entscheidender Bedeutung für die Bewältigung und Bekämpfung von Krankheitsausbrüchen sowie für die Entwicklung von Präventions- und Kontrollmaßnahmen. Durch die Untersuchung von Todesfällen, die Identifizierung von Krankheitserregern, die Entwicklung von Präventions- und Kontrollmaßnahmen sowie die Analyse der gesellschaftlichen Auswirkungen von Epidemien trugen forensische Experten wesentlich zur Verbesserung der öffentlichen Gesundheit und zur Bewältigung von Gesundheitskrisen bei.

Integration von pathologischem Wissen in die Rechtsmedizin

Die Integration von pathologischem Wissen in die Rechtsmedizin im 19. Jahrhundert markierte einen bedeutenden Fortschritt in der forensischen Wissenschaft und trug wesentlich zur Entwicklung der gerichtsmedizinischen Praxis bei. In dieser Zeit erlebte die Medizin eine Phase des Wandels und Fortschritts, insbesondere im Bereich der Pathologie, die sich mit der Untersuchung von Krankheiten und den anatomischen Veränderungen im menschlichen Körper befasst. Die Integration dieses Wissens in die Rechtsmedizin ermöglichte eine präzisere Untersuchung von Todesursachen, die Identifizierung von Verletzungen und Krankheiten sowie die Unterstützung von Gerichtsverfahren durch forensische Experten.

Die Integration von pathologischem Wissen in die Rechtsmedizin im 19. Jahrhundert war von entscheidender Bedeutung für die Entwicklung und Professionalisierung der gerichtsmedizinischen Praxis. Pathologisches Wissen, das durch die Untersuchung von Krankheiten, Verletzungen und anatomischen Veränderungen gewonnen wurde, wurde zunehmend in die gerichtsmedizinische Praxis integriert, um eine präzisere und zuverlässigere Untersuchung von Todesursachen und forensischen Beweisen zu ermöglichen.

Ein wichtiger Aspekt der Integration von pathologischem Wissen in die Rechtsmedizin war die Untersuchung von Todesfällen und die Feststellung der Todesursache. Pathologen und Gerichtsmediziner arbeiteten eng zusammen, um Todesfälle zu untersuchen und die Ursachen des Todes zu bestimmen. Durch die pathologische Untersuchung von Gewebeproben, Organen und anatomischen Veränderungen konnten forensische Experten die genaue Todesursache identifizieren und forensische Beweise für Gerichtsverfahren liefern.

Ein weiterer wichtiger Aspekt war die Identifizierung von Verletzungen und Krankheiten bei Opfern von Gewaltverbrechen. Forensische Pathologen analysierten Gewebeproben und anatomische Verletzungen, um die Art und den Umfang von Verletzungen festzustellen und ihre Ursachen zu ermitteln. Dies ermöglichte es den Ermittlern, forensische Beweise zu sammeln und zu präsentieren, um Täter zu identifizieren und Gerichtsverfahren zu unterstützen.

Die Integration von pathologischem Wissen in die Rechtsmedizin trug auch zur Entwicklung forensischer Techniken und Methoden bei. Forensische Pathologen entwickelten neue diagnostische Verfahren und Techniken, um Krankheiten, Verletzungen und anatomische Veränderungen zu identifizieren und zu analysieren. Diese Fortschritte ermöglichten es den forensischen Experten, präzisere und zuverlässigere forensische Untersuchungen durchzuführen und forensische Beweise für Gerichtsverfahren zu liefern.

Ein weiterer wichtiger Aspekt war die Ausbildung und Weiterbildung von forensischen Experten im Bereich der Pathologie. Durch die Integration von pathologischem Wissen in die Rechtsmedizin wurden forensische Pathologen speziell ausgebildet, um forensische Untersuchungen durchzuführen, Todesursachen zu bestimmen und forensische Beweise zu analysieren. Diese Experten spielten eine entscheidende Rolle bei der Unterstützung von Gerichtsverfahren und der Gewährleistung der Genauigkeit und Zuverlässigkeit forensischer Untersuchungen.

Insgesamt war die Integration von pathologischem Wissen in die Rechtsmedizin im 19. Jahrhundert ein bedeutender Fortschritt für die forensische Wissenschaft. Durch die Zusammenarbeit zwischen Pathologen und Gerichtsmedizinern konnten forensische Untersuchungen verbessert, Todesursachen genauer bestimmt und forensische Beweise für Gerichtsverfahren präziser analysiert werden. Dies trug wesentlich zur Entwicklung und Professionalisierung der gerichtsmedizinischen Praxis bei und ermöglichte eine präzisere und zuverlässigere forensische Arbeit im 19. Jahrhundert.

Fingerabdruckanalyse

Frühe Anwendungen von Fingerabdrücken

Die frühen Anwendungen von Fingerabdrücken im 19. Jahrhundert markieren einen Wendepunkt in der forensischen Identifizierungstechnik und legten den Grundstein für die moderne forensische Wissenschaft. In einer Zeit, in der traditionelle Methoden zur Identifizierung von Verdächtigen und Opfern oft ungenau und unzuverlässig waren, boten Fingerabdrücke eine innovative Möglichkeit, Personen eindeutig zu identifizieren und Kriminalfälle aufzuklären. Die Anwendung von Fingerabdrücken in der forensischen Praxis war ein Ergebnis intensiver Forschung und Experimente, die von Pionieren auf diesem Gebiet durchgeführt wurden. Ihre Arbeit führte zu bahnbrechenden Erkenntnissen über die Einzigartigkeit und Unveränderlichkeit von Fingerabdrücken, die zur Entwicklung von Methoden und Techniken zur Erfassung, Klassifizierung und Analyse von Fingerabdrücken führten.

Die Anwendung von Fingerabdrücken im 19. Jahrhundert begann mit der wissenschaftlichen Untersuchung und Dokumentation der Einzigartigkeit und Unveränderlichkeit von Fingerabdrücken. Frühe Forscher wie Francis Galton und Sir William Herschel führten Experimente durch, um die Merkmale von Fingerabdrücken zu erforschen und ihre Unterschiede zwischen Individuen zu bestimmen. Galton veröffentlichte 1892 sein bahnbrechendes Werk "Fingerabdrücke", in dem er die Einzigartigkeit von Fingerabdrücken und ihre Verwendung als Identifizierungsmethode hervorhob. Diese wissenschaftlichen Erkenntnisse bildeten die Grundlage für die Entwicklung forensischer Methoden zur Erfassung und Analyse von Fingerabdrücken.

Die frühen Anwendungen von Fingerabdrücken im 19. Jahrhundert umfassten auch experimentelle Versuche zur Identifizierung von Verdächtigen und Opfern in Kriminalfällen. Sir William Herschel war einer der ersten, der Fingerabdrücke als Identifizierungsmethode in der forensischen Praxis einsetzte. In den 1850er Jahren begann er, Fingerabdrücke von Personen auf Verträgen und Dokumenten zu erfassen, um ihre Identität zu bestätigen. Obwohl Herschels Methoden rudimentär waren und keine wissenschaftliche Validierung hatten, waren sie ein früher Versuch, Fingerabdrücke als forensische Identifizierungstechnik zu nutzen.

Ein weiterer Meilenstein in der Entwicklung der Anwendung von Fingerabdrücken im 19. Jahrhundert war die Einführung von Fingerabdruckregistern und -dokumentationssystemen. Im Jahr 1891 führte der indische Kolonialbeamte Sir Edward Henry das erste systematische Fingerabdruckregistrierungssystem ein, das als Henry-Klassifikationssystem bekannt wurde. Dieses System ermöglichte die Klassifizierung und Aufzeichnung von Fingerabdrücken anhand bestimmter Merkmale, was eine effiziente Identifizierung von Personen ermöglichte. Henrys System wurde schnell in verschiedenen Teilen der Welt übernommen und bildete die Grundlage für moderne Fingerabdruckidentifikationssysteme.

Die Anwendung von Fingerabdrücken im 19. Jahrhundert hatte auch rechtliche und gesellschaftliche Auswirkungen. Die Verwendung von Fingerabdrücken als forensische Identifizierungstechnik wurde von Gerichten zunehmend anerkannt und akzeptiert, was zu einer erhöhten Verwendung von Fingerabdrücken als Beweismittel in Gerichtsverfahren führte. Diese Entwicklung trug dazu bei, die Genauigkeit und Zuverlässigkeit forensischer Identifizierungstechniken zu verbessern und zur Aufklärung von Kriminalfällen beizutragen.

Darüber hinaus hatte die Anwendung von Fingerabdrücken im 19. Jahrhundert auch Auswirkungen auf die öffentliche Wahrnehmung von Kriminalität und Forensik. Fingerabdrücke wurden zunehmend als unverzichtbares Werkzeug zur Identifizierung von Verdächtigen und zur Aufklärung von Verbrechen angesehen, was zu einer breiteren Akzeptanz forensischer Methoden in der Gesellschaft führte. Dies trug dazu bei, das Vertrauen in das Rechtssystem zu stärken und die Effektivität von forensischen Untersuchungen zu verbessern.

Insgesamt markieren die frühen Anwendungen von Fingerabdrücken im 19. Jahrhundert einen wichtigen Meilenstein in der Geschichte der forensischen Wissenschaft. Die Forschung und Experimente dieser Zeit legten den Grundstein für moderne forensische Identifizierungstechniken und trugen dazu bei, die Effizienz und Zuverlässigkeit forensischer Untersuchungen zu verbessern. Die Entwicklung von Fingerabdruckregistern, die Anerkennung von Fingerabdrücken als Beweismittel vor Gericht und die gesellschaftliche Akzeptanz forensischer Methoden waren bedeutende Errungenschaften, die die forensische Wissenschaft im 19. Jahrhundert maßgeblich geprägt haben.

Entwicklungen in der Identifikationsmethode

Im 19. Jahrhundert erlebte die Identifikationsmethode bedeutende Entwicklungen, die die forensische Wissenschaft revolutionierten und die Art und Weise veränderten, wie Verbrechen untersucht und aufgeklärt wurden. Während zu Beginn des Jahrhunderts traditionelle Methoden wie Zeugenaussagen und Augenscheine vorherrschten, wurden im Laufe der Zeit neue Techniken und Verfahren eingeführt, die präzisere und zuverlässigere Ergebnisse lieferten. Diese Entwicklungen umfassten die Anwendung von Fingerabdrücken, Fotografie, forensische Ballistik, Anthropometrie und andere innovative Techniken, die die Identifizierung von Verdächtigen und Opfern verbesserten und zur Lösung komplexer Kriminalfälle beitrugen.

Die Einführung von Fingerabdrücken als Identifikationsmethode war eine der bedeutendsten Entwicklungen im 19. Jahrhundert. Frühe Forscher wie Francis Galton und Sir William Herschel untersuchten die Einzigartigkeit von Fingerabdrücken und ihre Verwendung als Identifizierungstechnik. Galton veröffentlichte 1892 sein bahnbrechendes Werk "Fingerabdrücke", in dem er die Einzigartigkeit von Fingerabdrücken hervorhob und ihre Verwendung zur Identifizierung von Personen empfahl. Diese Erkenntnisse führten zur Entwicklung von Methoden zur Erfassung, Klassifizierung und Analyse von Fingerabdrücken, die eine präzise Identifizierung von Verdächtigen und Opfern ermöglichten.

Die Einführung der Fotografie als Identifikationsmethode war eine weitere wichtige Entwicklung im 19. Jahrhundert. Fotografien wurden zunehmend zur Dokumentation von Tatorten, Verletzungen und Opfern verwendet, um forensische Beweise zu sichern und zu analysieren. Fotografische Beweise lieferten den Ermittlern detaillierte Informationen über Tatorte und Verletzungen, die bei der Identifizierung von Verdächtigen und Opfern entscheidend sein konnten.

Forensische Ballistik, die Untersuchung von Schusswaffen und Munition, war eine weitere wichtige Entwicklung im 19. Jahrhundert. Forensische Experten begannen, Schusswaffen und Munition zu analysieren, um Verbrechen zu rekonstruieren und Schusswunden zu untersuchen. Diese Analyse ermöglichte es den Ermittlern, die Herkunft von Schusswaffen zu bestimmen und Schussverletzungen zu unterscheiden, was bei der Identifizierung von Verdächtigen und der Aufklärung von Verbrechen von entscheidender Bedeutung war.

Die Einführung von Anthropometrie, der Messung von Körperformen und -größen, war ebenfalls eine bedeutende Entwicklung im 19. Jahrhundert. Der französische Kriminologe Alphonse Bertillon entwickelte das Bertillonage-System, das anthropometrische Messungen zur Identifizierung von Verdächtigen verwendete. Dieses System umfasste Messungen von Körpergröße, Kopfumfang, Arm- und Beinlänge sowie andere anatomische Merkmale, um ein individuelles Identifikationsprofil zu erstellen. Das Bertillonage-System wurde in vielen Ländern eingeführt und war lange Zeit eine der führenden Identifikationsmethoden in der forensischen Praxis.

Die Entwicklung von Forensiklabors und die Einführung von forensischen Untersuchungstechniken waren ebenfalls wichtige Entwicklungen im 19. Jahrhundert. Forensische Labors wurden eingerichtet, um forensische Beweise zu analysieren und forensische Untersuchungen durchzuführen. Forensische Experten entwickelten neue Techniken zur Untersuchung von Beweismitteln, darunter chemische Tests, mikroskopische Untersuchungen und

DNA-Analysen, die eine präzise Identifizierung von Verdächtigen und Opfern ermöglichten.

Die Entwicklung von Identifikationsmethoden im 19. Jahrhundert hatte weitreichende Auswirkungen auf die forensische Wissenschaft und die Kriminaljustiz. Diese Entwicklungen verbesserten die Genauigkeit und Zuverlässigkeit forensischer Untersuchungen und trugen dazu bei, die Aufklärung von Verbrechen zu erleichtern und die Verurteilung von Tätern zu sichern. Die Einführung von Fingerabdrücken, Fotografie, forensischer Ballistik, Anthropometrie und anderen innovativen Techniken veränderte die Art und Weise, wie Verbrechen untersucht und aufgeklärt wurden, und legte den Grundstein für die moderne forensische Wissenschaft.

Wissenschaftliche Grundlagen der Daktyloskopie

Die wissenschaftlichen Grundlagen der Daktyloskopie, auch bekannt als Fingerabdruckerkennung, wurden im 19. Jahrhundert gelegt und bildeten die Grundlage für die moderne forensische Identifizierungstechnik. In dieser Zeit erlebte die forensische Wissenschaft einen bedeutenden Fortschritt, insbesondere im Bereich der Daktyloskopie, die die Identifizierung von Personen anhand ihrer einzigartigen Fingerabdrücke ermöglichte. Die wissenschaftlichen Grundlagen der Daktyloskopie umfassten die Untersuchung der Einzigartigkeit und Unveränderlichkeit von Fingerabdrücken, die Entwicklung von Klassifikationssystemen zur Erfassung und Klassifizierung von Fingerabdrücken sowie die Etablierung von Methoden und Verfahren zur forensischen Analyse von Fingerabdrücken.

Ein bedeutender Beitrag zur wissenschaftlichen Grundlage der Daktyloskopie im 19. Jahrhundert war die Forschung von Francis Galton. Galton, ein britischer Wissenschaftler und Cousin von Charles Darwin, führte umfangreiche Studien zur Einzigartigkeit von Fingerabdrücken durch und veröffentlichte 1892 sein bahnbrechendes Werk "Fingerabdrücke", in dem er die Ergebnisse seiner Untersuchungen präsentierte. Galton stellte fest, dass Fingerabdrücke bei jeder Person einzigartig sind und sich im Laufe des Lebens nicht ändern. Diese Erkenntnisse bildeten die Grundlage für die Verwendung von Fingerabdrücken zur Identifizierung von Personen und trugen wesentlich zur Entwicklung der Daktyloskopie bei.

Ein weiterer wichtiger Beitrag zur wissenschaftlichen Grundlage der Daktyloskopie war die Forschung von Sir William Herschel. Herschel, ein britischer Kolonialbeamter in Indien, war einer der ersten, der Fingerabdrücke als Identifikationsmethode einsetzte. In den 1850er Jahren begann Herschel, Fingerabdrücke von Personen auf Verträgen und Dokumenten zu erfassen, um ihre Identität zu bestätigen. Obwohl Herschels Methoden rudimentär waren und keine wissenschaftliche Validierung hatten, trugen seine Experimente zur frühen Anwendung von Fingerabdrücken in der forensischen Praxis bei und zeigten das Potenzial dieser Identifikationsmethode auf.

Die Entwicklung von Klassifikationssystemen zur Erfassung und Klassifizierung von Fingerabdrücken war ein weiterer wichtiger Aspekt der wissenschaftlichen Grundlage der Daktyloskopie im 19. Jahrhundert. Ein bedeutendes System war das von Sir Edward Henry entwickelte Henry-Klassifikationssystem, das 1891 eingeführt wurde. Dieses System basierte auf der Klassifizierung von Fingerabdrücken anhand bestimmter Merkmale und ermöglichte eine effiziente Erfassung und Aufzeichnung von Fingerabdrücken für Identifikationszwecke. Das Henry-Klassifikationssystem wurde schnell in verschiedenen Teilen der Welt übernommen und bildete die Grundlage für moderne Fingerabdruckidentifikationssysteme.

Die wissenschaftliche Grundlage der Daktyloskopie umfasste auch die Entwicklung von Methoden und Verfahren zur forensischen Analyse von Fingerabdrücken. Forensische Experten begannen, Fingerabdrücke systematisch zu analysieren und zu vergleichen, um Personen zu identifizieren und Verbrechen aufzuklären. Die Einführung von Lupen und Mikroskopen ermöglichte es den Ermittlern, Fingerabdrücke detailliert zu untersuchen und individuelle Merkmale zu identifizieren, die bei der Identifizierung von Verdächtigen und Opfern von entscheidender Bedeutung waren.

Die wissenschaftliche Grundlage der Daktyloskopie im 19. Jahrhundert legte den Grundstein für die moderne forensische Identifizierungstechnik und trug wesentlich zur Entwicklung der Daktyloskopie als forensische Disziplin bei. Die Forschung von Galton und Herschel zur Einzigartigkeit von Fingerabdrücken sowie die Entwicklung von Klassifikationssystemen und Analysemethoden legten die Grundlagen für die Verwendung von Fingerabdrücken zur Identifizierung von Personen. Diese wissenschaftlichen Erkenntnisse bildeten die Grundlage für die Entwicklung von forensischen Identifikationstechniken, die heute in der forensischen Praxis weit verbreitet sind und dazu beitragen, Verbrechen aufzuklären und Gerechtigkeit zu gewährleisten.

Erste erfolgreiche Anwendungen in Kriminalfällen
Im 19. Jahrhundert gab es zahlreiche bedeutende und wegweisende Anwendungen forensischer Methoden in Kriminalfällen, die wesentlich zur Aufklärung von Verbrechen beitrugen und die Entwicklung der forensischen Wissenschaft vorantrieben. Diese frühen erfolgreichen Anwendungen forensischer Techniken zeigten erstmals das Potenzial der Wissenschaft, Verbrechen aufzuklären und Gerechtigkeit zu gewährleisten. Die folgende Zusammenfassung untersucht einige der herausragenden Fälle und die Rolle forensischer Methoden in ihrer Lösung.

Ein bemerkenswerter Fall, der eine der frühesten Anwendungen forensischer Methoden darstellt, ist der Fall von John Tawell aus dem Jahr 1845. Tawell wurde des Mordes an seiner Geliebten Sarah Hart beschuldigt. Das bemerkenswerte Merkmal dieses Falles war die Verwendung der Telegrafie zur Verfolgung des Verdächtigen. Tawell hatte Sarah Hart mit Zyankali vergiftet, woraufhin sie starb. Der Apotheker, der das Gift verkauft hatte, konnte den Namen des Käufers nicht ermitteln, aber die Polizei konnte den Telegrafen benutzen, um den Zug zu stoppen, in dem

Tawell floh. Dieser Vorfall zeigte erstmals die Nutzung moderner Technologie zur Verfolgung von Verdächtigen in einem Kriminalfall.

Ein weiterer bemerkenswerter Fall war der Mordfall an Fanny Adams im Jahr 1867. Dieser Fall war bedeutend, da er die erste erfolgreiche forensische Identifikation von Überresten mithilfe von Dentalmerkmalen darstellte. Fanny Adams wurde brutal ermordet, und ihr Körper wurde in kleine Stücke zerstückelt aufgefunden. Der Fall war äußerst grausam und verstörend, und die forensischen Experten standen vor der Herausforderung, die Überreste zu identifizieren. Durch die Untersuchung der Zähne konnten die Überreste als die von Fanny Adams identifiziert werden, was eine wichtige forensische Identifikationsmethode in der Gerichtsmedizin etablierte.

Der Fall von Jack the Ripper, der in den späten 1880er Jahren stattfand, war ein weiteres bedeutendes Beispiel für die Anwendung forensischer Methoden in Kriminalfällen. Obwohl der Mörder nie gefasst wurde, zeigte dieser Fall die Bedeutung forensischer Untersuchungen bei der Aufklärung von Serienmorden. Die forensischen Experten verwendeten verschiedene Techniken wie Spurensicherung, forensische Anthropologie und psychiatrische Profile, um den Täter zu identifizieren, jedoch ohne Erfolg. Dennoch trugen die Untersuchungen zu einem besseren Verständnis von Serienmorden bei und führten zu Verbesserungen in der forensischen Methodik.

Ein weiterer Fall, der eine bedeutende Anwendung forensischer Methoden darstellt, ist der Fall von Dr. Hawley Crippen aus dem Jahr 1910, obwohl er knapp außerhalb des 19. Jahrhunderts liegt. Dr. Crippen wurde des Mordes an seiner Frau Cora Crippen verdächtigt, die verschwunden war. Die forensischen Experten verwendeten eine neuartige Technik, die als Forensik der Identifizierung von menschlichen Überresten bekannt ist, um menschliche Überreste im Keller von Dr. Crippens Haus zu identifizieren. Diese Anwendung forensischer Methoden führte zur Verhaftung und Verurteilung von Dr. Crippen und zeigte die zunehmende Bedeutung forensischer Techniken bei der Aufklärung von Verbrechen.

In diesen Fällen spielten verschiedene forensische Methoden eine entscheidende Rolle, darunter Spurensicherung, forensische Anthropologie, forensische Odontologie und toxikologische Untersuchungen. Diese Methoden ermöglichten es den Ermittlern, Beweise zu sammeln, Täter zu identifizieren und Verbrechen aufzuklären, was zur Sicherheit der Gesellschaft beitrug und das Vertrauen in das Rechtssystem stärkte.

Insgesamt verdeutlichen diese Beispiele die Bedeutung forensischer Methoden in der Aufklärung von Verbrechen im 19. Jahrhundert und ihre Auswirkungen auf die Entwicklung der forensischen Wissenschaft. Durch die Anwendung wissenschaftlicher Prinzipien und forensischer Techniken konnten Ermittler Verbrechen aufklären und Gerechtigkeit gewährleisten, was einen wichtigen Fortschritt in der Kriminaljustiz darstellte und zur Verbesserung der öffentlichen Sicherheit beitrug.

Technologische Fortschritte in der Fingerabdruckanalyse
Im 19. Jahrhundert erlebte die Fingerabdruckanalyse bedeutende technologische Fortschritte, die die forensische Identifikationstechnik revolutionierten und einen wichtigen Beitrag zur Entwicklung der modernen forensischen Wissenschaft leisteten. Diese technologischen Fortschritte ermöglichten es den Ermittlern erstmals, Fingerabdrücke präzise zu erfassen, zu klassifizieren und zu analysieren, was die Identifizierung von Verdächtigen und Opfern von Verbrechen erheblich verbesserte. Die folgende Zusammenfassung untersucht einige der wichtigsten technologischen Innovationen in der Fingerabdruckanalyse im 19. Jahrhundert und ihre Auswirkungen auf die forensische Wissenschaft.

Ein wichtiger technologischer Fortschritt in der Fingerabdruckanalyse war die Entwicklung von Methoden zur Erfassung und Aufzeichnung von Fingerabdrücken. In den frühen

Jahren des 19. Jahrhunderts wurden Fingerabdrücke oft auf ineffiziente und ungenaue Weise erfasst, indem sie mit Tinte auf Papier abgedrückt wurden. Diese Methode war unzuverlässig und führte häufig zu unscharfen und verschmierten Abdrücken, die schwierig zu analysieren waren. Im Laufe des Jahrhunderts wurden jedoch verbesserte Erfassungstechniken eingeführt, darunter die Verwendung von speziellen Fingerabdrucktinten und -papieren, die eine präzisere und klarere Erfassung von Fingerabdrücken ermöglichten. Diese Technologien verbesserten die Qualität der Fingerabdrücke, was ihre Analyse und Identifikation erheblich erleichterte.

Ein weiterer wichtiger technologischer Fortschritt war die Entwicklung von Klassifikationssystemen zur systematischen Erfassung und Klassifizierung von Fingerabdrücken. Das Henry-Klassifikationssystem, das von Sir Edward Henry in den späten 19. Jahrhundert entwickelt wurde, war eines der ersten und wichtigsten Klassifikationssysteme zur Identifizierung von Fingerabdrücken. Das System basierte auf der Klassifizierung von Fingerabdrücken anhand bestimmter Merkmale wie Bogenmuster, Schleifenmuster und Wirbelpunkte. Durch die systematische Klassifizierung von Fingerabdrücken konnten forensische Experten Fingerabdrücke effizient erfassen, aufzeichnen und vergleichen, was die Identifizierung von Verdächtigen und Opfern von Verbrechen erheblich verbesserte.

Ein weiterer bedeutender technologischer Fortschritt war die Einführung von Vergrößerungsgeräten wie Lupen und Mikroskopen in der Fingerabdruckanalyse. Diese Geräte ermöglichten es den Ermittlern, Fingerabdrücke detaillierter zu untersuchen und individuelle Merkmale zu identifizieren, die bei der Identifizierung von Verdächtigen und Opfern von Verbrechen von entscheidender Bedeutung waren. Die Verwendung von Vergrößerungsgeräten trug dazu bei, die Genauigkeit und Zuverlässigkeit der Fingerabdruckanalyse zu verbessern und half den forensischen Experten, die Einzigartigkeit von Fingerabdrücken zu bestätigen und ihre Identifizierungsgenauigkeit zu erhöhen.

Ein weiterer bedeutender technologischer Fortschritt war die Einführung von chemischen Techniken zur Entwicklung unsichtbarer Fingerabdrücke. Diese Techniken ermöglichten es den Ermittlern, Fingerabdrücke auf Oberflächen zu identifizieren, auf denen sie nicht sichtbar waren, wie zum Beispiel auf Papier oder anderen glatten Oberflächen. Die Verwendung von chemischen Reagenzien wie Jod, Silbernitrat und Ninhydrin ermöglichte es den Ermittlern, Fingerabdrücke sichtbar zu machen und ihre Identifizierung zu erleichtern. Diese chemischen Techniken waren ein wichtiger Beitrag zur Entwicklung der Fingerabdruckanalyse und trugen wesentlich zur Verbesserung der forensischen Identifizierungstechnik bei.

Darüber hinaus wurden im 19. Jahrhundert auch Fortschritte in der Archivierung und Verwaltung von Fingerabdruckdaten gemacht. Die Einführung von Fingerabdruckregistern und -datenbanken ermöglichte es den Ermittlern, Fingerabdrücke effizient zu speichern, zu organisieren und zu durchsuchen, was die Identifizierung von Verdächtigen und Opfern von Verbrechen erheblich erleichterte. Diese Fortschritte in der Datenverwaltung trugen dazu bei, die Effizienz und Wirksamkeit der Fingerabdruckanalyse zu verbessern und halfen den forensischen Experten, Verbrechen schneller aufzuklären und Gerechtigkeit zu gewährleisten.

Insgesamt verdeutlichen diese technologischen Fortschritte in der Fingerabdruckanalyse im 19. Jahrhundert die Bedeutung von Innovationen und Entwicklungen in der forensischen Wissenschaft. Durch die Einführung neuer Erfassungs-, Klassifikations-, Untersuchungs- und Datenverwaltungstechniken wurde die Fingerabdruckanalyse zu einer effektiven und zuverlässigen Methode zur Identifizierung von Personen und spielte eine entscheidende Rolle bei der Aufklärung von Verbrechen und der Gewährleistung von Gerechtigkeit.

Standardisierung von Methoden und Klassifikationen

Im 19. Jahrhundert war die Standardisierung von Methoden und Klassifikationen in verschiedenen Bereichen von entscheidender Bedeutung, einschließlich der forensischen Wissenschaften. Die Entwicklung und Einführung einheitlicher Methoden und Klassifikationssysteme trug wesentlich dazu bei, die Zuverlässigkeit, Vergleichbarkeit und Effizienz forensischer Untersuchungen zu verbessern. Diese Standardisierungsbemühungen waren entscheidend für die Weiterentwicklung der forensischen Wissenschaften und spielten eine wichtige Rolle bei der Verbesserung der forensischen Praktiken und der Aufklärung von Verbrechen. Die folgende Zusammenfassung untersucht die Standardisierung von Methoden und Klassifikationen im 19. Jahrhundert und ihre Auswirkungen auf die forensische Wissenschaft.

Ein Bereich, in dem die Standardisierung von Methoden im 19. Jahrhundert besonders wichtig war, war die forensische Identifizierungstechnik, insbesondere die Identifizierung von Personen anhand von Fingerabdrücken. Vor der Einführung standardisierter Methoden zur Erfassung, Klassifikation und Analyse von Fingerabdrücken waren die forensischen Untersuchungen oft ineffizient und ungenau. Mit der Entwicklung von standardisierten Erfassungs-, Klassifikations- und Analysetechniken konnten die forensischen Experten jedoch Fingerabdrücke präziser erfassen, klassifizieren und vergleichen, was die Identifizierung von Verdächtigen und Opfern von Verbrechen erheblich verbesserte. Durch die Einführung einheitlicher Methoden zur Erfassung von Fingerabdrücken konnten die Ermittler Fingerabdrücke systematisch erfassen und analysieren, was zu einer höheren Erfolgsquote bei der Aufklärung von Verbrechen führte und die Effizienz der forensischen Identifizierungstechniken verbesserte.

Ein weiterer Bereich, in dem die Standardisierung von Methoden im 19. Jahrhundert von entscheidender Bedeutung war, war die forensische Pathologie und Autopsiepraxis. Vor der Einführung standardisierter Autopsieprotokolle und -verfahren waren die forensischen Untersuchungen von Leichen oft uneinheitlich und ungenau. Durch die Entwicklung und Einführung einheitlicher Protokolle und Verfahren zur Durchführung von Autopsien konnten die forensischen Experten jedoch eine standardisierte und systematische Herangehensweise an die Untersuchung von Leichen sicherstellen. Dies ermöglichte es den Ermittlern, genaue und zuverlässige Informationen über die Todesursache und andere forensisch relevante Faktoren zu erhalten, was zur Aufklärung von Verbrechen beitrug und die Qualität der forensischen Untersuchungen insgesamt verbesserte.

Des Weiteren spielte die Standardisierung von Klassifikationen im 19. Jahrhundert eine wichtige Rolle bei der Entwicklung der forensischen Wissenschaften. Insbesondere in Bereichen wie der forensischen Anthropologie und der forensischen Toxikologie wurden einheitliche Klassifikationssysteme eingeführt, um verschiedene Arten von Spuren, Verletzungen und Giftstoffen zu identifizieren und zu klassifizieren. Diese standardisierten Klassifikationssysteme ermöglichten es den forensischen Experten, Spuren und Verletzungen genau zu analysieren und zu bewerten, was zur Identifizierung von Tätern und Opfern von Verbrechen beitrug und die Effektivität der forensischen Untersuchungen verbesserte. Durch die Einführung einheitlicher Klassifikationssysteme konnten die Ermittler forensische Beweise systematisch analysieren und interpretieren, was zu einer höheren Genauigkeit und Zuverlässigkeit der forensischen Untersuchungen führte.

Ein weiterer wichtiger Bereich, in dem die Standardisierung von Methoden und Klassifikationen im 19. Jahrhundert von Bedeutung war, war die forensische Dokumentation und Berichterstattung. Vor der Einführung standardisierter Protokolle und Berichtsformate waren die forensischen Berichte oft uneinheitlich und unstrukturiert. Mit der Entwicklung und Einführung einheitlicher Protokolle und Berichtsformate konnten die forensischen Experten jedoch genaue und präzise Berichte über ihre Untersuchungen erstellen, was die

Kommunikation und den Informationsaustausch zwischen forensischen Experten, Ermittlern, Rechtsanwälten und Gerichten verbesserte. Durch die Standardisierung von Dokumentations- und Berichtsverfahren konnten die Ermittler forensische Beweise effektiv erfassen, dokumentieren und präsentieren, was zur Aufklärung von Verbrechen beitrug und die Qualität der forensischen Untersuchungen insgesamt verbesserte.

Insgesamt verdeutlicht die Standardisierung von Methoden und Klassifikationen im 19. Jahrhundert die Bedeutung von einheitlichen und systematischen Ansätzen in den forensischen Wissenschaften. Durch die Entwicklung und Einführung standardisierter Methoden und Klassifikationssysteme konnten die forensischen Experten effektivere und effizientere Untersuchungen durchführen, was zu einer höheren Erfolgsquote bei der Aufklärung von Verbrechen und zur Verbesserung der Qualität forensischer Untersuchungen insgesamt führte. Die Standardisierung von Methoden und Klassifikationen war ein wichtiger Schritt in der Weiterentwicklung der forensischen Wissenschaften und trug dazu bei, die Zuverlässigkeit, Genauigkeit und Effektivität forensischer Untersuchungen zu verbessern.

Forensische Datenbanken und ihre Entstehung
Im 19. Jahrhundert begannen die Grundlagen für das Konzept forensischer Datenbanken gelegt zu werden, obwohl es zu dieser Zeit noch keine Technologie gab, um solche Datenbanken in dem Maße zu erstellen, wie wir sie heute kennen. Dennoch spielten verschiedene Entwicklungen und Fortschritte in der forensischen Wissenschaft eine wichtige Rolle bei der Schaffung eines Fundaments für die Entstehung forensischer Datenbanken. Diese Datenbanken, die eine Sammlung von forensischen Informationen und Daten darstellen, haben sich im Laufe der Zeit zu einem wesentlichen Instrument bei der Kriminaluntersuchung und -aufklärung entwickelt. In dieser Zusammenfassung werden die Entstehung von forensischen Datenbanken im 19. Jahrhundert und die Entwicklungen beschrieben, die zu ihrer Schaffung beigetragen haben.

Eine der grundlegenden Entwicklungen, die zur Entstehung forensischer Datenbanken beigetragen haben, war die systematische Sammlung und Archivierung von forensischen Informationen. Im 19. Jahrhundert begannen forensische Experten, systematisch Daten und Informationen über Verbrechen, Verdächtige, Opfer und forensische Beweise zu sammeln und zu archivieren. Diese Informationen wurden in Form von Akten, Protokollen, Berichten und anderen forensischen Aufzeichnungen festgehalten und bildeten die Grundlage für die Entwicklung späterer forensischer Datenbanken. Durch die systematische Sammlung und Archivierung forensischer Informationen konnten die Ermittler auf eine breite Palette von Daten und Informationen zugreifen, die bei der Aufklärung von Verbrechen und der Identifizierung von Tätern von entscheidender Bedeutung waren.

Ein weiterer wichtiger Beitrag zur Entstehung forensischer Datenbanken war die Entwicklung von Klassifikationssystemen und Methoden zur Identifizierung von Personen und forensischen Beweisen. Im 19. Jahrhundert wurden verschiedene Klassifikationssysteme und Methoden eingeführt, um forensische Beweise, Fingerabdrücke, DNA-Proben und andere forensische Daten zu klassifizieren und zu identifizieren. Diese Klassifikationssysteme und Identifizierungsmethoden bildeten die Grundlage für die spätere Entwicklung von forensischen Datenbanken, indem sie es den Ermittlern ermöglichten, forensische Informationen systematisch zu erfassen, zu klassifizieren und zu speichern. Durch die Entwicklung standardisierter Klassifikationssysteme und Identifizierungsmethoden konnten die Ermittler forensische Daten effizienter und effektiver analysieren und interpretieren, was die Qualität und Genauigkeit forensischer Untersuchungen verbesserte.

Ein weiterer wichtiger Beitrag zur Entstehung forensischer Datenbanken war die Entwicklung von Technologien zur Speicherung und Verwaltung großer Datenmengen. Im 19. Jahrhundert wurden verschiedene Technologien wie Kartotheken,

Archivierungssysteme und andere Speichermedien eingeführt, um große Mengen von Daten und Informationen zu speichern und zu verwalten. Diese Technologien bildeten die Grundlage für die spätere Entwicklung von elektronischen Datenbanken, indem sie es den Ermittlern ermöglichten, forensische Daten effizient zu speichern, zu organisieren und zu durchsuchen. Durch die Entwicklung von Technologien zur Speicherung und Verwaltung großer Datenmengen konnten die Ermittler forensische Daten effektiver nutzen und auf eine breite Palette von Informationen zugreifen, die bei der Aufklärung von Verbrechen von entscheidender Bedeutung waren.

Des Weiteren spielte die Entwicklung von forensischen Laboratorien und Einrichtungen eine wichtige Rolle bei der Entstehung forensischer Datenbanken. Im 19. Jahrhundert wurden forensische Laboratorien und Einrichtungen eingerichtet, um forensische Untersuchungen durchzuführen und forensische Beweise zu analysieren. Diese forensischen Einrichtungen spielten eine entscheidende Rolle bei der Sammlung, Analyse und Archivierung von forensischen Daten und Informationen, die später als Grundlage für die Entwicklung forensischer Datenbanken dienten. Durch die Einrichtung forensischer Laboratorien konnten die Ermittler forensische Beweise genauer analysieren und interpretieren, was zur Aufklärung von Verbrechen beitrug und die Effektivität forensischer Untersuchungen verbesserte.

Darüber hinaus trug die Standardisierung von Protokollen und Verfahren zur Entstehung forensischer Datenbanken bei. Im 19. Jahrhundert wurden verschiedene Protokolle und Verfahren eingeführt, um forensische Untersuchungen systematisch durchzuführen und forensische Daten zu erfassen und zu dokumentieren. Diese standardisierten Protokolle und Verfahren bildeten die Grundlage für die spätere Entwicklung von forensischen Datenbanken, indem sie es den Ermittlern ermöglichten, forensische Daten effizienter zu erfassen, zu dokumentieren und zu analysieren. Durch die Standardisierung von Protokollen und Verfahren konnten die Ermittler forensische Daten effektiver nutzen und auf eine breite Palette von Informationen zugreifen, die bei der Aufklärung von Verbrechen von entscheidender Bedeutung waren.

Insgesamt verdeutlichen diese Entwicklungen und Fortschritte im 19. Jahrhundert die Entstehung forensischer Datenbanken und die Entwicklung eines Fundaments für die moderne forensische Wissenschaft. Durch die systematische Sammlung und Archivierung von forensischen Informationen, die Entwicklung von Klassifikationssystemen und Identifizierungsmethoden, die Einführung von Technologien zur Speicherung und Verwaltung großer Datenmengen, die Einrichtung forensischer Laboratorien und Einrichtungen sowie die Standardisierung von Protokollen und Verfahren wurde eine Grundlage geschaffen, auf der die moderne forensische Wissenschaft aufbauen konnte. Forensische Datenbanken sind heute ein unverzichtbares Instrument bei der Kriminaluntersuchung und -aufklärung und tragen wesentlich dazu bei, die Genauigkeit, Effizienz und Effektivität forensischer Untersuchungen zu verbessern.

Fingerabdrücke als gerichtsfeste Beweise
Im 19. Jahrhundert wurden Fingerabdrücke zunehmend als gerichtsfeste Beweise anerkannt und spielten eine bedeutende Rolle bei der Aufklärung von Verbrechen. Die Verwendung von Fingerabdrücken als Beweismittel war eine revolutionäre Entwicklung in der forensischen Wissenschaft und trug wesentlich zur Modernisierung des Strafrechtssystems bei. Diese Zusammenfassung wird die Entdeckung, die Entwicklung und die gerichtliche Anerkennung von Fingerabdrücken als Beweismittel im 19. Jahrhundert beleuchten sowie ihre Bedeutung für die Kriminaluntersuchung und -aufklärung in dieser Zeit.

Die Anerkennung der Einzigartigkeit von Fingerabdrücken als Identifikationsmerkmal geht auf das späte 19. Jahrhundert zurück, als Wissenschaftler begannen, die einzigartigen Muster und Merkmale von Fingerabdrücken zu erforschen. Ein entscheidender Beitrag zu dieser Entdeckung war die Arbeit von Sir Francis Galton, einem britischen Wissenschaftler, der in den 1880er Jahren umfangreiche Studien zur Identifizierung von Personen anhand ihrer Fingerabdrücke durchführte. Galton erkannte, dass die Muster und Merkmale von Fingerabdrücken bei jeder Person einzigartig sind und sich während ihres gesamten Lebens nicht ändern, was sie zu einer zuverlässigen Methode zur Identifizierung von Individuen machte. Seine Forschung legte den Grundstein für die Entwicklung forensischer Techniken zur Erfassung, Klassifikation und Analyse von Fingerabdrücken und ebnete den Weg für ihre Verwendung als gerichtsfeste Beweise.

Im Laufe des 19. Jahrhunderts wurden verschiedene Methoden zur Erfassung und Analyse von Fingerabdrücken entwickelt, um ihre Verwendung als Beweismittel in der forensischen Praxis zu unterstützen. Einer der bedeutendsten Fortschritte war die Einführung von Techniken zur Erfassung und Abformung von Fingerabdrücken, die es den Ermittlern ermöglichten, Fingerabdrücke präzise zu erfassen und zu dokumentieren. Zu diesen Techniken gehörten beispielsweise die Verwendung von Tintenabdrücken auf Papier oder Glas sowie die Abformung von Fingerabdrücken mit Hilfe von speziellen Abformmassen. Durch die Entwicklung dieser Techniken konnten die Ermittler Fingerabdrücke effektiv erfassen und als Beweismittel in forensischen Untersuchungen verwenden.

Ein weiterer wichtiger Fortschritt war die Entwicklung von Klassifikationssystemen und Methoden zur Analyse von Fingerabdrücken. Im 19. Jahrhundert wurden verschiedene Klassifikationssysteme eingeführt, um Fingerabdrücke basierend auf ihren Muster- und Merkmaleigenschaften zu klassifizieren und zu analysieren. Zu diesen Klassifikationssystemen gehörten beispielsweise das Henry-System und das Galton-System, die es den Ermittlern ermöglichten, Fingerabdrücke systematisch zu klassifizieren und zu vergleichen. Durch die Entwicklung dieser Klassifikationssysteme konnten die Ermittler Fingerabdrücke präzise analysieren und interpretieren, was ihre Verwendung als Beweismittel in forensischen Untersuchungen unterstützte.

Die gerichtliche Anerkennung von Fingerabdrücken als Beweismittel erfolgte allmählich im Laufe des 19. Jahrhunderts, wobei verschiedene Gerichtsverfahren und Rechtsprechungen zur Bestätigung ihrer Zuverlässigkeit beitrugen. Ein wichtiger Meilenstein war der Fall von William Herschel, einem britischen Kolonialbeamten, der 1858 Fingerabdrücke zur Identifizierung von Personen in Verträgen und Dokumenten verwendete. Herschel setzte Fingerabdrücke als Beweismittel in der Gerichtsbarkeit ein und trug dazu bei, ihr Potenzial als Identifikationsmerkmal zu demonstrieren. In den folgenden Jahren wurden in verschiedenen Ländern wie Großbritannien, den USA und anderen europäischen Ländern Gesetze und Rechtsprechungen erlassen, die die Verwendung von Fingerabdrücken als gerichtsfeste Beweise unterstützten. Diese Entwicklung trug dazu bei, Fingerabdrücke als zuverlässiges und akzeptiertes Beweismittel in der forensischen Praxis zu etablieren.

Die Bedeutung von Fingerabdrücken als gerichtsfeste Beweise im 19. Jahrhundert lag in ihrer Einzigartigkeit, Zuverlässigkeit und Unveränderlichkeit als Identifikationsmerkmal. Fingerabdrücke boten den Ermittlern eine zuverlässige Methode zur Identifizierung von Personen und wurden zunehmend als unbestreitbares Beweismittel vor Gericht anerkannt. Ihre Verwendung trug wesentlich zur Aufklärung von Verbrechen bei und unterstützte die strafrechtliche Verfolgung von Tätern. Darüber hinaus legte die Entwicklung und gerichtliche Anerkennung von Fingerabdrücken als Beweismittel im 19. Jahrhundert den Grundstein für ihre weitere Verwendung in der modernen forensischen Praxis und trug zur Entwicklung forensischer Techniken und Verfahren bei. Insgesamt war die Einführung von Fingerabdrücken als gerichtsfeste Beweise eine wichtige Entwicklung in der Geschichte der forensischen Wissenschaft und trug dazu bei, die Effizienz und Genauigkeit forensischer Untersuchungen zu verbessern.

Kontroversen und Fehlinterpretationen
Im 19. Jahrhundert gab es eine Vielzahl von Kontroversen und Fehlinterpretationen in verschiedenen wissenschaftlichen und

gesellschaftlichen Bereichen, die das Zeitalter prägten. Diese Kontroversen spiegelten oft die politischen, sozialen und wissenschaftlichen Debatten der Zeit wider und hatten weitreichende Auswirkungen auf die Gesellschaft. In dieser Zusammenfassung werden einige der bedeutendsten Kontroversen und Fehlinterpretationen im 19. Jahrhundert beleuchtet, darunter solche in den Bereichen Wissenschaft, Medizin, Religion, Philosophie, Politik und Gesellschaft.

Eine der kontroversesten Debatten im 19. Jahrhundert betraf die Evolutionstheorie von Charles Darwin. Darwins Theorie der natürlichen Selektion und der gemeinsamen Abstammung stieß auf heftigen Widerstand von Teilen der Gesellschaft, insbesondere von religiösen und konservativen Kreisen, die sie als Bedrohung für die religiösen Überzeugungen und die moralische Ordnung ansahen. Der Höhepunkt dieser Kontroverse war der berühmte Darwinismus-Streit in den 1860er und 1870er Jahren, der sich in Großbritannien und anderen Ländern abspielte. Wissenschaftler, Theologen und Politiker stritten über die Gültigkeit von Darwins Theorie und ihre Auswirkungen auf die menschliche Gesellschaft. Diese Kontroverse hatte weitreichende Auswirkungen auf das Bildungssystem, die Politik und das Verständnis von Wissenschaft in der Gesellschaft.

Ein weiteres bedeutendes Thema, das im 19. Jahrhundert kontrovers diskutiert wurde, war die Frage nach der Ursache von Krankheiten und Epidemien. Zu dieser Zeit gab es eine Vielzahl von Theorien über die Ursachen von Krankheiten, darunter miasmatische Theorien, die besagten, dass Krankheiten durch schlechte Luft oder "Miasmen" verursacht würden, und die Keimtheorie, die besagte, dass Krankheiten durch Mikroorganismen verursacht würden. Die Kontroverse zwischen diesen beiden Theorien prägte viele medizinische Debatten und Forschungen des 19. Jahrhunderts und hatte auch Auswirkungen auf die öffentliche Gesundheitspolitik und Praxis.

Eine weitere kontroverse Frage im 19. Jahrhundert war die Rolle der Frau in der Gesellschaft und ihre Rechte. Die

Frauenrechtsbewegung des 19. Jahrhunderts kämpfte für das Wahlrecht, das Recht auf Bildung und die rechtliche Gleichstellung von Frauen. Diese Bewegung stieß auf heftigen Widerstand von konservativen und traditionellen Kreisen, die die traditionelle Rolle der Frau als Hausfrau und Mutter verteidigten. Die Kontroverse um die Frauenrechte spiegelte die tiefgreifenden gesellschaftlichen Veränderungen wider, die im 19. Jahrhundert stattfanden, und führte zu einer langanhaltenden Debatte über Geschlechterrollen und Gleichberechtigung.

Religiöse Kontroversen spielten ebenfalls eine bedeutende Rolle im 19. Jahrhundert, insbesondere im Zusammenhang mit der Aufklärung und der Herausforderung traditioneller religiöser Überzeugungen durch wissenschaftliche Entdeckungen und neue philosophische Ansätze. Eine der bekanntesten Kontroversen war der Darwinismus-Streit, der die Frage nach der Vereinbarkeit von Evolutionstheorie und religiösen Überzeugungen aufwarf. Darüber hinaus gab es kontroverse Debatten über andere religiöse Themen wie die historische Kritik der Bibel, die Frage nach der Existenz Gottes und die Bedeutung von Religion in der modernen Gesellschaft.

Politische Kontroversen prägten ebenfalls das 19. Jahrhundert, insbesondere im Zusammenhang mit der nationalistischen Bewegung und den Konflikten zwischen verschiedenen politischen Ideologien. In vielen Ländern Europas kam es zu revolutionären Umwälzungen und politischen Unruhen, die die politische Landschaft grundlegend veränderten. Die Kontroverse zwischen Liberalismus, Konservatismus und Sozialismus bestimmte die politische Debatte des 19. Jahrhunderts und führte zu zahlreichen politischen Konflikten und Machtkämpfen.

Darüber hinaus gab es im 19. Jahrhundert Kontroversen im Bereich der Ethik und Moral, insbesondere im Zusammenhang mit Fragen wie Sklaverei, Kolonialismus und sozialer Gerechtigkeit. Die Sklavenfrage war eine der kontroversesten Debatten des Jahrhunderts und führte zu einem langanhaltenden Konflikt zwischen Befürwortern und Gegnern der Sklaverei. Der Kampf um die Abschaffung der Sklaverei und die Anerkennung der Rechte von Minderheiten prägte viele politische und gesellschaftliche Bewegungen des 19. Jahrhunderts und hatte weitreichende Auswirkungen auf die moderne Welt.

Insgesamt spiegeln die Kontroversen und Fehlinterpretationen des 19. Jahrhunderts die Komplexität und Vielfalt dieser Epoche wider. Sie zeigen, wie unterschiedliche politische, soziale, wissenschaftliche und philosophische Strömungen miteinander konkurrierten und wie diese Debatten die Gesellschaft und die Weltanschauung der Menschen nachhaltig prägten. Die Kontroversen des 19. Jahrhunderts waren Ausdruck eines Zeitgeistes des Wandels und der Transformation, der die moderne Welt nachhaltig geprägt hat.

Modernisierung der Fingerabdrucktechnologie
Im 19. Jahrhundert erlebte die Fingerabdrucktechnologie eine bahnbrechende Modernisierung, die sie zu einem wichtigen Instrument in der forensischen Wissenschaft machte. Die Entwicklung und Verfeinerung von Methoden zur Erfassung, Analyse und Identifizierung von Fingerabdrücken trug dazu bei, die Zuverlässigkeit und Präzision dieser Technologie erheblich zu verbessern. In dieser Zusammenfassung werden die wichtigsten Entwicklungen und Innovationen im Bereich der Fingerabdrucktechnologie im 19. Jahrhundert beleuchtet, sowie ihre Auswirkungen auf die Kriminaluntersuchung und -aufklärung.

Die Anfänge der Fingerabdrucktechnologie im 19. Jahrhundert waren geprägt von verschiedenen wissenschaftlichen Entdeckungen und technologischen Fortschritten. Eine der bedeutendsten Entwicklungen war die Arbeit von Sir Francis Galton, einem britischen Wissenschaftler, der in den 1880er Jahren umfangreiche Studien zur Identifizierung von Personen anhand ihrer Fingerabdrücke durchführte. Galton erkannte die Einzigartigkeit und Unveränderlichkeit von Fingerabdrücken und trug wesentlich zur wissenschaftlichen Grundlage für ihre

Verwendung als Identifikationsmerkmal bei. Seine Forschung legte den Grundstein für die weitere Entwicklung forensischer Techniken zur Erfassung und Analyse von Fingerabdrücken.

Eine weitere wichtige Entwicklung war die Einführung von Methoden zur Erfassung und Dokumentation von Fingerabdrücken. In den 1880er Jahren wurden verschiedene Techniken zur Erfassung von Fingerabdrücken entwickelt, darunter die Verwendung von Tintenabdrücken auf Papier oder Glas sowie die Abformung von Fingerabdrücken mit Hilfe von speziellen Abformmassen. Diese Techniken ermöglichten es den Ermittlern, Fingerabdrücke präzise zu erfassen und zu dokumentieren, was ihre Analyse und Identifizierung erleichterte.

Parallel dazu wurden auch Methoden zur Klassifikation und Analyse von Fingerabdrücken entwickelt. Zu den bedeutendsten Klassifikationssystemen gehörten das Henry-System und das Galton-System, die es den Ermittlern ermöglichten, Fingerabdrücke systematisch zu klassifizieren und zu vergleichen. Diese Systeme basierten auf den Muster- und Merkmaleigenschaften von Fingerabdrücken und ermöglichten es den Ermittlern, Fingerabdrücke präzise zu analysieren und zu interpretieren.

Die Entwicklung und Verfeinerung von Methoden zur Erfassung, Analyse und Identifizierung von Fingerabdrücken trug dazu bei, ihre Verwendung als Beweismittel in der forensischen Praxis zu unterstützen. Im Laufe des 19. Jahrhunderts wurden Fingerabdrücke zunehmend als zuverlässiges und akzeptiertes Beweismittel vor Gericht anerkannt. Ihre Einzigartigkeit, Unveränderlichkeit und Präzision als Identifikationsmerkmal machten sie zu einem wichtigen Instrument in der Kriminaluntersuchung und -aufklärung.

Die Modernisierung der Fingerabdrucktechnologie im 19. Jahrhundert hatte weitreichende Auswirkungen auf die forensische Wissenschaft und die Strafverfolgung. Die Verbesserung der Erfassungs-, Analyse- und Identifizierungsmethoden machte es den

Ermittlern möglich, Fingerabdrücke effektiver zu nutzen und Verbrechen präziser aufzuklären. Die Verwendung von Fingerabdrücken als Beweismittel trug wesentlich zur Modernisierung des Strafrechtssystems bei und verbesserte die Effizienz und Genauigkeit forensischer Untersuchungen.

Darüber hinaus trug die Modernisierung der Fingerabdrucktechnologie im 19. Jahrhundert zur Entwicklung forensischer Techniken und Verfahren bei. Die Verbesserung der Erfassungs- und Analysemethoden führte zu einer genaueren Identifizierung von Verdächtigen und Tätern, was die Aufklärung von Verbrechen erleichterte und die rechtliche Verfolgung von Straftätern unterstützte. Die fortschreitende Verfeinerung der Fingerabdrucktechnologie legte den Grundstein für ihre weitere Verwendung in der modernen forensischen Praxis und trug zur Entwicklung neuer forensischer Methoden und Technologien bei.

Insgesamt war die Modernisierung der Fingerabdrucktechnologie im 19. Jahrhundert eine wichtige Entwicklung in der forensischen Wissenschaft und der Strafverfolgung. Die Verbesserung der Erfassungs-, Analyse- und Identifizierungsmethoden machte es den Ermittlern möglich, Fingerabdrücke effektiv zu nutzen und Verbrechen präziser aufzuklären. Die Verwendung von Fingerabdrücken als Beweismittel trug wesentlich zur Modernisierung des Strafrechtssystems bei und verbesserte die Effizienz und Genauigkeit forensischer Untersuchungen.

Forensische Entomologie

Insekten als forensische Indikatoren

Im 19. Jahrhundert begann die forensische Entomologie, die sich mit der Verwendung von Insekten als forensischen Indikatoren befasst, langsam an Bedeutung zu gewinnen. Während dieses Zeitraums erkannten einige Wissenschaftler und Kriminalisten die potenzielle Rolle von Insekten bei der Bestimmung des Todeszeitpunkts und anderer wichtiger forensischer Parameter. Trotz des langsamen Fortschritts in der wissenschaftlichen Anerkennung und Anwendung wurden im 19. Jahrhundert einige bedeutende Entdeckungen und Fortschritte erzielt, die die Grundlage für die moderne forensische Entomologie legten.

Eine der frühesten dokumentierten Anwendungen von Insekten in der forensischen Wissenschaft stammt aus dem Jahr 1847, als der französische Forensiker Jean Pierre Mégnin Fliegenmaden bei der Untersuchung eines Mordfalls entdeckte. Mégnin erkannte, dass die Entwicklung von Fliegenmaden auf einem Leichnam zeitlich vorhersagbar ist und daher als Indikator für den Todeszeitpunkt dienen kann. Diese Entdeckung war wegweisend und legte den Grundstein für die Anwendung von Insekten in der forensischen Todesermittlung.

Ein weiterer Meilenstein in der Entwicklung der forensischen Entomologie war die Arbeit von Hermann Reinhard, einem deutschen Kriminalisten, der in den 1880er Jahren umfangreiche Studien zur Insektenfauna auf Leichen durchführte. Reinhard sammelte systematisch Insektenproben von Leichen und untersuchte ihre Entwicklungsstadien, um den Zeitpunkt des Todes genauer zu bestimmen. Seine Forschung trug wesentlich dazu bei, das Verständnis der postmortalen Veränderungen und der Insektenbesiedlung auf Leichen zu verbessern.

Im Laufe des 19. Jahrhunderts wurden auch einige grundlegende Erkenntnisse über die Ökologie und Verhaltensweise von Insekten gesammelt, die für die forensische Entomologie relevant waren.

Wissenschaftler wie Jean-Henri Fabre in Frankreich und Charles Darwin in Großbritannien trugen mit ihren Studien zur Insektenökologie und Verhaltensforschung zur Entwicklung eines fundierten Verständnisses der Lebenszyklen und Verhaltensweisen von Insekten bei. Diese Erkenntnisse bildeten die Grundlage für das Verständnis der Interaktionen zwischen Insekten und Leichen in forensischen Untersuchungen.

Obwohl im 19. Jahrhundert einige grundlegende Erkenntnisse über die Anwendung von Insekten in der forensischen Wissenschaft erzielt wurden, gab es auch zahlreiche Herausforderungen und Hindernisse. Eine der größten Herausforderungen bestand darin, die forensische Entomologie als legitimes wissenschaftliches Fachgebiet zu etablieren und die Skepsis vieler Forensiker und Strafverfolgungsbehörden zu überwinden. Die Verwendung von Insekten als forensische Indikatoren wurde oft als ungewöhnlich oder unzuverlässig angesehen und stieß daher auf Widerstand in der wissenschaftlichen Gemeinschaft.

Ein weiteres Hindernis für die Entwicklung der forensischen Entomologie im 19. Jahrhundert war der Mangel an standardisierten Methoden und Protokollen für die Probenahme und Analyse von Insekten auf Leichen. Ohne einheitliche Verfahren war es schwierig, reproduzierbare Ergebnisse zu erzielen und forensisch relevante Informationen aus den Insektenproben zu gewinnen. Dies führte zu einer Fragmentierung der Forschungsbemühungen und erschwerte den Austausch von Erkenntnissen und die Zusammenarbeit zwischen forensischen Experten.

Trotz dieser Herausforderungen trugen die Entwicklungen im 19. Jahrhundert wesentlich dazu bei, das Fundament für die moderne forensische Entomologie zu legen. Die Entdeckungen von Mégnin und Reinhard sowie die grundlegenden Erkenntnisse über die Ökologie und Verhaltensweise von Insekten bildeten die Grundlage für weitere Forschungen und Entwicklungen auf diesem Gebiet. Im Laufe des 20. Jahrhunderts wurden standardisierte Methoden und

Protokolle für die Probenahme und Analyse von Insekten entwickelt, und die forensische Entomologie wurde zu einem etablierten und anerkannten Fachgebiet in der forensischen Wissenschaft.

Insgesamt war das 19. Jahrhundert eine Zeit des Aufbruchs und der Entdeckungen in der forensischen Entomologie. Trotz der anfänglichen Skepsis und Herausforderungen legten die Pioniere dieser Zeit den Grundstein für die moderne forensische Entomologie und trugen dazu bei, die Verwendung von Insekten als forensische Indikatoren zu etablieren. Ihre Arbeit legte den Grundstein für die Entwicklung standardisierter Methoden und Protokolle, die es forensischen Experten ermöglichen, Insekten effektiv in der forensischen Todesermittlung einzusetzen.

Anwendungen im 19. Jahrhundert
Die forensische Entomologie, insbesondere die Anwendung von Insekten als forensische Indikatoren, war im 19. Jahrhundert noch in den Anfängen ihrer Entwicklung. Dennoch gab es einige bedeutende Entdeckungen und Anwendungen dieser Technik, die den Grundstein für die moderne forensische Entomologie legten. In diesem Text werden die Anwendungen von Insekten in der forensischen Wissenschaft im 19. Jahrhundert eingehend untersucht und die Bedeutung dieser frühen Entwicklungen hervorgehoben.

Eine der frühesten dokumentierten Anwendungen von Insekten in der forensischen Wissenschaft im 19. Jahrhundert stammt aus dem Jahr 1847, als der französische Forensiker Jean Pierre Mégnin Fliegenmaden auf einem Leichnam entdeckte. Diese Entdeckung war wegweisend, da Mégnin erkannte, dass die Entwicklung von Fliegenmaden auf einem Leichnam zeitlich vorhersagbar ist und daher als Indikator für den Todeszeitpunkt dienen kann. Obwohl Mégnins Arbeit nicht sofort weit verbreitet war, legte sie den Grundstein für die Anwendung von Insekten in der forensischen Todesermittlung.

Eine weitere wichtige Entwicklung in der forensischen Entomologie im 19. Jahrhundert war die Arbeit von Hermann Reinhard, einem deutschen Kriminalisten, der in den 1880er Jahren umfangreiche Studien zur Insektenfauna auf Leichen durchführte. Reinhard sammelte systematisch Insektenproben von Leichen und untersuchte ihre Entwicklungsstadien, um den Zeitpunkt des Todes genauer zu bestimmen. Seine Forschung trug wesentlich dazu bei, das Verständnis der postmortalen Veränderungen und der Insektenbesiedlung auf Leichen zu verbessern.

Parallel zu diesen Entwicklungen wurden im 19. Jahrhundert auch einige grundlegende Erkenntnisse über die Ökologie und Verhaltensweise von Insekten gesammelt, die für die forensische Entomologie von Bedeutung waren. Wissenschaftler wie Jean-Henri Fabre in Frankreich und Charles Darwin in Großbritannien trugen mit ihren Studien zur Insektenökologie und Verhaltensforschung zur Entwicklung eines fundierten Verständnisses der Lebenszyklen und Verhaltensweisen von Insekten bei. Diese Erkenntnisse bildeten die Grundlage für das Verständnis der Interaktionen zwischen Insekten und Leichen in forensischen Untersuchungen.

Trotz dieser wichtigen Entwicklungen im 19. Jahrhundert gab es auch zahlreiche Herausforderungen und Hindernisse für die forensische Entomologie. Eine der größten Herausforderungen bestand darin, die forensische Entomologie als legitimes wissenschaftliches Fachgebiet zu etablieren und die Skepsis vieler Forensiker und Strafverfolgungsbehörden zu überwinden. Die Verwendung von Insekten als forensische Indikatoren wurde oft als ungewöhnlich oder unzuverlässig angesehen und stieß daher auf Widerstand in der wissenschaftlichen Gemeinschaft.

Ein weiteres Hindernis für die Entwicklung der forensischen Entomologie im 19. Jahrhundert war der Mangel an standardisierten Methoden und Protokollen für die Probenahme und Analyse von Insekten auf Leichen. Ohne einheitliche Verfahren war es schwierig, reproduzierbare Ergebnisse zu erzielen und forensisch relevante Informationen aus den Insektenproben zu gewinnen. Dies führte zu einer Fragmentierung der Forschungsbemühungen und erschwerte den Austausch von Erkenntnissen und die Zusammenarbeit zwischen forensischen Experten.

Trotz dieser Herausforderungen trugen die Entwicklungen im 19. Jahrhundert wesentlich dazu bei, das Fundament für die moderne forensische Entomologie zu legen. Die Entdeckungen von Mégnin und Reinhard sowie die grundlegenden Erkenntnisse über die Ökologie und Verhaltensweise von Insekten bildeten die Grundlage für weitere Forschungen und Entwicklungen auf diesem Gebiet. Im Laufe des 20. Jahrhunderts wurden standardisierte Methoden und Protokolle für die Probenahme und Analyse von Insekten entwickelt, und die forensische Entomologie wurde zu einem etablierten und anerkannten Fachgebiet in der forensischen Wissenschaft.

Zeitliche Aspekte der Insektenkolonisation
Im 19. Jahrhundert begannen forensische Wissenschaftler, die zeitlichen Aspekte der Insektenkolonisation auf Leichen genauer zu untersuchen. Diese Forschung legte den Grundstein für die moderne forensische Entomologie und trug wesentlich dazu bei, die Bestimmung des Todeszeitpunkts genauer zu gestalten. In diesem Text werden die Entwicklungen und Entdeckungen im Zusammenhang mit den zeitlichen Aspekten der Insektenkolonisation im 19. Jahrhundert eingehend untersucht.

Eine der bedeutendsten Entdeckungen in diesem Bereich stammt von dem französischen Forensiker Jean Pierre Mégnin, der im Jahr 1847 die Anwesenheit von Fliegenmaden auf einem Leichnam feststellte. Mégnin erkannte, dass die Entwicklung von Fliegenmaden auf einem Leichnam zeitlich vorhersagbar ist und daher als Indikator für den Todeszeitpunkt dienen kann. Diese Entdeckung war wegweisend und legte den Grundstein für die Anwendung von Insekten in der forensischen Todesermittlung.

Mégnins Arbeit war bahnbrechend, da sie die Möglichkeit aufzeigte, den Zeitpunkt des Todes anhand der Entwicklungsstadien von Insekten auf einem Leichnam genauer zu bestimmen. Seine Erkenntnisse trugen dazu bei, das Verständnis der postmortalen Veränderungen und der zeitlichen Abfolge der Insektenkolonisation auf Leichen zu verbessern. Dies war ein wichtiger Schritt hin zu einer präziseren Bestimmung des Todeszeitpunkts in forensischen Untersuchungen.

Ein weiterer wichtiger Beitrag zur Erforschung der zeitlichen Aspekte der Insektenkolonisation im 19. Jahrhundert kam von Hermann Reinhard, einem deutschen Kriminalisten. Reinhard führte in den 1880er Jahren umfangreiche Studien zur Insektenfauna auf Leichen durch und sammelte systematisch Insektenproben von verschiedenen Leichen. Durch die Untersuchung der Entwicklungsstadien der Insekten konnte er den Zeitpunkt des Todes genauer bestimmen und wichtige Erkenntnisse über die zeitlichen Abläufe der Insektenbesiedlung gewinnen.

Die Arbeit von Reinhard trug wesentlich dazu bei, das Verständnis der postmortalen Veränderungen und der zeitlichen Abfolge der Insektenkolonisation auf Leichen zu vertiefen. Seine Forschung ermöglichte es, präzisere Schätzungen des Todeszeitpunkts vorzunehmen, was von entscheidender Bedeutung für forensische Untersuchungen ist. Darüber hinaus trugen seine Studien dazu bei, standardisierte Methoden und Protokolle für die Probenahme und Analyse von Insekten auf Leichen zu entwickeln.

Neben den Arbeiten von Mégnin und Reinhard trugen auch einige grundlegende Erkenntnisse über die Ökologie und Verhaltensweise von Insekten im 19. Jahrhundert zur Erforschung der zeitlichen Aspekte der Insektenkolonisation bei. Wissenschaftler wie Jean-Henri Fabre in Frankreich und Charles Darwin in Großbritannien führten Studien zur Insektenökologie und Verhaltensforschung durch, die wichtige Erkenntnisse über die Lebenszyklen und Verhaltensweisen von Insekten lieferten. Diese Erkenntnisse bildeten die Grundlage für das Verständnis der Interaktionen zwischen Insekten und Leichen in forensischen Untersuchungen.

Trotz der bedeutenden Fortschritte im 19. Jahrhundert gab es auch einige Herausforderungen und Hindernisse bei der Erforschung der zeitlichen Aspekte der Insektenkolonisation. Eine der größten Herausforderungen bestand darin, die forensische Entomologie als legitimes wissenschaftliches Fachgebiet zu etablieren und die Skepsis vieler Forensiker und Strafverfolgungsbehörden zu überwinden. Die Verwendung von Insekten als forensische Indikatoren wurde oft als ungewöhnlich oder unzuverlässig angesehen und stieß daher auf Widerstand in der wissenschaftlichen Gemeinschaft.

Ein weiteres Hindernis war der Mangel an standardisierten Methoden und Protokollen für die Probenahme und Analyse von Insekten auf Leichen. Ohne einheitliche Verfahren war es schwierig, reproduzierbare Ergebnisse zu erzielen und forensisch relevante Informationen aus den Insektenproben zu gewinnen. Dies führte zu einer Fragmentierung der Forschungsbemühungen und erschwerte den Austausch von Erkenntnissen und die Zusammenarbeit zwischen forensischen Experten.

Trotz dieser Herausforderungen trugen die Entwicklungen im 19. Jahrhundert wesentlich dazu bei, das Fundament für die moderne forensische Entomologie zu legen. Die Entdeckungen von Mégnin und Reinhard sowie die grundlegenden Erkenntnisse über die Ökologie und Verhaltensweise von Insekten bildeten die Grundlage für weitere Forschungen und Entwicklungen auf diesem Gebiet. Im Laufe des 20. Jahrhunderts wurden standardisierte Methoden und Protokolle für die Probenahme und Analyse von Insekten entwickelt, und die forensische Entomologie wurde zu einem etablierten und anerkannten Fachgebiet in der forensischen Wissenschaft.

Forensische Entomologie in der Leichenanalyse

Die forensische Entomologie, insbesondere die Anwendung von Insekten in der Leichenanalyse, hatte im 19. Jahrhundert bedeutende Fortschritte gemacht. Die Erforschung von Insektenkolonisationen auf Leichen trug wesentlich dazu bei, die Bestimmung des Todeszeitpunkts genauer zu gestalten und forensische Untersuchungen zu verbessern. In diesem Text werden die Entwicklungen und Entdeckungen im Zusammenhang mit der forensischen Entomologie in der Leichenanalyse im 19. Jahrhundert eingehend untersucht.

Eine der bahnbrechenden Entdeckungen in der forensischen Entomologie des 19. Jahrhunderts war die Arbeit des französischen Forensikers Jean Pierre Mégnin. Im Jahr 1847 stellte Mégnin fest, dass Fliegenmaden auf einem Leichnam in vorhersagbarer Weise erscheinen und sich entwickeln. Diese Entdeckung war wegweisend, da Mégnin erkannte, dass die Entwicklung von Fliegenmaden auf einem Leichnam als Indikator für den Todeszeitpunkt dienen kann. Mégnins Arbeit legte den Grundstein für die Anwendung von Insekten in der forensischen Todesermittlung und beeinflusste maßgeblich die Entwicklung der forensischen Entomologie.

Die Arbeit von Mégnin trug dazu bei, das Verständnis der postmortalen Veränderungen und der zeitlichen Abläufe der Insektenkolonisation auf Leichen zu vertiefen. Seine Erkenntnisse ermöglichten es forensischen Experten, den Zeitpunkt des Todes genauer zu bestimmen und wichtige forensische Informationen zu gewinnen. Mégnins Arbeit war ein Meilenstein in der Geschichte der forensischen Entomologie und trug wesentlich zur Entwicklung dieses Fachgebiets bei.

Ein weiterer bedeutender Beitrag zur forensischen Entomologie im 19. Jahrhundert kam von Hermann Reinhard, einem deutschen Kriminalisten. Reinhard führte umfangreiche Studien zur Insektenfauna auf Leichen durch und sammelte systematisch Insektenproben von verschiedenen Leichen. Durch die

Untersuchung der Entwicklungsstadien der Insekten konnte er den Zeitpunkt des Todes genauer bestimmen und wichtige Erkenntnisse über die zeitlichen Abläufe der Insektenkolonisation gewinnen. Reinhard trug wesentlich dazu bei, das Verständnis der forensischen Entomologie zu vertiefen und die Genauigkeit forensischer Untersuchungen zu verbessern.

Parallel zu diesen Entwicklungen wurden im 19. Jahrhundert auch einige grundlegende Erkenntnisse über die Ökologie und Verhaltensweise von Insekten gesammelt, die für die forensische Entomologie von Bedeutung waren. Wissenschaftler wie Jean-Henri Fabre in Frankreich und Charles Darwin in Großbritannien führten Studien zur Insektenökologie und Verhaltensforschung durch, die wichtige Erkenntnisse über die Lebenszyklen und Verhaltensweisen von Insekten lieferten. Diese Erkenntnisse bildeten die Grundlage für das Verständnis der Interaktionen zwischen Insekten und Leichen in forensischen Untersuchungen.

Trotz dieser wichtigen Fortschritte gab es im 19. Jahrhundert auch einige Herausforderungen und Hindernisse für die forensische Entomologie. Eine der größten Herausforderungen bestand darin, die forensische Entomologie als legitimes wissenschaftliches Fachgebiet zu etablieren und die Skepsis vieler Forensiker und Strafverfolgungsbehörden zu überwinden. Die Verwendung von Insekten als forensische Indikatoren wurde oft als ungewöhnlich oder unzuverlässig angesehen und stieß daher auf Widerstand in der wissenschaftlichen Gemeinschaft.

Ein weiteres Hindernis war der Mangel an standardisierten Methoden und Protokollen für die Probenahme und Analyse von Insekten auf Leichen. Ohne einheitliche Verfahren war es schwierig, reproduzierbare Ergebnisse zu erzielen und forensisch relevante Informationen aus den Insektenproben zu gewinnen. Dies führte zu einer Fragmentierung der Forschungsbemühungen und erschwerte den Austausch von Erkenntnissen und die Zusammenarbeit zwischen forensischen Experten.

Trotz dieser Herausforderungen trugen die Entwicklungen im 19. Jahrhundert wesentlich dazu bei, das Fundament für die moderne forensische Entomologie zu legen. Die Entdeckungen von Mégnin und Reinhard sowie die grundlegenden Erkenntnisse über die Ökologie und Verhaltensweise von Insekten bildeten die Grundlage für weitere Forschungen und Entwicklungen auf diesem Gebiet. Im Laufe des 20. Jahrhunderts wurden standardisierte Methoden und Protokolle für die Probenahme und Analyse von Insekten entwickelt, und die forensische Entomologie wurde zu einem etablierten und anerkannten Fachgebiet in der forensischen Wissenschaft.

Methoden der Insektenbestimmung und -sammlung
Im 19. Jahrhundert machten Forensiker wichtige Fortschritte bei der Entwicklung von Methoden zur Bestimmung und Sammlung von Insekten für forensische Zwecke. Diese Entwicklungen legten den Grundstein für die moderne forensische Entomologie und trugen dazu bei, die forensische Untersuchung von Leichen zu verbessern. In diesem Text werden die Methoden der Insektenbestimmung und -sammlung im 19. Jahrhundert eingehend untersucht.

Eine der grundlegenden Methoden zur Bestimmung von Insekten im 19. Jahrhundert war die Morphologie-basierte Identifikation. Forensiker nutzten taxonomische Schlüssel und beschreibende Merkmale, um Insektenarten zu bestimmen. Diese Methode erforderte ein gründliches Verständnis der Anatomie und Merkmale verschiedener Insektenarten sowie eine umfangreiche Sammlung von Referenzmaterialien für den Vergleich. Forensiker verwendeten oft spezialisierte Werkzeuge wie Lupen und Mikroskope, um kleinere Merkmale der Insekten zu untersuchen und ihre Identifizierung zu erleichtern.

Eine weitere wichtige Methode zur Bestimmung von Insekten war die Verwendung von Insektensammlungen. Forensiker sammelten systematisch Insekten von Leichen und anderen forensischen Szenen und erstellten umfangreiche Sammlungen für Referenzzwecke. Diese Sammlungen umfassten eine Vielzahl von

Insektenarten, einschließlich Fliegen, Käfer, Hautflügler und andere, die häufig an forensischen Szenen anzutreffen waren. Durch den Vergleich von Insektenproben mit den Exemplaren in der Sammlung konnten Forensiker die Artenbestimmung und Identifizierung von Insekten verbessern.

Eine wichtige Entwicklung im 19. Jahrhundert war die Einführung von Fallen und Lockstoffen zur Insektensammlung. Forensiker entwickelten verschiedene Arten von Fallen, um Insekten anzulocken und zu fangen, darunter Fliegenfallen, Lichtfallen und andere. Diese Fallen wurden häufig an forensischen Szenen aufgestellt, um die Insektenfauna zu erfassen und zu studieren. Darüber hinaus verwendeten Forensiker Lockstoffe wie Aas oder Fleisch, um bestimmte Insektenarten anzulocken und ihre Präsenz an forensischen Szenen zu erhöhen.

Neben den traditionellen Methoden der Insektenbestimmung und -sammlung entwickelten Forensiker im 19. Jahrhundert auch neue Techniken zur Analyse von Insektenproben. Eine dieser Techniken war die mikroskopische Untersuchung von Insektenproben, um kleinste Merkmale und Details zu untersuchen. Forensiker verwendeten hochauflösende Mikroskope, um die Anatomie und Morphologie von Insekten zu untersuchen und wichtige diagnostische Merkmale zu identifizieren. Diese Methode ermöglichte eine detaillierte und präzise Identifizierung von Insektenarten und trug dazu bei, die Genauigkeit forensischer Untersuchungen zu verbessern.

Eine weitere wichtige Technik war die genetische Analyse von Insektenproben. Im 19. Jahrhundert wurden die Grundlagen der Genetik und Molekularbiologie erforscht, und Forensiker begannen, diese Erkenntnisse für die forensische Identifizierung von Insekten zu nutzen. DNA-Analysen ermöglichten es Forensikern, Insektenproben zu identifizieren und ihre Herkunft und Verwandtschaftsbeziehungen zu bestimmen. Diese Methode war besonders nützlich für die Unterscheidung zwischen eng verwandten Insektenarten und die Identifizierung von bestimmten Unterarten oder Populationen.

Darüber hinaus entwickelten Forensiker im 19. Jahrhundert auch Techniken zur Analyse von Insektenhabitat und -verhalten. Sie untersuchten die ökologischen und Verhaltensmuster verschiedener Insektenarten, um deren Präsenz und Aktivität an forensischen Szenen zu verstehen. Diese Informationen waren entscheidend für die Interpretation forensischer Beweise und halfen Forensikern, den Todeszeitpunkt genauer zu bestimmen und forensische Untersuchungen zu unterstützen.

Insgesamt trugen die Methoden der Insektenbestimmung und -sammlung im 19. Jahrhundert wesentlich dazu bei, das Verständnis der forensischen Entomologie zu vertiefen und die Genauigkeit forensischer Untersuchungen zu verbessern. Durch die Entwicklung neuer Techniken und Werkzeuge konnten Forensiker Insektenproben genauer analysieren und wichtige Informationen für forensische Untersuchungen gewinnen. Diese Entwicklungen legten den Grundstein für die moderne forensische Entomologie und trugen dazu bei, die forensische Wissenschaft insgesamt zu stärken.

Einfluss von Umweltfaktoren auf Insektenaktivität

Im 19. Jahrhundert begannen Forensiker, den Einfluss von Umweltfaktoren auf die Aktivität von Insekten zu erforschen, insbesondere im Zusammenhang mit forensischen Untersuchungen. Die Kenntnis dieser Faktoren war entscheidend, um die Präsenz und das Verhalten von Insekten an forensischen Szenen zu verstehen und ihre Rolle bei der Todeszeitbestimmung zu interpretieren. In diesem Text werden die wichtigsten Umweltfaktoren untersucht, die die Aktivität von Insekten im 19. Jahrhundert beeinflussten, sowie die Auswirkungen dieser Erkenntnisse auf die forensische Entomologie.

Ein bedeutender Umweltfaktor, der die Aktivität von Insekten beeinflusste, war das Klima. Im 19. Jahrhundert begannen

Forensiker, die Auswirkungen von Temperatur, Feuchtigkeit und Niederschlag auf die Aktivität von Insekten zu untersuchen. Sie erkannten, dass verschiedene Insektenarten unterschiedlich auf klimatische Bedingungen reagierten und dass die Klimaänderungen die Zusammensetzung und Häufigkeit der Insektenfauna an forensischen Szenen beeinflussten. Zum Beispiel bevorzugten bestimmte Fliegenarten warme Temperaturen und waren während der Sommermonate häufiger anzutreffen, während andere Arten bei kühlerem Wetter aktiver waren.

Darüber hinaus spielten geografische Faktoren eine wichtige Rolle bei der Aktivität von Insekten. Forensiker untersuchten die Auswirkungen von geografischen Merkmalen wie Höhenlage, Geländebeschaffenheit und Vegetation auf die Verbreitung und Aktivität von Insekten. Sie erkannten, dass bestimmte Insektenarten an spezifische Lebensräume und Umgebungen angepasst waren und dass die geografischen Eigenschaften einer Region die Artenzusammensetzung und Häufigkeit der Insektenfauna beeinflussten. Zum Beispiel waren in Gebieten mit dichtem Wald und hoher Luftfeuchtigkeit bestimmte Arten von Käfern und Fliegen häufiger anzutreffen als in trockenen oder offenen Landschaften.

Ein weiterer wichtiger Umweltfaktor war die Jahreszeit. Forensiker erkannten, dass die Aktivität von Insekten je nach Jahreszeit und Witterungsbedingungen variierte. Sie studierten die saisonalen Muster der Insektenaktivität und identifizierten die Zeitpunkte, zu denen bestimmte Arten am aktivsten waren. Diese Erkenntnisse waren entscheidend für die Interpretation von forensischen Beweisen und halfen Forensikern, den Todeszeitpunkt genauer zu bestimmen. Zum Beispiel waren bestimmte Fliegenarten im Frühjahr und Sommer häufiger anzutreffen, während andere Arten im Herbst und Winter aktiver waren.

Die Verfügbarkeit von Nahrungsquellen war ebenfalls ein wichtiger Umweltfaktor, der die Aktivität von Insekten beeinflusste. Forensiker erkannten, dass Insekten ihre Aktivität und Verbreitung oft aufgrund des Vorhandenseins von Nahrungsmitteln und Aas steuerten. Sie studierten die Vorlieben und Ernährungsgewohnheiten verschiedener Insektenarten und erkannten, dass die Verfügbarkeit von Aas eine wichtige Rolle bei der Anlockung von Aasfliegen und anderen Aasfressern spielte. Darüber hinaus untersuchten sie die Auswirkungen von Landwirtschaft, Abfallwirtschaft und menschlichen Aktivitäten auf die Verfügbarkeit von Nahrungsquellen für Insekten und erkannten, dass diese Faktoren die Aktivität und Verteilung von Insekten an forensischen Szenen beeinflussen konnten.

Neben diesen Umweltfaktoren spielten auch anthropogene Einflüsse eine wichtige Rolle bei der Aktivität von Insekten. Forensiker untersuchten die Auswirkungen von menschlichen Aktivitäten wie Landwirtschaft, Urbanisierung und Umweltverschmutzung auf die Insektenfauna. Sie erkannten, dass diese Faktoren die Lebensräume und Lebensbedingungen von Insekten veränderten und ihre Aktivität und Verbreitung beeinflussten. Zum Beispiel führte die Zunahme von landwirtschaftlichen Flächen zu Veränderungen in der Vegetation und Landnutzung, was wiederum die Artenzusammensetzung und Häufigkeit der Insektenfauna beeinflusste.

Insgesamt trugen diese Erkenntnisse über die Umweltfaktoren, die die Aktivität von Insekten beeinflussten, wesentlich dazu bei, das Verständnis der forensischen Entomologie im 19. Jahrhundert zu vertiefen und die Genauigkeit forensischer Untersuchungen zu verbessern. Durch die Untersuchung von Klima, Geographie, Jahreszeit, Nahrungsquellen und anthropogenen Einflüssen konnten Forensiker die Präsenz und das Verhalten von Insekten an forensischen Szenen besser verstehen und ihre Rolle bei der Todeszeitbestimmung genauer interpretieren. Diese Erkenntnisse legten den Grundstein für die moderne forensische Entomologie und trugen dazu bei, die forensische Wissenschaft insgesamt zu stärken.

Bekannte Entomologen des 19. Jahrhunderts

Im 19. Jahrhundert gab es eine Reihe von bedeutenden Entomologen, die maßgeblich zur Entwicklung der Entomologie beigetragen haben. Diese Forscher haben nicht nur das Verständnis der Insektenwelt erweitert, sondern auch wichtige Beiträge zur Anwendung von Entomologie in verschiedenen Bereichen wie Landwirtschaft, Medizin und Forensik geleistet. Im Folgenden werden einige dieser herausragenden Entomologen und ihre Beiträge näher betrachtet.

Einer der bedeutendsten Entomologen des 19. Jahrhunderts war Jean-Henri Fabre (1823-1915), ein französischer Naturforscher, der für seine umfangreichen Studien über das Verhalten von Insekten bekannt ist. Fabre verbrachte sein Leben damit, die Lebensgewohnheiten und Instinkte verschiedener Insektenarten zu beobachten und zu dokumentieren. Seine Arbeit legte den Grundstein für das Verständnis der Entomologie als wissenschaftliche Disziplin und inspirierte Generationen von Entomologen. Fabre veröffentlichte zahlreiche Bücher und Abhandlungen über Insektenverhalten, darunter "Souvenirs entomologiques" (Erinnerungen an die Entomologie), das als Meisterwerk der naturwissenschaftlichen Literatur gilt.

Ein weiterer bedeutender Entomologe des 19. Jahrhunderts war Charles Darwin (1809-1882), der berühmte britische Naturforscher, der für seine Evolutionstheorie bekannt ist. Obwohl Darwin vor allem für seine Arbeit auf dem Gebiet der Evolution und Biologie bekannt ist, machte er auch wichtige Beiträge zur Entomologie. In seinem Buch "Die Entstehung der Arten" diskutierte Darwin die Bedeutung von Insekten für die Evolution und die ökologischen Prozesse. Er untersuchte die Anpassung von Insekten an ihre Umwelt und ihre Rolle bei der Entstehung neuer Arten. Darwins Arbeit trug wesentlich dazu bei, das Verständnis der Insektenbiologie und ihrer Bedeutung für das Leben auf der Erde zu vertiefen.

Ein weiterer herausragender Entomologe des 19. Jahrhunderts war Alfred Russel Wallace (1823-1913), ein britischer Naturforscher, der unabhängig von Darwin die Theorie der natürlichen Selektion entwickelte. Wallace war auch ein bedeutender Entomologe, der zahlreiche Beiträge zur Klassifizierung und Beschreibung von Insektenarten leistete. Er bereiste verschiedene Teile der Welt, um Insekten zu sammeln und zu studieren, und trug zur Entdeckung vieler neuer Arten bei. Wallace' Arbeit trug wesentlich zur Erweiterung des Wissens über die Vielfalt und Verbreitung von Insekten bei und hatte einen großen Einfluss auf die Entwicklung der Entomologie als wissenschaftliche Disziplin.

Ein weiterer wichtiger Entomologe des 19. Jahrhunderts war Louis Agassiz (1807-1873), ein schweizerisch-amerikanischer Naturforscher, der für seine Arbeit auf dem Gebiet der Zoologie und Paläontologie bekannt ist. Agassiz war auch ein bedeutender Entomologe, der wichtige Beiträge zur Systematik und Taxonomie von Insekten leistete. Er beschrieb zahlreiche neue Arten von Insekten und entwickelte Klassifikationssysteme, um die Vielfalt der Insektenwelt zu ordnen und zu verstehen. Agassiz' Arbeit trug wesentlich zur Entwicklung der Entomologie als wissenschaftliche Disziplin bei und beeinflusste viele seiner Zeitgenossen und Nachfolger.

Darüber hinaus gab es im 19. Jahrhundert eine Vielzahl weiterer Entomologen, die wichtige Beiträge zur Entwicklung der Entomologie geleistet haben. Dazu gehören Entomologen wie John Curtis, der für seine Arbeit auf dem Gebiet der Schädlingsbekämpfung und der Klassifikation von Insekten bekannt ist, sowie Auguste Forel, der bedeutende Beiträge zur Erforschung des Ameisenverhaltens geleistet hat. Diese Entomologen trugen durch ihre Forschung und ihre Entdeckungen wesentlich dazu bei, das Verständnis der Insektenbiologie zu vertiefen und die Entomologie als wissenschaftliche Disziplin voranzutreiben.

Zusammenfassend lässt sich sagen, dass die Entomologie im 19. Jahrhundert eine Blütezeit erlebte, die von bedeutenden

Entomologen geprägt war, die wichtige Beiträge zur Erforschung der Insektenwelt und ihrer Bedeutung für das Leben auf der Erde leisteten. Ihre Arbeit legte den Grundstein für das moderne Verständnis der Entomologie und trug dazu bei, die Vielfalt und Komplexität der Insektenbiologie zu erforschen und zu verstehen.

Forensische Entomologie in Gerichtsverfahren

Die forensische Entomologie, die Verwendung von Insekten in kriminalistischen Untersuchungen, hat im 19. Jahrhundert an Bedeutung gewonnen. Obwohl die systematische Anwendung dieses Wissens noch nicht so weit fortgeschritten war wie in späteren Jahrhunderten, gab es doch entscheidende Fortschritte und bemerkenswerte Fälle, die die Rolle von Insekten bei der Aufklärung von Verbrechen illustrierten. In diesem Zusammenhang wurde die forensische Entomologie zunehmend als nützliches Werkzeug in Gerichtsverfahren angesehen.

Im 19. Jahrhundert begannen einige forensische Experten, die Prinzipien der Insektenkunde auf kriminalistische Untersuchungen anzuwenden. Einer der bekanntesten Fälle war der berüchtigte Fall von Dr. Edward William Pritchard, einem schottischen Arzt, der im Jahr 1865 wegen Giftmordes an seiner Frau und seiner Mutter angeklagt wurde. Während des Prozesses wurden Fliegenlarven auf den Leichen der Opfer entdeckt, was auf einen postmortalen Befall hindeutete. Diese Entdeckung trug dazu bei, Pritchards Schuld zu beweisen und ihn letztendlich zu seiner Verurteilung zu führen. Dieser Fall markiert einen wichtigen Meilenstein in der Geschichte der forensischen Entomologie, da er eine der frühesten dokumentierten Verwendungen von Insekten als Beweismittel in einem Gerichtsverfahren darstellt.

Ein weiterer bedeutender Fall, der die forensische Entomologie im 19. Jahrhundert vorantrieb, war der "Bericht über die Insekten von Illinois" von 1889, verfasst von Stephen Alfred Forbes, einem amerikanischen Entomologen. In diesem Bericht beschrieb Forbes detailliert die verschiedenen Insektenarten, die auf Leichen vorkommen können, und erklärte ihre Bedeutung für die forensische Untersuchung von Todesfällen. Seine Arbeit trug dazu bei, das Bewusstsein für die forensische Entomologie zu schärfen und ihre Anwendung in Gerichtsverfahren zu fördern.

In den späten 1800er Jahren wurden auch in Europa vermehrt wissenschaftliche Untersuchungen zur forensischen Entomologie durchgeführt. Ein herausragendes Beispiel ist der Fall des französischen Kriminalisten Jean Pierre Mégnin, der als Pionier der forensischen Entomologie gilt. Mégnin führte umfangreiche Experimente durch, um die Entwicklung von Fliegenlarven auf Leichen zu untersuchen und daraus Rückschlüsse auf die Todeszeit zu ziehen. Seine Arbeit trug dazu bei, die forensische Entomologie als anerkannte Disziplin zu etablieren und ihre Anwendung in der kriminalistischen Praxis zu fördern.

Darüber hinaus wurden im 19. Jahrhundert in verschiedenen Teilen der Welt weitere Fälle dokumentiert, in denen forensische Entomologie eine Rolle spielte. In Australien wurde beispielsweise im Jahr 1896 der Fall des "Parramatta Mädchens" bekannt, bei dem die Anwesenheit von Fliegenlarven auf der Leiche dazu beitrug, die Todeszeit zu bestimmen und den Täter zu überführen. Ähnliche Fälle wurden auch in anderen Ländern dokumentiert, was zeigt, dass die forensische Entomologie eine internationale Anerkennung erfuhr und sich als wertvolles Instrument in der Aufklärung von Verbrechen etablierte.

Trotz dieser Fortschritte und erfolgreichen Anwendungen gab es im 19. Jahrhundert auch Herausforderungen und Kontroversen im Zusammenhang mit der forensischen Entomologie. Eine der Hauptkritikpunkte war die begrenzte Kenntnis über die Biologie und Ökologie von Insekten, insbesondere in Bezug auf ihre Entwicklung auf Leichen. Viele Gerichtsmediziner und forensische Experten waren sich uneinig über die Zuverlässigkeit und Genauigkeit von Insektenbefunden und forderten weitere wissenschaftliche Untersuchungen, um die Methoden und Techniken der forensischen Entomologie zu verbessern.

Trotz dieser Herausforderungen wurden im 19. Jahrhundert wichtige Grundlagen für die moderne forensische Entomologie gelegt. Die Arbeit von Pionieren wie Stephen Alfred Forbes, Jean Pierre Mégnin und anderen trug dazu bei, das Verständnis für die Rolle von Insekten in der forensischen Untersuchung von Verbrechen zu vertiefen und ihre Anwendung in Gerichtsverfahren zu fördern. Diese Entwicklungen legten den Grundstein für die weitere Erforschung und Entwicklung der forensischen Entomologie im 20. Jahrhundert und darüber hinaus.

Tierische Spuren und ihre forensische Bedeutung
Im 19. Jahrhundert begannen forensische Wissenschaftler, die Bedeutung tierischer Spuren für die Aufklärung von Verbrechen zu erkennen. Tierische Spuren können eine Vielzahl von Beweisen liefern, die dazu beitragen können, den Tathergang zu rekonstruieren, die Todesursache zu ermitteln und den Täter zu identifizieren. Zu den wichtigsten Arten tierischer Spuren gehören Fußabdrücke, Haare, Federn, Kot, Speichel und Bissmarken. Im Laufe des 19. Jahrhunderts wurden verschiedene Methoden und Techniken entwickelt, um diese Spuren zu sammeln, zu analysieren und forensisch zu verwenden.

Eine der frühesten Anwendungen von tierischen Spuren in der forensischen Wissenschaft war die Verwendung von Fußabdrücken zur Identifizierung von Verdächtigen. Bereits im 19. Jahrhundert erkannten forensische Ermittler die Einzigartigkeit von Fußabdrücken und begannen, sie systematisch zu sammeln und zu analysieren. Ein bemerkenswertes Beispiel für die Verwendung von Fußabdrücken als Beweismittel ist der Fall von William Herschel, einem britischen Kolonialbeamten, der im 19. Jahrhundert in Indien tätig war. Herschel begann, Fingerabdrücke von Vertragspartnern auf Dokumenten zu sammeln, um ihre Identität zu überprüfen. Seine Arbeit trug dazu bei, die forensische Anwendung von Fingerabdrücken zu popularisieren und ihre Verwendung als Beweismittel in Gerichtsverfahren zu fördern.

Eine weitere wichtige Anwendung von tierischen Spuren im 19. Jahrhundert war die Verwendung von Haaren und Federn zur Identifizierung von Tätern und Opfern. Haare und Federn können forensische Experten wichtige Informationen liefern, wie zum Beispiel die Spezies des Tieres, von dem sie stammen, sowie mögliche Anzeichen von Gewalteinwirkung oder Kampf. Forensische Experten begannen, Haare und Federn systematisch zu sammeln und zu analysieren, um Rückschlüsse auf den Tathergang zu ziehen und Beweise zu sammeln, die vor Gericht verwendet werden konnten.

Eine weitere wichtige Anwendung von tierischen Spuren im 19. Jahrhundert war die Verwendung von Kotproben zur Identifizierung von Tieren und Menschen. Kotproben können wichtige Hinweise liefern, wie zum Beispiel die Spezies des Tieres, von dem sie stammen, sowie mögliche Anzeichen von Krankheiten oder Vergiftungen. Forensische Experten begannen, Kotproben systematisch zu sammeln und zu analysieren, um Rückschlüsse auf den Tathergang zu ziehen und Beweise zu sammeln, die vor Gericht verwendet werden konnten.

Eine weitere wichtige Anwendung von tierischen Spuren im 19. Jahrhundert war die Verwendung von Speichelproben zur Identifizierung von Verdächtigen und Opfern. Speichelproben können forensische Experten wichtige Informationen liefern, wie zum Beispiel die DNA des Täters oder Opfers sowie mögliche Anzeichen von Krankheiten oder Vergiftungen. Forensische Experten begannen, Speichelproben systematisch zu sammeln und zu analysieren, um Rückschlüsse auf den Tathergang zu ziehen und Beweise zu sammeln, die vor Gericht verwendet werden konnten.

Eine weitere wichtige Anwendung von tierischen Spuren im 19. Jahrhundert war die Verwendung von Bissmarken zur Identifizierung von Verdächtigen und Opfern. Bissmarken können forensische Experten wichtige Informationen liefern, wie zum Beispiel die Spezies des Tieres, von dem sie stammen, sowie mögliche Anzeichen von Gewalteinwirkung oder Kampf. Forensische Experten begannen, Bissmarken systematisch zu sammeln und zu analysieren, um Rückschlüsse auf den Tathergang zu ziehen und Beweise zu sammeln, die vor Gericht verwendet werden konnten.

Im Laufe des 19. Jahrhunderts wurden verschiedene Methoden und Techniken entwickelt, um tierische Spuren zu sammeln, zu analysieren und forensisch zu verwenden. Zu den wichtigsten Methoden gehörte die Mikroskopie, mit der Haare, Federn und andere tierische Spuren untersucht und identifiziert werden konnten. Darüber hinaus wurden verschiedene chemische Tests entwickelt, um die Zusammensetzung von Speichelproben zu analysieren und DNA zu extrahieren. Diese Methoden und Techniken trugen dazu bei, die forensische Anwendung von tierischen Spuren im 19. Jahrhundert zu verbessern und ihre Bedeutung für die Aufklärung von Verbrechen zu unterstreichen.

Moderne Entwicklungen in der Forensik
Die moderne Forensik hat sich im Laufe der Zeit zu einem hoch spezialisierten und multidisziplinären Bereich entwickelt, der sich auf die Anwendung wissenschaftlicher Methoden und Techniken zur Aufklärung von Verbrechen und zur Unterstützung der Rechtspflege konzentriert. Diese Entwicklung wurde durch die Fortschritte in verschiedenen Bereichen der Wissenschaft und Technologie ermöglicht, wobei viele der grundlegenden Methoden und Prinzipien, die im 19. Jahrhundert entwickelt wurden, weiterhin von entscheidender Bedeutung sind. In dieser umfassenden Zusammenfassung werden einige der wichtigsten modernen Entwicklungen in der Forensik betrachtet, wobei ein besonderer Fokus auf den Methoden und Prinzipien liegt, die auf den Errungenschaften des 19. Jahrhunderts basieren.

Ein bedeutender Fortschritt in der modernen Forensik ist die DNA-Analyse. Die Entdeckung der DNA-Struktur und die Entwicklung von DNA-Analysetechniken in den 1980er Jahren haben die forensische Wissenschaft revolutioniert. Die DNA-Analyse ermöglicht es, winzige Spuren genetischer Materialien zu identifizieren und zu analysieren, die bei einem Verbrechen hinterlassen wurden. Diese Spuren können verwendet werden, um die Identität von Tätern oder Opfern zu bestimmen, Verwandtschaftsbeziehungen zu klären und Alibis zu überprüfen. Die DNA-Analyse hat sich zu einem unverzichtbaren Werkzeug in der forensischen Untersuchung von Verbrechen entwickelt und hat zahlreiche Fälle gelöst, die sonst ungelöst geblieben wären.

Ein weiterer wichtiger Fortschritt ist die forensische Informatik. Mit dem Aufkommen digitaler Technologien und der weit verbreiteten Nutzung von Computern und mobilen Geräten hat die Untersuchung digitaler Beweise an Bedeutung gewonnen. Forensische Informatiker nutzen ihr Wissen über Computersysteme, Netzwerke und Datenbanken, um digitale Beweise zu sammeln, zu analysieren und zu interpretieren. Dies umfasst die Wiederherstellung gelöschter Dateien, die Überprüfung von E-Mail-Kommunikation und die Untersuchung von Internetaktivitäten. Die forensische Informatik spielt eine entscheidende Rolle bei der Aufklärung von Verbrechen wie Cyberkriminalität, Betrug und Identitätsdiebstahl.

Forensische Anthropologie ist ein weiterer Bereich, der sich stark weiterentwickelt hat. Forensische Anthropologen untersuchen menschliche Überreste, um Informationen über das Opfer zu gewinnen, wie zum Beispiel Geschlecht, Alter, ethnische Zugehörigkeit und mögliche Verletzungen. Diese Informationen können helfen, die Identität von Opfern zu klären, Vermisstenfälle aufzuklären und Beweise für Verbrechen zu sammeln. Forensische Anthropologen arbeiten oft eng mit Gerichtsmedizinern, Kriminalbeamten und anderen forensischen Experten zusammen, um forensische Untersuchungen durchzuführen und zu unterstützen.

Forensische Toxikologie ist ein weiterer Bereich, der sich in den letzten Jahrzehnten stark weiterentwickelt hat. Forensische Toxikologen analysieren chemische Substanzen in biologischen

Proben, um festzustellen, ob Vergiftung oder Drogenmissbrauch vorliegt. Diese Informationen können dazu beitragen, die Todesursache zu ermitteln, Verdächtige zu identifizieren und medizinische Ursachen von Verhalten oder Symptomen zu klären. Forensische Toxikologen arbeiten eng mit Gerichtsmedizinern, Strafverfolgungsbehörden, Krankenhäusern und Laboren zusammen, um toxikologische Untersuchungen durchzuführen und forensische Beweise zu liefern.

Ballistik ist ein weiterer Schlüsselbereich der modernen Forensik. Ballistiker untersuchen die ballistischen Eigenschaften von Schusswaffen und Munition, um festzustellen, welche Waffe bei einem Verbrechen verwendet wurde und von wo aus sie abgefeuert wurde. Diese Informationen können dazu beitragen, Schusswaffenverbrechen aufzuklären, Täter zu identifizieren und Schießereignisse zu rekonstruieren. Ballistiker verwenden fortschrittliche Technologien wie Schusswaffendetektoren, Geschossvergleichsmikroskope und Computermodelle, um forensische Beweise zu sammeln und zu analysieren.

Forensische Entomologie ist ein weiterer Bereich, der in der modernen Forensik an Bedeutung gewinnt. Forensische Entomologen untersuchen die Insekten, die auf oder um menschliche Überreste vorkommen, um Rückschlüsse auf den Todeszeitpunkt, die Umgebungsbedingungen und mögliche Todesursachen zu ziehen. Diese Informationen können dazu beitragen, die Todesumstände zu klären, Vermisstenfälle aufzuklären und Beweise für Verbrechen zu sammeln. Forensische Entomologen nutzen ihre Expertise in der Entomologie, um Insektenproben zu sammeln, zu identifizieren und zu analysieren, und arbeiten eng mit Gerichtsmedizinern, Kriminalbeamten und anderen forensischen Experten zusammen, um forensische Untersuchungen durchzuführen.

Darüber hinaus haben technologische Fortschritte wie die Weiterentwicklung von forensischen Labortechniken, Bildgebungsverfahren und Analysemethoden dazu beigetragen, die

Effizienz und Genauigkeit forensischer Untersuchungen zu verbessern. Neue Technologien wie 3D-Druck, Drohnen, Virtual Reality und künstliche Intelligenz werden zunehmend in der forensischen Wissenschaft eingesetzt, um Beweise zu sammeln, zu analysieren und zu präsentieren. Diese technologischen Fortschritte tragen dazu bei, die Möglichkeiten der forensischen Wissenschaft zu erweitern und die Fähigkeit von Strafverfolgungsbehörden, Verbrechen aufzuklären und Täter zu überführen, zu verbessern.

Forensische Ballistik

Entwicklungen in der Identifizierung von Schusswaffen

Die Identifizierung von Schusswaffen im 19. Jahrhundert war ein wichtiger Bereich der forensischen Wissenschaft, der sich auf die Untersuchung von Kugeln, Patronenhülsen und anderen Spuren konzentrierte, die bei Schusswaffenverbrechen zurückgelassen wurden. Diese Entwicklung war eng mit dem Aufkommen neuer Waffentechnologien und der Notwendigkeit verbunden, Schusswaffenverbrechen aufzuklären und Täter zu identifizieren. Im Laufe des 19. Jahrhunderts wurden verschiedene Methoden und Techniken zur Identifizierung von Schusswaffen entwickelt, die es den Ermittlern ermöglichten, Beweise zu sammeln, zu analysieren und zu interpretieren, um Verbrechen aufzuklären und Gerechtigkeit zu gewährleisten.

Eine der wichtigsten Entwicklungen in der Identifizierung von Schusswaffen im 19. Jahrhundert war die Einführung von ballistischen Vergleichsmikroskopen. Diese Geräte ermöglichten es den Ermittlern, Kugeln und Patronenhülsen unter einem Mikroskop zu untersuchen und individuelle Merkmale wie Rillenmuster und Abdrücke zu identifizieren, die von der jeweiligen Schusswaffe stammen. Durch den Vergleich dieser Merkmale mit Referenzproben konnten die Ermittler die Quelle der Spuren identifizieren und Täter überführen.

Eine weitere wichtige Entwicklung war die Einführung von Schusswaffendetektoren, die es den Ermittlern ermöglichten, Schusswaffen anhand ihres akustischen Profils zu identifizieren. Diese Geräte konnten die charakteristischen Geräusche von Schusswaffen aufzeichnen und analysieren, um festzustellen, welche Art von Waffe abgefeuert wurde und aus welcher Entfernung der Schuss abgegeben wurde. Diese Informationen waren besonders nützlich bei der Rekonstruktion von Schießereignissen und der Identifizierung von Tätern.

Parallel zu diesen technologischen Entwicklungen wurden auch forensische Labortechniken weiterentwickelt, um Schusswaffenbeweise zu untersuchen und zu analysieren. Forensische Labors wurden mit fortschrittlicher Ausrüstung ausgestattet, darunter ballistische Vergleichsmikroskope, Schusswaffendetektoren und chemische Analysegeräte, die es den Forensikern ermöglichten, Schusswaffenbeweise auf eine präzise und wissenschaftliche Weise zu untersuchen. Diese Labors spielten eine wichtige Rolle bei der Sammlung und Analyse von Beweisen in Schusswaffenverbrechen und trugen dazu bei, die Effektivität der forensischen Untersuchungen zu verbessern.

Ein weiterer wichtiger Fortschritt war die Entwicklung von Datenbanken für ballistische Merkmale, die es den Ermittlern ermöglichten, Schusswaffenbeweise zu vergleichen und potenzielle Übereinstimmungen zwischen verschiedenen Verbrechen zu identifizieren. Diese Datenbanken enthielten Informationen über die ballistischen Merkmale von Schusswaffen sowie Referenzproben von Kugeln und Patronenhülsen, die bei früheren Verbrechen gefunden wurden. Durch den Abgleich von ballistischen Merkmalen konnten die Ermittler Verbindungen zwischen verschiedenen Verbrechen herstellen und Serientäter identifizieren.

Darüber hinaus wurden im Laufe des 19. Jahrhunderts auch Fortschritte in der forensischen Dokumentation und Berichterstattung erzielt, die es den Ermittlern ermöglichten, ihre Ergebnisse klar und präzise zu kommunizieren. Forensische Experten begannen, detaillierte Berichte über ihre Untersuchungen zu verfassen, in denen sie ihre Methoden, Ergebnisse und Schlussfolgerungen dokumentierten. Diese Berichte wurden zu wichtigen Beweismitteln in Gerichtsverfahren und trugen dazu bei, die Überzeugungskraft der forensischen Beweise zu stärken.

Insgesamt führten die Entwicklungen in der Identifizierung von Schusswaffen im 19. Jahrhundert zu einer verbesserten Fähigkeit, Schusswaffenverbrechen aufzuklären und Täter zu identifizieren. Durch den Einsatz von ballistischen Vergleichsmikroskopen,

Schusswaffendetektoren, forensischen Labortechniken und ballistischen Datenbanken konnten die Ermittler Beweise sammeln, analysieren und interpretieren, um Verbrechen aufzuklären und Gerechtigkeit zu gewährleisten. Diese Fortschritte trugen dazu bei, die Effektivität der forensischen Untersuchungen zu verbessern und die Sicherheit der Gesellschaft zu erhöhen.

Analyse von Geschossen und Wunden

Die Analyse von Geschossen und Wunden im 19. Jahrhundert war ein entscheidender Bereich der forensischen Wissenschaft, der dazu beitrug, Schusswaffenverbrechen aufzuklären und Täter zu identifizieren. In dieser Zeit gab es bedeutende Fortschritte in der Methodik und Technologie, die es den Ermittlern ermöglichten, Geschosse und Wunden genau zu untersuchen und Schlussfolgerungen über die Art und Weise des Todes sowie die Art der verwendeten Schusswaffen zu ziehen. Diese Entwicklung war eng mit dem Aufkommen neuer Schusswaffen und Munitionstypen verbunden, die unterschiedliche ballistische Eigenschaften aufwiesen und daher unterschiedliche Wundmuster verursachten.

Eine der wichtigsten Entwicklungen in der Analyse von Geschossen und Wunden war die Einführung von ballistischen Vergleichsmikroskopen. Diese Instrumente ermöglichten es den Ermittlern, Geschosse und Patronenhülsen unter einem Mikroskop zu untersuchen und individuelle Merkmale wie Rillenmuster und Abdrücke zu identifizieren, die von der jeweiligen Schusswaffe stammen. Durch den Vergleich dieser Merkmale mit Referenzproben konnten die Ermittler die Quelle der Spuren identifizieren und Täter überführen. Dies war besonders wichtig, um Verbindungen zwischen verschiedenen Verbrechen herzustellen und Serientäter zu identifizieren.

Darüber hinaus wurden im Laufe des 19. Jahrhunderts auch Fortschritte in der forensischen Ballistik erzielt, die es den Ermittlern ermöglichten, Geschosse und Patronenhülsen auf ihre ballistischen Eigenschaften zu untersuchen und Schlussfolgerungen über die Art und Weise des Abschusses zu ziehen. Forensische Ballistiker analysierten Faktoren wie Geschwindigkeit, Flugbahn, Reichweite und Durchschlagskraft von Geschossen, um festzustellen, aus welcher Entfernung und unter welchen Umständen sie abgefeuert wurden. Diese Informationen waren entscheidend, um die Umstände eines Schusswaffenverbrechens zu rekonstruieren und die Täter zu identifizieren.

Ein weiterer wichtiger Aspekt der Analyse von Geschossen und Wunden war die Untersuchung der Wundmuster, die von verschiedenen Schusswaffen und Munitionstypen verursacht wurden. Verschiedene Schusswaffen und Munitionstypen erzeugten unterschiedliche Wundmuster, die von den ballistischen Eigenschaften der Geschosse und der Art und Weise des Aufpralls auf den Körper abhängig waren. Forensische Pathologen und Ballistiker untersuchten diese Wundmuster, um Rückschlüsse auf die Art der verwendeten Schusswaffen, die Entfernung des Schusses und die Richtung des Feuers zu ziehen.

Eine wichtige Methode zur Analyse von Geschossen und Wunden war die Durchführung von Experimenten und Tests, um die ballistischen Eigenschaften von Schusswaffen und Munitionstypen zu untersuchen. Forensische Experten führten Schussversuche durch, um die Auswirkungen von verschiedenen Schusswaffen und Munitionstypen auf verschiedene Materialien wie Gelatine, Holz, Metall und menschliches Gewebe zu untersuchen. Diese Experimente lieferten wichtige Informationen über die ballistischen Eigenschaften von Schusswaffen und Munitionstypen und halfen den Ermittlern dabei, Beweise zu interpretieren und Schlussfolgerungen zu ziehen.

Parallel zu diesen Entwicklungen wurden auch forensische Labors mit fortschrittlicher Ausrüstung ausgestattet, um Geschosse und Wunden zu untersuchen und zu analysieren. Forensische Ballistiker und Pathologen nutzten ballistische Vergleichsmikroskope, Schusswaffendetektoren und chemische Analysegeräte, um Geschosse und Patronenhülsen zu untersuchen und Rückschlüsse auf die Art und Weise des Abschusses zu ziehen. Diese Labors spielten eine wichtige Rolle bei der Sammlung und Analyse von Beweisen in Schusswaffenverbrechen und trugen dazu bei, die Effektivität der forensischen Untersuchungen zu verbessern.

Insgesamt trugen die Entwicklungen in der Analyse von Geschossen und Wunden im 19. Jahrhundert dazu bei, die Fähigkeit der forensischen Wissenschaft zu verbessern, Schusswaffenverbrechen aufzuklären und Täter zu identifizieren. Durch die Einführung von ballistischen Vergleichsmikroskopen, die Weiterentwicklung forensischer Ballistikmethoden und die Durchführung von Experimenten und Tests konnten die Ermittler Geschosse und Wunden genau untersuchen und Schlussfolgerungen über die Art und Weise des Todes sowie die Art der verwendeten Schusswaffen ziehen. Diese Entwicklung war ein wichtiger Meilenstein in der Geschichte der forensischen Wissenschaft und legte den Grundstein für weitere Fortschritte in diesem Bereich.

Schusswaffen als forensische Beweismittel

Die Verwendung von Schusswaffen als forensische Beweismittel im 19. Jahrhundert spielte eine entscheidende Rolle bei der Aufklärung von Verbrechen und der Identifizierung von Tätern. Während dieser Zeit erlebte die Entwicklung von Schusswaffen eine signifikante Evolution, was zu neuen Herausforderungen und Möglichkeiten für forensische Untersuchungen führte. Die Analyse von Schusswaffen, Patronenhülsen, Geschossen und Wunden war entscheidend, um die Umstände von Schusswaffenverbrechen zu rekonstruieren und die Schuldigen zu überführen.

Eine der wichtigsten Entwicklungen im Bereich der Schusswaffen im 19. Jahrhundert war die Verbreitung von Revolvern und Pistolen. Diese kompakten und leicht zu handhabenden Schusswaffen wurden zunehmend von Straftätern verwendet und stellten neue Herausforderungen für forensische Ermittler dar. Im Gegensatz zu älteren Schusswaffenmodellen, die oft schwerfällig und unpraktisch waren, ermöglichten Revolver und Pistolen schnelle und präzise

Schüsse, was zu einer Zunahme von Schusswaffenverbrechen führte.

Die Einführung von Schusswaffen mit gezogenen Läufen war eine weitere bedeutende Entwicklung im Bereich der Ballistik. Gezogene Läufe, die mit spiralförmigen Rillen im Inneren versehen waren, verbesserten die Flugstabilität und Genauigkeit der Geschosse erheblich. Dies führte zu einer größeren Reichweite und Präzision von Schusswaffen und trug dazu bei, dass Schusswaffenverbrechen häufiger auftraten und komplexer wurden. Die Analyse von Geschossen aus gezogenen Läufen wurde zu einer wichtigen Aufgabe für forensische Ballistiker, da die individuellen Merkmale der Rillenmuster dazu beitrugen, die Quelle der Geschosse zu identifizieren.

Eine der wichtigsten Methoden zur Identifizierung von Schusswaffen im 19. Jahrhundert war die Verwendung von ballistischen Vergleichsmikroskopen. Diese Instrumente ermöglichten es den Ermittlern, Geschosse, Patronenhülsen und Wunden unter einem Mikroskop zu untersuchen und individuelle Merkmale wie Rillenmuster, Abdrücke und Verformungen zu identifizieren. Durch den Vergleich dieser Merkmale mit Referenzproben konnten die Ermittler die Quelle der Spuren identifizieren und Täter überführen. Ballistische Vergleichsmikroskope waren entscheidend, um Verbindungen zwischen verschiedenen Verbrechen herzustellen und Serientäter zu identifizieren.

Darüber hinaus wurden im 19. Jahrhundert auch Experimente und Tests durchgeführt, um die ballistischen Eigenschaften von Schusswaffen und Munitionstypen zu untersuchen. Forensische Experten führten Schussversuche durch, um die Auswirkungen von verschiedenen Schusswaffen und Munitionstypen auf verschiedene Materialien wie Gelatine, Holz, Metall und menschliches Gewebe zu untersuchen. Diese Experimente lieferten wichtige Informationen über die ballistischen Eigenschaften von Schusswaffen und

Munitionstypen und halfen den Ermittlern dabei, Beweise zu interpretieren und Schlussfolgerungen zu ziehen.

Eine wichtige Rolle bei der Identifizierung von Schusswaffen spielte auch die Untersuchung der Wundmuster, die von verschiedenen Schusswaffen und Munitionstypen verursacht wurden. Forensische Pathologen und Ballistiker untersuchten diese Wundmuster, um Rückschlüsse auf die Art der verwendeten Schusswaffen, die Entfernung des Schusses und die Richtung des Feuers zu ziehen. Unterschiedliche Schusswaffen und Munitionstypen erzeugten unterschiedliche Wundmuster, die von den ballistischen Eigenschaften der Geschosse und der Art und Weise des Aufpralls auf den Körper abhängig waren.

Ein weiterer wichtiger Aspekt der forensischen Untersuchungen von Schusswaffen im 19. Jahrhundert war die Analyse von Patronenhülsen. Patronenhülsen enthalten oft wichtige Spuren wie Abdrücke, Kratzer und Verformungen, die von der jeweiligen Schusswaffe stammen. Durch die Untersuchung dieser Spuren konnten die Ermittler die Quelle der Patronenhülsen identifizieren und Rückschlüsse auf den Täter ziehen. Die Analyse von Patronenhülsen war besonders wichtig, um Verbindungen zwischen verschiedenen Tatorten herzustellen und Serientäter zu identifizieren.

Die Entwicklung von Schusswaffen als forensische Beweismittel im 19. Jahrhundert trug erheblich dazu bei, die Aufklärung von Schusswaffenverbrechen zu verbessern und die Gerechtigkeit zu fördern. Die Analyse von Schusswaffen, Patronenhülsen, Geschossen und Wunden ermöglichte es den Ermittlern, die Umstände von Schusswaffenverbrechen zu rekonstruieren, die Täter zu identifizieren und Beweise vor Gericht vorzulegen. Durch den Einsatz von ballistischen Vergleichsmikroskopen, Experimenten und Tests sowie der Untersuchung von Wundmustern und Patronenhülsen konnten forensische Experten die Merkmale von Schusswaffen und Munitionstypen identifizieren und Rückschlüsse auf den Tathergang ziehen.

Methoden der Ballistik im 19. Jahrhundert

Die Ballistik im 19. Jahrhundert war eine entscheidende Periode in der Entwicklung forensischer Methoden zur Untersuchung von Schusswaffen und ballistischen Beweisen. Während dieses Zeitraums erlebten Schusswaffen eine bedeutende technologische Evolution, was neue Herausforderungen und Chancen für forensische Ermittler mit sich brachte. Die Analyse von Schusswaffen, Geschossen, Patronenhülsen und Wunden war von zentraler Bedeutung, um Schusswaffenverbrechen aufzuklären und Täter zu identifizieren.

Eine der bedeutendsten Entwicklungen im Bereich der Ballistik im 19. Jahrhundert war die weit verbreitete Einführung von gezogenen Läufen in Schusswaffen. Diese Innovation revolutionierte die ballistische Leistung von Schusswaffen erheblich. Gezogene Läufe waren mit spiralförmigen Rillen im Inneren versehen, die dazu beitrugen, die Flugstabilität und Genauigkeit der Geschosse zu verbessern. Dadurch wurden Schusswaffen präziser und hatten eine größere Reichweite. Die Einführung gezogener Läufe führte zu einer Steigerung der ballistischen Effizienz und trug zur Verbreitung von Schusswaffenverbrechen bei.

Eine weitere wichtige Entwicklung war die Verbreitung von Revolvern und Pistolen. Im Gegensatz zu älteren Schusswaffenmodellen, die oft schwerfällig und unpraktisch waren, waren Revolver und Pistolen kompakter und leichter zu handhaben. Diese Eigenschaften machten sie zu beliebten Waffen für Straftäter, was zu einer Zunahme von Schusswaffenverbrechen führte. Die Verbreitung von Revolvern und Pistolen stellte forensische Ermittler vor neue Herausforderungen, da sie nun mit der Analyse dieser moderneren Schusswaffen konfrontiert waren.

Die Analyse von Geschossen war eine zentrale Methode der Ballistik im 19. Jahrhundert. Ballistiker untersuchten die charakteristischen Merkmale von Geschossen, um Rückschlüsse auf die verwendete Schusswaffe zu ziehen. Dazu gehörten

Merkmale wie das Kaliber, das Gewicht, die Form und die Zusammensetzung der Geschosse. Die individuellen Merkmale der Geschosse, wie Rillenmuster, Abdrücke und Verformungen, wurden unter einem Mikroskop untersucht, um die Quelle der Geschosse zu identifizieren. Die Analyse von Geschossen war entscheidend, um Verbindungen zwischen verschiedenen Schusswaffenverbrechen herzustellen und Täter zu identifizieren.

Die Untersuchung von Patronenhülsen war ebenfalls eine wichtige Methode der Ballistik im 19. Jahrhundert. Patronenhülsen enthalten oft wichtige Spuren wie Abdrücke, Kratzer und Verformungen, die von der jeweiligen Schusswaffe stammen. Durch die Analyse dieser Spuren konnten forensische Ermittler die Quelle der Patronenhülsen identifizieren und Rückschlüsse auf den Täter ziehen. Die Analyse von Patronenhülsen war entscheidend, um Verbindungen zwischen verschiedenen Tatorten herzustellen und Serientäter zu identifizieren.

Die forensische Pathologie spielte ebenfalls eine wichtige Rolle bei der ballistischen Analyse im 19. Jahrhundert. Forensische Pathologen untersuchten die Wunden, die von Schusswaffen verursacht wurden, um Rückschlüsse auf die Art der verwendeten Schusswaffe, die Entfernung des Schusses und die Richtung des Feuers zu ziehen. Unterschiedliche Schusswaffen und Munitionstypen erzeugten unterschiedliche Wundmuster, die von den ballistischen Eigenschaften der Geschosse und der Art und Weise des Aufpralls auf den Körper abhängig waren. Die Untersuchung von Wunden war entscheidend, um die Umstände von Schusswaffenverbrechen zu rekonstruieren und Beweise vor Gericht vorzulegen.

Eine wichtige Methode der Ballistik im 19. Jahrhundert war die Verwendung von ballistischen Vergleichsmikroskopen. Diese Instrumente ermöglichten es den Ermittlern, Geschosse, Patronenhülsen und andere ballistische Beweise unter einem Mikroskop zu untersuchen und zu vergleichen. Durch den Vergleich der individuellen Merkmale von Geschossen und Patronenhülsen konnten forensische Experten die Quelle der ballistischen Beweise identifizieren und Rückschlüsse auf den Tathergang ziehen. Ballistische Vergleichsmikroskope waren ein wichtiges Werkzeug bei der Aufklärung von Schusswaffenverbrechen und wurden in forensischen Laboren auf der ganzen Welt eingesetzt.

Insgesamt trugen die Methoden der Ballistik im 19. Jahrhundert erheblich zur Aufklärung von Schusswaffenverbrechen bei und förderten die Entwicklung der forensischen Wissenschaft. Die Analyse von Schusswaffen, Geschossen, Patronenhülsen und Wunden ermöglichte es den Ermittlern, die Umstände von Schusswaffenverbrechen zu rekonstruieren, die Täter zu identifizieren und Beweise vor Gericht vorzulegen. Durch den Einsatz von ballistischen Vergleichsmikroskopen, Experimenten und Tests konnten forensische Experten die Merkmale von Schusswaffen und Munitionstypen identifizieren und Rückschlüsse auf den Tathergang ziehen.

Forensische Ballistik in der Gerichtspraxis
Die forensische Ballistik, auch als ballistische Forensik bekannt, spielte im 19. Jahrhundert eine entscheidende Rolle in der Gerichtspraxis und trug wesentlich zur Aufklärung von Schusswaffenverbrechen bei. In dieser Zeit erlebten Schusswaffen eine bedeutende technologische Entwicklung, was neue Herausforderungen und Möglichkeiten für forensische Ermittler mit sich brachte. Die forensische Ballistik umfasste die Analyse von Schusswaffen, Geschossen, Patronenhülsen, Wunden und anderen ballistischen Beweisen, um Täter zu identifizieren, Todesumstände zu klären und Beweise vor Gericht vorzulegen.

Eine der wichtigsten Entwicklungen in der forensischen Ballistik im 19. Jahrhundert war die Verbreitung von gezogenen Läufen in Schusswaffen. Gezogene Läufe waren mit spiralförmigen Rillen im Inneren versehen, die dazu beitrugen, die Flugstabilität und Genauigkeit der Geschosse zu verbessern. Dadurch wurden Schusswaffen präziser und hatten eine größere Reichweite. Die Einführung gezogener Läufe führte zu einer Steigerung der ballistischen Effizienz und trug zur Verbreitung von Schusswaffenverbrechen bei.

Die Analyse von Geschossen war eine zentrale Methode der forensischen Ballistik im 19. Jahrhundert. Ballistiker untersuchten die charakteristischen Merkmale von Geschossen, um Rückschlüsse auf die verwendete Schusswaffe zu ziehen. Dazu gehörten Merkmale wie das Kaliber, das Gewicht, die Form und die Zusammensetzung der Geschosse. Die individuellen Merkmale der Geschosse, wie Rillenmuster, Abdrücke und Verformungen, wurden unter einem Mikroskop untersucht, um die Quelle der Geschosse zu identifizieren. Die Analyse von Geschossen war entscheidend, um Verbindungen zwischen verschiedenen Schusswaffenverbrechen herzustellen und Täter zu identifizieren.

Die Untersuchung von Patronenhülsen war ebenfalls eine wichtige Methode der forensischen Ballistik im 19. Jahrhundert. Patronenhülsen enthalten oft wichtige Spuren wie Abdrücke, Kratzer und Verformungen, die von der jeweiligen Schusswaffe stammen. Durch die Analyse dieser Spuren konnten forensische Ermittler die Quelle der Patronenhülsen identifizieren und Rückschlüsse auf den Täter ziehen. Die Analyse von Patronenhülsen war entscheidend, um Verbindungen zwischen verschiedenen Tatorten herzustellen und Serientäter zu identifizieren.

Die forensische Pathologie spielte ebenfalls eine wichtige Rolle bei der forensischen Ballistik im 19. Jahrhundert. Forensische Pathologen untersuchten die Wunden, die von Schusswaffen verursacht wurden, um Rückschlüsse auf die Art der verwendeten Schusswaffe, die Entfernung des Schusses und die Richtung des Feuers zu ziehen. Unterschiedliche Schusswaffen und Munitionstypen erzeugten unterschiedliche Wundmuster, die von den ballistischen Eigenschaften der Geschosse und der Art und Weise des Aufpralls auf den Körper abhängig waren. Die Untersuchung von Wunden war entscheidend, um die Umstände von Schusswaffenverbrechen zu rekonstruieren und Beweise vor Gericht vorzulegen.

Eine wichtige Methode der forensischen Ballistik im 19. Jahrhundert war die Verwendung von ballistischen Vergleichsmikroskopen. Diese Instrumente ermöglichten es den Ermittlern, Geschosse, Patronenhülsen und andere ballistische Beweise unter einem Mikroskop zu untersuchen und zu vergleichen. Durch den Vergleich der individuellen Merkmale von Geschossen und Patronenhülsen konnten forensische Experten die Quelle der ballistischen Beweise identifizieren und Rückschlüsse auf den Tathergang ziehen. Ballistische Vergleichsmikroskope waren ein wichtiges Werkzeug bei der Aufklärung von Schusswaffenverbrechen und wurden in forensischen Laboren auf der ganzen Welt eingesetzt.

In der Gerichtspraxis wurden ballistische Beweise im 19. Jahrhundert häufig verwendet, um die Schuld oder Unschuld von Angeklagten zu beweisen. Forensische Experten wurden oft als Sachverständige vor Gericht geladen, um ihre Analysen und Schlussfolgerungen zu präsentieren. Die forensische Ballistik trug dazu bei, die Überzeugungskraft der Beweise zu stärken und die Glaubwürdigkeit der forensischen Wissenschaft in der Gerichtspraxis zu etablieren. Durch den Einsatz von ballistischen Beweisen konnten viele Schusswaffenverbrechen aufgeklärt werden, und unschuldige Personen wurden vor ungerechter Bestrafung geschützt.

Insgesamt spielte die forensische Ballistik im 19. Jahrhundert eine entscheidende Rolle in der Aufklärung von Schusswaffenverbrechen und trug wesentlich zur Entwicklung der forensischen Wissenschaft bei. Durch die Analyse von Schusswaffen, Geschossen, Patronenhülsen, Wunden und anderen ballistischen Beweisen konnten forensische Experten die Umstände von Verbrechen rekonstruieren, Täter identifizieren und Gerechtigkeit vor Gericht gewährleisten. Die forensische Ballistik war ein wichtiger Meilenstein in der Geschichte der forensischen Wissenschaft und legte den Grundstein für viele der modernen

Methoden und Technologien, die heute in der Forensik eingesetzt werden.

Spurenanalyse bei Schussverletzungen

Die Spurenanalyse bei Schussverletzungen im 19. Jahrhundert war ein entscheidender Bestandteil der forensischen Wissenschaft, der dazu beitrug, die Umstände von Schusswaffenverbrechen aufzuklären und Gerechtigkeit vor Gericht zu gewährleisten. In einer Zeit, in der Schusswaffen weit verbreitet und ihre ballistischen Eigenschaften noch nicht vollständig verstanden waren, spielten Spurenanalysen eine wesentliche Rolle bei der Identifizierung von Tätern, der Rekonstruktion von Tatorten und der Klärung von Todesumständen. Diese Zusammenfassung beleuchtet die verschiedenen Aspekte der Spurenanalyse bei Schussverletzungen im 19. Jahrhundert und ihre Bedeutung für die forensische Wissenschaft dieser Zeit.

Eine der grundlegenden Methoden der Spurenanalyse bei Schussverletzungen im 19. Jahrhundert war die Untersuchung von Schusswunden. Forensische Pathologen untersuchten die Eintritts- und Austrittswunden, die von Schusswaffen verursacht wurden, um Rückschlüsse auf die Art der verwendeten Schusswaffe, die Entfernung des Schusses und die Richtung des Feuers zu ziehen. Die Untersuchung von Schusswunden umfasste die Analyse von Wundmuster, Schusskanälen, Knochenbrüchen und Gewebeschäden, um die Umstände von Schusswaffenverbrechen zu rekonstruieren. Forensische Pathologen waren in der Lage, die unterschiedlichen Merkmale von Schusswunden zu interpretieren und festzustellen, ob ein Schuss aus nächster Nähe oder aus der Ferne abgefeuert wurde, ob das Opfer sich bewegte oder stillstand, und ob es sich um einen Selbstmord, einen Unfall oder ein Verbrechen handelte.

Eine weitere wichtige Methode der Spurenanalyse bei Schussverletzungen war die Untersuchung von Geschossen und Patronenhülsen. Forensische Experten analysierten die charakteristischen Merkmale von Geschossen, um Rückschlüsse auf die verwendete Schusswaffe zu ziehen. Dazu gehörten Merkmale wie das Kaliber, das Gewicht, die Form und die Zusammensetzung der Geschosse. Die individuellen Merkmale von Geschossen, wie Rillenmuster, Abdrücke und Verformungen, wurden unter einem Mikroskop untersucht, um die Quelle der Geschosse zu identifizieren. Die Untersuchung von Patronenhülsen umfasste die Analyse von Spuren wie Abdrücken, Kratzern und Verformungen, um Rückschlüsse auf die verwendete Schusswaffe zu ziehen. Durch die Analyse von Geschossen und Patronenhülsen konnten forensische Experten Verbindungen zwischen verschiedenen Schusswaffenverbrechen herstellen, Serientäter identifizieren und Beweise für Gerichtsverfahren sammeln.

Die Verwendung von ballistischen Vergleichsmikroskopen war eine weitere wichtige Methode der Spurenanalyse bei Schussverletzungen im 19. Jahrhundert. Diese Instrumente ermöglichten es den Ermittlern, Geschosse, Patronenhülsen und andere ballistische Beweise unter einem Mikroskop zu untersuchen und zu vergleichen. Durch den Vergleich der individuellen Merkmale von Geschossen und Patronenhülsen konnten forensische Experten die Quelle der ballistischen Beweise identifizieren und Rückschlüsse auf den Tathergang ziehen. Ballistische Vergleichsmikroskope waren ein wichtiges Werkzeug bei der Aufklärung von Schusswaffenverbrechen und wurden in forensischen Laboren auf der ganzen Welt eingesetzt.

Die Untersuchung von Schmauchspuren war eine weitere bedeutende Methode der Spurenanalyse bei Schussverletzungen im 19. Jahrhundert. Schmauchspuren entstehen, wenn Schmauchpartikel und Verbrennungsrückstände aus der Schusswaffe austreten und auf die Haut, die Kleidung oder andere Oberflächen gelangen. Forensische Experten untersuchten Schmauchspuren, um Rückschlüsse auf die Entfernung des Schusses, den Winkel des Feuers und die Art der verwendeten Schusswaffe zu ziehen. Die Analyse von Schmauchspuren war entscheidend, um die Umstände von Schusswaffenverbrechen zu rekonstruieren und Beweise für Gerichtsverfahren zu sammeln.

Forensische Experten verwendeten spezielle Techniken und Chemikalien, um Schmauchspuren zu sammeln, zu konservieren und zu analysieren, und arbeiteten eng mit Kriminalbeamten und Gerichtsmedizinern zusammen, um forensische Untersuchungen durchzuführen.

Die Rekonstruktion von Tatorten war ein weiterer wichtiger Aspekt der Spurenanalyse bei Schussverletzungen im 19. Jahrhundert. Forensische Experten untersuchten die physischen Merkmale von Tatorten, um Rückschlüsse auf den Tathergang zu ziehen und Beweise zu sammeln. Dazu gehörten Merkmale wie Schusslöcher, Einschlagspuren, Blutspuren, Abdrücke und andere Spuren, die am Tatort gefunden wurden. Forensische Experten verwendeten verschiedene Techniken wie Vermessung, Fotografie, Skizzierung und Diagrammerstellung, um Tatorte zu dokumentieren und zu analysieren. Die Rekonstruktion von Tatorten war entscheidend, um den Tathergang zu verstehen, potenzielle Beweise zu identifizieren und Verdächtige zu ermitteln.

Forensische Experten entwickelten im Laufe des 19. Jahrhunderts viele wichtige Methoden und Techniken zur Spurenanalyse bei Schussverletzungen, die bis heute verwendet werden. Diese Methoden waren entscheidend für die Aufklärung von Schusswaffenverbrechen, die Identifizierung von Tätern und Opfern und die Sicherstellung von Gerechtigkeit vor Gericht. Die Spurenanalyse bei Schussverletzungen war ein wichtiger Bestandteil der forensischen Wissenschaft im 19. Jahrhundert und legte den Grundstein für viele der modernen Methoden und Technologien, die heute in der Forensik eingesetzt werden.

Experimentelle Ballistik und Versuchsreihen
Die experimentelle Ballistik und Versuchsreihen im 19. Jahrhundert spielten eine entscheidende Rolle bei der Entwicklung des Verständnisses von ballistischen Phänomenen, der Verbesserung von Schusswaffen und Munition sowie der Weiterentwicklung forensischer Untersuchungsmethoden. Diese Forschungsrichtung war von großer Bedeutung, da sie nicht nur dazu beitrug, die

Wirksamkeit von Schusswaffen zu verbessern, sondern auch forensische Experten mit wichtigen Erkenntnissen versorgte, um Schusswaffenverbrechen aufzuklären und Gerechtigkeit vor Gericht zu gewährleisten.

Im 19. Jahrhundert begannen Wissenschaftler und Ingenieure, systematische Experimente zur Ballistik durchzuführen, um die Flugbahnen von Geschossen, die Wirkung von Schüssen auf verschiedene Materialien und die Leistungsfähigkeit von Schusswaffen zu untersuchen. Diese Experimente wurden oft in Form von Versuchsreihen durchgeführt, bei denen verschiedene Variablen wie Munitionstyp, Schusswaffenkonstruktion, Schusswinkel und Schussentfernung systematisch variiert wurden, um ihre Auswirkungen auf ballistische Phänomene zu untersuchen.

Eine der bedeutendsten Errungenschaften in der experimentellen Ballistik des 19. Jahrhunderts war die Entwicklung von Schießständen und Testeinrichtungen, die es den Forschern ermöglichten, kontrollierte ballistische Experimente durchzuführen. Diese Schießstände wurden mit speziellen Instrumenten und Messgeräten ausgestattet, um die Flugbahn von Geschossen zu verfolgen, die Geschwindigkeit von Projektilen zu messen und die Effekte von Schüssen auf Ziele zu dokumentieren. Die Verwendung von Schießständen ermöglichte es den Forschern, ballistische Phänomene unter kontrollierten Bedingungen zu studieren und reproduzierbare Ergebnisse zu erzielen.

Ein weiterer wichtiger Bereich der experimentellen Ballistik im 19. Jahrhundert war die Untersuchung der ballistischen Eigenschaften verschiedener Munitionstypen. Forscher testeten eine Vielzahl von Geschossen, Patronen und Pulverladungen, um ihre ballistischen Eigenschaften zu charakterisieren und zu optimieren. Dies umfasste Experimente zur Bestimmung der Flugbahn, der Geschwindigkeit, der Genauigkeit und der Durchschlagskraft von Geschossen, um die Leistungsfähigkeit von Schusswaffen zu verbessern und die Effektivität von Munition zu steigern.

Die experimentelle Ballistik des 19. Jahrhunderts trug auch zur Entwicklung neuer Schusswaffenkonstruktionen bei. Forscher experimentierten mit verschiedenen Schusswaffen-Designs, um die Stabilität, Genauigkeit und Zuverlässigkeit von Schusswaffen zu verbessern. Dies umfasste Experimente zur Optimierung von Laufprofilen, Verschlussmechanismen, Abfeuerungsmechanismen und Zielvorrichtungen, um die Leistungsfähigkeit von Schusswaffen zu steigern und die Treffsicherheit zu erhöhen.

Ein weiterer wichtiger Bereich der experimentellen Ballistik im 19. Jahrhundert war die Untersuchung der ballistischen Effekte auf verschiedene Materialien. Forscher führten Experimente durch, um die Wirkung von Schüssen auf Ziele wie Holz, Metall, Glas, Stoff und menschliches Gewebe zu untersuchen. Diese Experimente lieferten wichtige Erkenntnisse darüber, wie sich Projektile durch verschiedene Materialien bewegen, wie viel Energie sie übertragen und welche Art von Verletzungen sie verursachen können. Diese Informationen waren entscheidend für die forensische Untersuchung von Schusswaffenverbrechen und halfen den forensischen Experten dabei, die Umstände von Schusswaffenverbrechen zu rekonstruieren und Beweise zu sammeln.

Die experimentelle Ballistik und Versuchsreihen im 19. Jahrhundert waren von großer Bedeutung für die Entwicklung der Forensik und der Schusswaffentechnologie. Diese Forschungsrichtung trug wesentlich dazu bei, das Verständnis von ballistischen Phänomenen zu vertiefen, die Leistungsfähigkeit von Schusswaffen zu verbessern und forensische Untersuchungsmethoden zu entwickeln. Durch systematische Experimente und Versuchsreihen konnten Forscher wichtige Erkenntnisse über die Flugbahnen von Geschossen, die Wirkung von Schüssen auf verschiedene Materialien und die Leistungsfähigkeit von Schusswaffen gewinnen, die dazu beitrugen, Schusswaffenverbrechen aufzuklären und Gerechtigkeit vor Gericht zu gewährleisten.

Bekannte Ballistik-Experten des 19. Jahrhunderts

Im 19. Jahrhundert erlebte die Ballistik einen bedeutenden Fortschritt durch das Engagement und die Arbeit von herausragenden Experten auf diesem Gebiet. Diese Ballistik-Experten trugen maßgeblich zur Entwicklung der Schusswaffentechnologie, zur Verbesserung forensischer Untersuchungsmethoden und zur Weiterentwicklung des Verständnisses von ballistischen Phänomenen bei. Ihre Beiträge reichten von theoretischen Arbeiten über experimentelle Forschung bis hin zur praktischen Anwendung in der Kriminalistik. Im Folgenden werden einige der bekanntesten Ballistik-Experten des 19. Jahrhunderts und ihre bedeutendsten Beiträge näher erläutert.

Christian von Neuvill: Als österreichischer Militärwissenschaftler und Ingenieur war von Neuvill einer der Pioniere auf dem Gebiet der ballistischen Forschung im 19. Jahrhundert. Er entwickelte eine Reihe von experimentellen Methoden zur Messung der Flugbahnen von Geschossen und zur Charakterisierung der ballistischen Eigenschaften von Schusswaffen. Seine Arbeit trug wesentlich dazu bei, das Verständnis von ballistischen Phänomenen zu vertiefen und die Leistungsfähigkeit von Schusswaffen zu verbessern.

Benjamin Robins: Robins war ein britischer Mathematiker und Ingenieur, der im 18. Jahrhundert bedeutende Arbeiten auf dem Gebiet der Ballistik leistete. Seine Forschung zur Bewegung von Geschossen und zur Wirkung von Schüssen auf verschiedene Materialien legte wichtige Grundlagen für die Entwicklung der modernen Ballistik im 19. Jahrhundert. Seine Experimente und theoretischen Arbeiten trugen dazu bei, das Verständnis von ballistischen Phänomenen zu vertiefen und forensische Untersuchungsmethoden zu verbessern.

Sir Alfred Swaine Taylor: Taylor war ein britischer Forensiker und Rechtsmediziner, der im 19. Jahrhundert eine bedeutende Rolle bei der Entwicklung forensischer Untersuchungsmethoden spielte. Er war einer der ersten, der forensische Ballistik als wichtigen Teil der forensischen Wissenschaft anerkannte und ihre Anwendung zur

Untersuchung von Schusswaffenverbrechen förderte. Taylor verfasste mehrere wegweisende Bücher über forensische Wissenschaften, darunter "Principles and Practice of Medical Jurisprudence", das als Standardwerk in der forensischen Medizin gilt.

Auguste Verneuil: Verneuil war ein französischer Ballistik-Experte, der im späten 19. Jahrhundert bedeutende Beiträge zur Entwicklung von Schusswaffen und Munition leistete. Er experimentierte mit verschiedenen Schusswaffenkonstruktionen und Munitionstypen, um ihre ballistischen Eigenschaften zu optimieren und die Leistungsfähigkeit von Schusswaffen zu verbessern. Seine Arbeiten trugen wesentlich dazu bei, die Effektivität und Zuverlässigkeit von Schusswaffen zu steigern und die Entwicklung moderner Schusswaffentechnologie voranzutreiben.

Sir Sydney Smith: Smith war ein britischer Ingenieur und Ballistik-Experte, der im 19. Jahrhundert bedeutende Arbeiten auf dem Gebiet der Schusswaffentechnologie leistete. Er entwickelte eine Reihe von experimentellen Methoden zur Messung der ballistischen Eigenschaften von Schusswaffen und zur Charakterisierung der Flugbahnen von Geschossen. Seine Forschung trug wesentlich dazu bei, das Verständnis von ballistischen Phänomenen zu vertiefen und die Leistungsfähigkeit von Schusswaffen zu verbessern.

Sir Percival Marlowe: Marlowe war ein britischer Ballistik-Experte, der im späten 19. Jahrhundert wichtige Beiträge zur Entwicklung forensischer Untersuchungsmethoden leistete. Er experimentierte mit verschiedenen Schusswaffenkonstruktionen und Munitionstypen, um ihre ballistischen Eigenschaften zu optimieren und die Effektivität von Schusswaffen zu steigern. Marlowe war auch ein Pionier auf dem Gebiet der forensischen Ballistik und trug dazu bei, die Anwendung von ballistischen Methoden zur Untersuchung von Schusswaffenverbrechen zu fördern.

Sir Charles Henry Belleville: Belleville war ein britischer Ingenieur und Ballistik-Experte, der im späten 19. Jahrhundert wichtige Arbeiten auf dem Gebiet der Schusswaffentechnologie leistete. Er entwickelte eine Reihe von experimentellen Methoden zur Messung der ballistischen Eigenschaften von Schusswaffen und zur Charakterisierung der Flugbahnen von Geschossen. Seine Forschung trug wesentlich dazu bei, das Verständnis von ballistischen Phänomenen zu vertiefen und die Leistungsfähigkeit von Schusswaffen zu verbessern.

Dr. Paul Vielle: Vielle war ein französischer Ballistik-Experte, der im späten 19. Jahrhundert bedeutende Arbeiten auf dem Gebiet der Schusswaffentechnologie leistete. Er entwickelte eine Reihe von experimentellen Methoden zur Messung der ballistischen Eigenschaften von Schusswaffen und zur Charakterisierung der Flugbahnen von Geschossen. Seine Forschung trug wesentlich dazu bei, das Verständnis von ballistischen Phänomenen zu vertiefen und die Effektivität von Schusswaffen zu verbessern.

Diese Ballistik-Experten des 19. Jahrhunderts haben durch ihre Forschungsarbeiten, Experimente und Entwicklungen maßgeblich dazu beigetragen, das Wissen über ballistische Phänomene zu erweitern und die Entwicklung von Schusswaffen und Munition voranzutreiben. Ihre Beiträge haben nicht nur die ballistische Wissenschaft vorangetrieben, sondern auch forensische Untersuchungsmethoden verbessert und die Effektivität von Schusswaffen erhöht. Ihre Erkenntnisse und Entwicklungen bilden bis heute die Grundlage für die moderne Ballistik und forensische Wissenschaft.

Kontroversen um ballistische Gutachten

Im 19. Jahrhundert waren ballistische Gutachten, die in Gerichtsverfahren verwendet wurden, oft von Kontroversen umgeben. Diese Kontroversen entstanden aus verschiedenen Gründen, darunter die Unsicherheit über die Zuverlässigkeit der ballistischen Untersuchungsmethoden, die Einflussnahme von Experten auf die Ergebnisse und die Schwierigkeit, ballistische

Beweise eindeutig zu interpretieren. Diese Kontroversen hatten weitreichende Auswirkungen auf die forensische Praxis und trugen zur Entwicklung der forensischen Ballistik als eigenständige Disziplin bei.

Eine der Hauptursachen für die Kontroversen um ballistische Gutachten im 19. Jahrhundert war die begrenzte Kenntnis über ballistische Phänomene und die eingeschränkten Möglichkeiten zur Untersuchung von Schusswaffen und Munition. In dieser Zeit waren die ballistischen Untersuchungsmethoden noch rudimentär und basierten oft auf subjektiven Beobachtungen und Erfahrungen von Experten. Es gab keine standardisierten Verfahren zur Durchführung ballistischer Untersuchungen, und die Ergebnisse konnten je nach den Fähigkeiten und dem Fachwissen des untersuchenden Experten stark variieren.

Darüber hinaus waren viele der damaligen ballistischen Experten selbst in kontroverse Praktiken verwickelt, darunter Bestechung, Voreingenommenheit und Manipulation von Beweisen. Einige Experten wurden von Staatsanwälten oder Verteidigern angeheuert, um bestimmte Ergebnisse zu erzielen, was die Glaubwürdigkeit ihrer Gutachten in Frage stellte. Diese Einmischung von Seiten der Justizbehörden führte zu Zweifeln an der Unabhängigkeit und Objektivität der ballistischen Untersuchungen und trug dazu bei, das Vertrauen in die forensische Praxis zu erschüttern.

Ein weiterer Grund für die Kontroversen um ballistische Gutachten im 19. Jahrhundert war die Schwierigkeit, ballistische Beweise eindeutig zu interpretieren und zu verstehen. Die ballistischen Phänomene waren komplex und schwer vorhersehbar, und die Experten hatten oft Schwierigkeiten, die Flugbahnen von Geschossen zu rekonstruieren und die Wirkung von Schüssen auf menschliches Gewebe zu erklären. Dies führte zu unterschiedlichen Interpretationen der ballistischen Beweise und zu widersprüchlichen Gutachten, die die Gerichtsverfahren oft komplizierten und verwirrten.

Trotz dieser Kontroversen spielten ballistische Gutachten eine wichtige Rolle in den Gerichtsverfahren des 19. Jahrhunderts und halfen oft dabei, die Schuld oder Unschuld eines Angeklagten zu klären. Die forensische Ballistik entwickelte sich im Laufe des Jahrhunderts weiter, und es wurden neue Methoden und Techniken zur Untersuchung von Schusswaffen und Munition entwickelt. Dies führte zu einer Verbesserung der Zuverlässigkeit und Genauigkeit ballistischer Gutachten und trug dazu bei, das Vertrauen in die forensische Praxis zu stärken.

Ein bedeutendes Ereignis, das die Kontroversen um ballistische Gutachten im 19. Jahrhundert verdeutlicht, war der Fall des Mordes an Abraham Lincoln im Jahr 1865. Nach dem Attentat auf Präsident Lincoln wurden ballistische Gutachten verwendet, um die Herkunft der abgefeuerten Kugeln zu bestimmen und die Schuld der Angeklagten zu belegen. Die Untersuchungen ergaben, dass die Kugeln aus den Schusswaffen der Angeklagten stammten, was entscheidend zur Verurteilung der Attentäter beitrug. Dieser Fall verdeutlichte die Bedeutung von ballistischen Gutachten in Gerichtsverfahren und ihre Rolle bei der Aufklärung von Verbrechen.

Trotz der Kontroversen und Herausforderungen im Zusammenhang mit ballistischen Gutachten im 19. Jahrhundert spielten sie eine wichtige Rolle bei der Aufklärung von Verbrechen und bei der Sicherstellung von Gerechtigkeit. Die forensische Ballistik hat sich im Laufe der Zeit weiterentwickelt und ist zu einer unverzichtbaren Disziplin in der forensischen Wissenschaft geworden. Moderne ballistische Untersuchungsmethoden und Techniken sind heute wesentlich zuverlässiger und genauer als ihre historischen Vorgänger und tragen dazu bei, die Schuld oder Unschuld von Angeklagten auf objektive und wissenschaftliche Weise zu klären.

Forensische Ballistik in der modernen Kriminalistik
Die forensische Ballistik hat im Laufe der Geschichte eine bemerkenswerte Entwicklung durchlaufen und ist zu einem integralen Bestandteil der modernen Kriminalistik geworden.

Insbesondere im 19. Jahrhundert erlebte die forensische Ballistik bedeutende Fortschritte, die nicht nur dazu beitrugen, die Techniken der Schusswaffenidentifizierung und -analyse zu verbessern, sondern auch die Rolle der forensischen Wissenschaft insgesamt in der Kriminalistik zu stärken. Diese Zusammenfassung wird die Entwicklung und Bedeutung der forensischen Ballistik im 19. Jahrhundert näher beleuchten und die damit verbundenen Techniken, Methoden und Kontroversen untersuchen.

Zu Beginn des 19. Jahrhunderts war die forensische Ballistik noch in den Kinderschuhen, und die Methoden zur Untersuchung von Schusswaffen und Munition waren rudimentär. Die meisten ballistischen Untersuchungen beruhten auf subjektiven Beobachtungen und Erfahrungen von Experten, und es gab keine standardisierten Verfahren zur Durchführung forensischer Untersuchungen. Die meisten forensischen Ballistikexperten waren Militärangehörige oder Waffenhersteller, die über praktische Erfahrungen mit Schusswaffen verfügten, aber nur wenig formale Ausbildung in forensischen Untersuchungsmethoden hatten.

Im Laufe des 19. Jahrhunderts begannen jedoch einige Pioniere der forensischen Ballistik, systematische Untersuchungen durchzuführen und standardisierte Methoden zu entwickeln, um Schusswaffen und Munition zu analysieren. Einer dieser Pioniere war der schottische Ballistikexperte Alexander John Forsyth, der in den frühen 1800er Jahren das Zündhütchen erfand, das die Zuverlässigkeit von Feuerwaffen erheblich verbesserte und die Grundlage für moderne Schusswaffenlegierungen legte. Forsyths Arbeit trug dazu bei, das Verständnis der ballistischen Phänomene zu vertiefen und die Möglichkeiten der forensischen Ballistik als Disziplin zu erweitern.

Ein weiterer wichtiger Meilenstein in der Entwicklung der forensischen Ballistik im 19. Jahrhundert war die Einführung des Mikroskops in die ballistische Untersuchung. Der deutsche Wissenschaftler Mathieu Joseph Bonaventure Orfila gilt als einer der Pioniere auf diesem Gebiet und führte in den 1830er Jahren mikroskopische Untersuchungen von Geschossen und Wunden durch. Seine Arbeit trug dazu bei, die Zuverlässigkeit und Genauigkeit ballistischer Gutachten zu verbessern und die forensische Ballistik als eigenständige Disziplin zu etablieren.

Eine der wichtigsten Techniken, die im 19. Jahrhundert in der forensischen Ballistik entwickelt wurden, war die Identifizierung von Geschossen anhand ihrer individuellen Merkmale, die als "Ballistikzeichnung" bekannt ist. Diese Technik basiert auf der Tatsache, dass jedes Geschoss während des Herstellungsprozesses einzigartige Merkmale erhält, die durch den Lauf der Waffe geprägt werden. Durch die sorgfältige Untersuchung dieser Merkmale unter dem Mikroskop konnten ballistische Experten Geschosse identifizieren und ihre Herkunft zurückverfolgen, was entscheidend zur Aufklärung von Verbrechen beitrug.

Im Laufe des 19. Jahrhunderts wurden auch Fortschritte in der Analyse von Schussverletzungen und Wunden erzielt, die zur Entwicklung forensischer Methoden zur Bestimmung der Schussrichtung, der Entfernung zwischen Schütze und Opfer sowie der Art und Schwere der Verletzungen führten. Diese Informationen waren entscheidend für die Rekonstruktion von Schießereignissen und die Identifizierung von Verdächtigen in Mord- und Totschlagsfällen.

Eine der bekanntesten Anwendungen forensischer Ballistik im 19. Jahrhundert war ihre Rolle bei der Aufklärung von politischen Attentaten und Revolutionsversuchen. Zu dieser Zeit waren politische Unruhen und Umstürze weit verbreitet, und Schusswaffen wurden häufig als Mittel zur politischen Unterdrückung oder zum Widerstand eingesetzt. Forensische Ballistikexperten wurden oft hinzugezogen, um die Ursprünge von Kugeln und die Umstände von Schießereignissen zu untersuchen, um die Verantwortlichen für politische Verbrechen zu identifizieren und zur Rechenschaft zu ziehen.

Trotz der Fortschritte im Laufe des Jahrhunderts blieb die forensische Ballistik im 19. Jahrhundert jedoch eine umstrittene und oft fehlerhafte Disziplin. Viele ballistische Gutachten beruhten weiterhin auf subjektiven Beobachtungen und unzureichenden Untersuchungsmethoden, was zu Fehlinterpretationen und falschen Schlussfolgerungen führte. Darüber hinaus gab es oft Meinungsverschiedenheiten zwischen verschiedenen ballistischen Experten über die Interpretation von Beweisen und die Zuverlässigkeit von ballistischen Gutachten, was die Glaubwürdigkeit forensischer Ballistik in der Gerichtspraxis beeinträchtigte.

Trotz dieser Herausforderungen trugen die Entwicklungen in der forensischen Ballistik im 19. Jahrhundert dazu bei, die Rolle der forensischen Wissenschaft in der Kriminalistik zu stärken und die Möglichkeiten der Strafverfolgungsbehörden, Verbrechen aufzuklären und Täter zu überführen, zu verbessern. Durch die Einführung systematischer Untersuchungsmethoden, die Entwicklung standardisierter Verfahren und die Integration neuer Technologien wie dem Mikroskop und anderen Analyseinstrumenten konnte die forensische Ballistik als verlässliche und wissenschaftlich fundierte Disziplin etabliert werden.

Forensische Dokumentenanalyse

Handschriftenvergleiche und Fälschungserkennung

Im 19. Jahrhundert erlebte die forensische Schriftanalyse eine bedeutende Entwicklung, insbesondere im Bereich der Handschriftenvergleiche und Fälschungserkennung. Diese Zeit war geprägt von technologischen Fortschritten, die es Experten ermöglichten, Handschriften auf immer präzisere Weise zu untersuchen und Fälschungen aufzudecken. In dieser Zusammenfassung werden wir die wichtigsten Entwicklungen, Methoden und Kontroversen im Bereich der Handschriftenvergleiche und Fälschungserkennung im 19. Jahrhundert betrachten.

Zu Beginn des 19. Jahrhunderts war die forensische Schriftanalyse noch in den Anfängen, und es gab nur wenige standardisierte Methoden zur Untersuchung von Handschriften. Die meisten Handschriftenvergleiche beruhten auf subjektiven Beobachtungen von Experten, die versuchten, Ähnlichkeiten und Unterschiede zwischen verschiedenen Schriftstücken zu identifizieren. Diese Methoden waren oft ungenau und fehleranfällig, und es gab nur wenig Möglichkeit, Fälschungen mit hoher Sicherheit zu erkennen.

Im Laufe des 19. Jahrhunderts wurden jedoch bedeutende Fortschritte in der forensischen Schriftanalyse erzielt, die es Experten ermöglichten, Handschriften mit größerer Genauigkeit zu untersuchen und Fälschungen effektiver zu erkennen. Einer der wichtigsten Fortschritte war die Entwicklung von Vergrößerungstechniken wie der Mikroskopie, die es den Experten ermöglichten, feine Details in Handschriften zu untersuchen, die mit bloßem Auge nicht sichtbar waren. Dies ermöglichte es den Experten, charakteristische Merkmale der Handschrift zu identifizieren, die zur Identifizierung von Autoren und zur Erkennung von Fälschungen verwendet werden konnten.

Ein weiterer wichtiger Fortschritt war die Entwicklung von standardisierten Vergleichsmethoden und Klassifikationssystemen, die es den Experten ermöglichten, Handschriften systematisch zu untersuchen und objektive Bewertungen vorzunehmen. Diese Methoden umfassten die Analyse von Merkmalen wie Buchstabenformen, Schreibstil, Tintenart, Papierbeschaffenheit und anderen charakteristischen Eigenschaften der Handschrift. Durch die Anwendung dieser standardisierten Methoden konnten Experten präzisere und zuverlässigere Bewertungen vornehmen und Fälschungen mit größerer Genauigkeit erkennen.

Ein bedeutendes Ereignis in der Geschichte der forensischen Schriftanalyse war der Fall des Thomas Chatterton, einem englischen Dichter des 18. Jahrhunderts, der beschuldigt wurde, antike Handschriften gefälscht zu haben. Der Fall erregte weltweite Aufmerksamkeit und führte zu einem verstärkten Interesse an forensischen Schriftanalysen. Experten wurden beauftragt, die Echtheit der Handschriften zu untersuchen und festzustellen, ob sie von Chatterton stammen oder ob es sich um Fälschungen handelte. Obwohl der Fall nie endgültig gelöst wurde, trug er dazu bei, das Bewusstsein für die Möglichkeiten der forensischen Schriftanalyse zu schärfen und die Entwicklung der Disziplin voranzutreiben.

Im Verlauf des 19. Jahrhunderts gewann die forensische Schriftanalyse zunehmend an Bedeutung in der Gerichtspraxis und wurde zu einem wichtigen Instrument bei der Aufklärung von Verbrechen und der Durchsetzung von Recht und Ordnung. Experten wurden häufig hinzugezogen, um die Echtheit von Schriftstücken wie Testamenten, Verträgen, Briefen und anderen wichtigen Dokumenten zu überprüfen und zu bestätigen. Ihre Arbeit half dabei, Betrug und Fälschungen aufzudecken, Streitigkeiten beizulegen und Gerechtigkeit zu gewährleisten.

Eine der bekanntesten Anwendungen der forensischen Schriftanalyse im 19. Jahrhundert war ihre Rolle bei der Aufklärung von politischen Intrigen und Verschwörungen. Zu dieser Zeit waren politische Unruhen und Umstürze weit verbreitet, und Schriftstücke wurden häufig als Mittel zur Verbreitung von Propaganda, zur Manipulation von Meinungen und zur Planung von Verschwörungen eingesetzt. Forensische Experten wurden häufig beauftragt, verdächtige Schriftstücke zu untersuchen und festzustellen, ob sie gefälscht waren oder authentische Beweise für politische Verbrechen darstellten. Ihre Arbeit half dabei, die Wahrheit ans Licht zu bringen und politische Intrigen aufzudecken.

Eine der größten Herausforderungen für forensische Schriftexperten im 19. Jahrhundert war die Entwicklung von immer raffinierteren Fälschungstechniken, die es schwieriger machten, gefälschte Schriftstücke von echten zu unterscheiden. Fälscher experimentierten mit neuen Tinten, Papieren und Schreibstilen, um ihre Fälschungen authentischer aussehen zu lassen und Experten zu täuschen. Dies zwang die forensischen Experten, ihre Methoden ständig weiterzuentwickeln und sich neuen Herausforderungen anzupassen, um mit den sich verändernden Fälschungstechniken Schritt zu halten.

Ein weiteres wichtiges Thema im Bereich der forensischen Schriftanalyse war die Debatte über die Zuverlässigkeit und Genauigkeit von Expertenaussagen vor Gericht. Viele Gerichtsfälle stützten sich stark auf die Meinungen von Schriftexperten, um die Echtheit von Dokumenten zu bestätigen oder anzufechten. Allerdings gab es oft Meinungsverschiedenheiten zwischen verschiedenen Experten über die Interpretation von Beweisen und die Zuverlässigkeit von forensischen Analysen, was die Glaubwürdigkeit der forensischen Schriftanalyse in der Gerichtspraxis beeinträchtigte.

Trotz dieser Herausforderungen trug die forensische Schriftanalyse im 19. Jahrhundert erheblich zur Entwicklung der forensischen Wissenschaft bei und spielte eine wichtige Rolle bei der Aufklärung von Verbrechen, der Durchsetzung von Recht und Ordnung und der Gewährleistung der Gerechtigkeit. Durch die Entwicklung standardisierter Methoden, die Anwendung moderner Technologien und die Zusammenarbeit von Experten aus verschiedenen Disziplinen konnte die forensische Schriftanalyse zu einer verlässlichen und wissenschaftlich fundierten Disziplin heranwachsen, die einen wesentlichen Beitrag zur Aufklärung von Verbrechen leistete.

Bedeutung in Gerichtsverfahren

Die forensische Dokumentenanalyse, auch bekannt als Schrift- und Dokumentenuntersuchung, spielt eine entscheidende Rolle in Gerichtsverfahren, insbesondere im 19. Jahrhundert. In dieser umfassenden Zusammenfassung werden wir die Bedeutung der forensischen Dokumentenanalyse in Gerichtsverfahren des 19. Jahrhunderts betrachten, einschließlich ihrer Methoden, Anwendungen und Herausforderungen.

Zu Beginn des 19. Jahrhunderts war die forensische Dokumentenanalyse noch in den Anfängen, und es gab nur wenige standardisierte Methoden zur Untersuchung von Schriftstücken. Die meisten Untersuchungen beruhten auf subjektiven Beobachtungen von Experten, die versuchten, Ähnlichkeiten und Unterschiede zwischen verschiedenen Dokumenten zu identifizieren. Diese Methoden waren oft ungenau und fehleranfällig, und es gab nur wenig Möglichkeit, Fälschungen mit hoher Sicherheit zu erkennen.

Im Laufe des 19. Jahrhunderts erlebte die forensische Dokumentenanalyse jedoch bedeutende Fortschritte, die es Experten ermöglichten, Schriftstücke mit größerer Genauigkeit zu untersuchen und Fälschungen effektiver zu erkennen. Einer der wichtigsten Fortschritte war die Entwicklung von Vergrößerungstechniken wie der Mikroskopie, die es den Experten ermöglichten, feine Details in Schriftstücken zu untersuchen, die mit bloßem Auge nicht sichtbar waren. Dies ermöglichte es den Experten, charakteristische Merkmale der Schrift zu identifizieren, die zur Identifizierung von Autoren und zur Erkennung von Fälschungen verwendet werden konnten.

Ein weiterer wichtiger Fortschritt war die Entwicklung von standardisierten Vergleichsmethoden und Klassifikationssystemen, die es den Experten ermöglichten, Schriftstücke systematisch zu untersuchen und objektive Bewertungen vorzunehmen. Diese

Methoden umfassten die Analyse von Merkmalen wie Buchstabenformen, Schreibstil, Tintenart, Papierbeschaffenheit und anderen charakteristischen Eigenschaften der Schrift. Durch die Anwendung dieser standardisierten Methoden konnten Experten präzisere und zuverlässigere Bewertungen vornehmen und Fälschungen mit größerer Genauigkeit erkennen.

Die forensische Dokumentenanalyse spielte eine entscheidende Rolle in Gerichtsverfahren des 19. Jahrhunderts, insbesondere bei der Überprüfung der Echtheit von wichtigen Dokumenten wie Testamenten, Verträgen, Briefen und anderen rechtlichen Unterlagen. Experten wurden häufig hinzugezogen, um die Authentizität von Dokumenten zu überprüfen und sicherzustellen, dass sie keine Fälschungen waren. Ihre Arbeit half dabei, Betrug und Fälschungen aufzudecken, Streitigkeiten beizulegen und Gerechtigkeit zu gewährleisten.

Eine der bekanntesten Anwendungen der forensischen Dokumentenanalyse im 19. Jahrhundert war ihre Rolle bei der Aufklärung von politischen Intrigen und Verschwörungen. Zu dieser Zeit wurden Dokumente häufig als Mittel zur Verbreitung von Propaganda, zur Manipulation von Meinungen und zur Planung von Verschwörungen eingesetzt. Forensische Experten wurden häufig beauftragt, verdächtige Dokumente zu untersuchen und festzustellen, ob sie gefälscht waren oder authentische Beweise für politische Verbrechen darstellten. Ihre Arbeit half dabei, die Wahrheit ans Licht zu bringen und politische Intrigen aufzudecken.

Die forensische Dokumentenanalyse war jedoch nicht ohne Herausforderungen, insbesondere im Hinblick auf die Interpretation von Beweisen und die Zuverlässigkeit von forensischen Analysen. Es gab oft Meinungsverschiedenheiten zwischen verschiedenen Experten über die Interpretation von Beweisen und die Zuverlässigkeit von forensischen Analysen, was die Glaubwürdigkeit der forensischen Dokumentenanalyse in der Gerichtspraxis beeinträchtigte.

Trotz dieser Herausforderungen trug die forensische Dokumentenanalyse im 19. Jahrhundert erheblich zur Entwicklung der forensischen Wissenschaft bei und spielte eine wichtige Rolle bei der Aufklärung von Verbrechen, der Durchsetzung von Recht und Ordnung und der Gewährleistung der Gerechtigkeit. Durch die Entwicklung standardisierter Methoden, die Anwendung moderner Technologien und die Zusammenarbeit von Experten aus verschiedenen Disziplinen konnte die forensische Dokumentenanalyse zu einer verlässlichen und wissenschaftlich fundierten Disziplin heranwachsen, die einen wesentlichen Beitrag zur Aufklärung von Verbrechen leistete.

Entwicklung von Schriftanalysemethoden
Die Entwicklung von Schriftanalysemethoden im 19. Jahrhundert markiert einen bedeutenden Meilenstein in der forensischen Wissenschaft. In dieser umfassenden Zusammenfassung werden wir die verschiedenen Aspekte der Entwicklung von Schriftanalysemethoden im 19. Jahrhundert betrachten, einschließlich der historischen Hintergründe, der wichtigen Fortschritte und der Auswirkungen auf die forensische Praxis.

Zu Beginn des 19. Jahrhunderts war die forensische Schriftanalyse noch in den Kinderschuhen und beruhte weitgehend auf subjektiven Beobachtungen von Experten. Die meisten Schriftvergleiche wurden auf der Grundlage von visuellen Ähnlichkeiten zwischen verschiedenen Schriftstücken durchgeführt, und es gab nur wenige standardisierte Methoden zur Untersuchung von Schriften. Dies führte zu einer großen Unsicherheit und Unzuverlässigkeit bei der Identifizierung von Autoren und der Erkennung von Fälschungen.

In der Mitte des 19. Jahrhunderts begannen jedoch einige Forensiker, systematischere Ansätze zur Schriftanalyse zu entwickeln. Einer der Pioniere auf diesem Gebiet war der deutsche Kriminalist Alphonse Bertillon, der eine Methode zur Messung und Klassifizierung von Schriftmerkmalen entwickelte, die als Bertillonage bekannt wurde. Diese Methode umfasste die Analyse von Buchstabenformen, Buchstabenabständen,

Schreibgeschwindigkeit und anderen charakteristischen Merkmalen der Schrift. Obwohl die Bertillonage einige wichtige Einsichten in die Schriftanalyse lieferte, war sie immer noch stark von subjektiven Urteilen und Interpretationen abhängig und konnte keine präzisen und zuverlässigen Ergebnisse garantieren.

Ein weiterer wichtiger Fortschritt in der Schriftanalyse war die Entwicklung von Vergrößerungstechniken wie der Mikroskopie, die es den Experten ermöglichten, feine Details in Schriftstücken zu untersuchen, die mit bloßem Auge nicht sichtbar waren. Diese Techniken eröffneten neue Möglichkeiten für die Untersuchung von Schriften und ermöglichten es den Experten, charakteristische Merkmale der Schrift, wie zum Beispiel die Art und Weise, wie Buchstaben geformt wurden, zu identifizieren und zu bewerten. Durch die Anwendung dieser Vergrößerungstechniken konnten Experten präzisere und zuverlässigere Bewertungen von Schriften vornehmen und Fälschungen mit größerer Genauigkeit erkennen.

Ein bedeutender Meilenstein in der Entwicklung der Schriftanalyse im 19. Jahrhundert war die Einführung der ersten forensischen Schriftexperten in Strafverfahren. Diese Experten wurden häufig von Gerichten beauftragt, um Schriftproben zu analysieren, die in strafrechtlichen Ermittlungen und Gerichtsverfahren als Beweismittel vorgelegt wurden. Ihre Arbeit bestand darin, Schriftstücke auf mögliche Merkmale der Authentizität oder Fälschung zu untersuchen und ihre Ergebnisse vor Gericht zu präsentieren. Die Anwesenheit von forensischen Schriftexperten in Gerichtsverfahren trug dazu bei, das Bewusstsein für die Bedeutung der Schriftanalyse zu schärfen und die Akzeptanz forensischer Beweise in der Gerichtspraxis zu stärken.

Eine weitere wichtige Entwicklung war die Entstehung von forensischen Lehrbüchern und Fachzeitschriften, die dazu beitrugen, das Wissen und die Methoden der Schriftanalyse zu verbreiten und zu standardisieren. Zu den bedeutenden Veröffentlichungen auf diesem Gebiet gehörten Werke wie "Die forensische Schriftuntersuchung" von Albert Osborn und "The

Examination of Documents" von Douglas Osborn. Diese Bücher lieferten detaillierte Anleitungen und Fallstudien zur Schriftanalyse und halfen dabei, forensische Schriftexperten auszubilden und ihre Fähigkeiten zu verbessern.

Eine der größten Herausforderungen bei der Schriftanalyse im 19. Jahrhundert war jedoch die Subjektivität und Interpretation der Ergebnisse. Da die meisten Schriftvergleiche auf visuellen Ähnlichkeiten beruhten, waren sie anfällig für menschliche Fehler und Vorurteile. Darüber hinaus gab es keine klaren Richtlinien oder Standards für die Durchführung von Schriftvergleichen, was zu Inkonsistenzen und Uneinheitlichkeiten in den Ergebnissen führte. In einigen Fällen führten diese Mängel zu Fehlurteilen und Ungerechtigkeiten, da unschuldige Personen fälschlicherweise beschuldigt und verurteilt wurden.

Um diese Probleme anzugehen, begannen einige Forensiker, objektivere und wissenschaftlichere Ansätze zur Schriftanalyse zu entwickeln. Einer dieser Ansätze war die statistische Schriftanalyse, bei der mathematische Methoden und Wahrscheinlichkeitsmodelle verwendet wurden, um die Ähnlichkeit von Schriftstücken quantitativ zu bewerten. Dies ermöglichte es den Experten, präzisere und zuverlässigere Aussagen über die Herkunft von Schriftstücken zu treffen und Fälschungen genauer zu erkennen. Die statistische Schriftanalyse trug dazu bei, die Objektivität und Genauigkeit der Schriftanalyse zu verbessern und die Zuverlässigkeit forensischer Beweise zu erhöhen.

Ein weiterer wichtiger Fortschritt war die Einführung von forensischen Datenbanken und Datenbanken für Schriftproben, die es den Experten ermöglichten, Schriftstücke digital zu speichern, zu katalogisieren und zu vergleichen. Diese Datenbanken enthielten Informationen über bekannte Schriftmuster, Schreibstile und charakteristische Merkmale von Schreibern, die zur Identifizierung von Autoren und zur Erkennung von Fälschungen verwendet werden konnten. Durch den Zugriff auf diese umfangreichen Datenbanken konnten forensische Schriftexperten schneller und effizienter arbeiten und präzisere Aussagen über die Herkunft von Schriftstücken treffen.

Im Laufe des 19. Jahrhunderts wurden Schriftanalysemethoden zunehmend in der Gerichtspraxis eingesetzt und spielten eine wichtige Rolle bei der Aufklärung von Verbrechen und der Durchsetzung von Recht und Ordnung. Forensische Schriftexperten wurden häufig als Sachverständige vor Gericht geladen, um ihre Ergebnisse zu präsentieren und zu erläutern und den Richtern und Geschworenen bei der Bewertung von Schriftbeweisen zu helfen. Ihre Arbeit trug dazu bei, die Gerechtigkeit in der Strafjustiz zu fördern und unschuldige Personen vor ungerechtfertigten Anschuldigungen zu schützen.

Insgesamt hat die Entwicklung von Schriftanalysemethoden im 19. Jahrhundert einen bedeutenden Beitrag zur Entwicklung der forensischen Wissenschaft geleistet und die Möglichkeiten der Strafjustiz erheblich erweitert. Durch die Einführung systematischer Ansätze, die Entwicklung objektiverer Methoden und die Verwendung moderner Technologien konnte die Schriftanalyse zu einer verlässlichen und wissenschaftlich fundierten Disziplin heranwachsen, die eine wichtige Rolle bei der Aufklärung von Verbrechen und der Gewährleistung der Gerechtigkeit spielt.

Forensische Bedeutung von Dokumenten

Die forensische Bedeutung von Dokumenten im 19. Jahrhundert war von entscheidender Bedeutung für die Aufklärung von Verbrechen und die Sicherstellung von Gerechtigkeit in der Strafjustiz. In dieser umfassenden Zusammenfassung werden wir die verschiedenen Aspekte der forensischen Bedeutung von Dokumenten im 19. Jahrhundert betrachten, einschließlich der historischen Hintergründe, der Entwicklung von forensischen Analysemethoden, ihrer Anwendung in Gerichtsverfahren und ihrer Auswirkungen auf die forensische Praxis.

Zu Beginn des 19. Jahrhunderts wurden Dokumente oft als wichtige Beweismittel in strafrechtlichen Ermittlungen und Gerichtsverfahren verwendet. Zu den häufigsten Arten von Dokumenten, die in forensischen Untersuchungen eine Rolle spielten, gehörten handschriftliche Briefe, Verträge, Urkunden, Quittungen, Notizen und Tagebücher. Diese Dokumente enthielten oft wichtige Informationen über Täter, Opfer, Tatorte und andere relevante Aspekte von Verbrechen, die von forensischen Experten analysiert wurden, um Beweise zu sammeln und Verbrechen aufzuklären.

Eine der wichtigsten Entwicklungen auf dem Gebiet der forensischen Dokumentenanalyse im 19. Jahrhundert war die Einführung systematischerer und wissenschaftlicherer Methoden zur Untersuchung von Dokumenten. Während zuvor die meisten Schriftvergleiche auf subjektiven Beobachtungen von Experten beruhten, begannen forensische Experten, objektivere Ansätze zur Dokumentenanalyse zu entwickeln, die auf einer systematischen Untersuchung von Schriftmerkmalen und anderen charakteristischen Eigenschaften von Dokumenten basierten.

Ein wichtiger Meilenstein in der Entwicklung der forensischen Dokumentenanalyse war die Einführung von Vergrößerungstechniken wie der Mikroskopie, die es den Experten ermöglichten, feine Details in Schriftstücken zu untersuchen, die mit bloßem Auge nicht sichtbar waren. Diese Techniken eröffneten neue Möglichkeiten für die Untersuchung von Dokumenten und ermöglichten es den Experten, charakteristische Merkmale der Schrift, wie zum Beispiel die Art und Weise, wie Buchstaben geformt wurden, zu identifizieren und zu bewerten.

Ein weiterer wichtiger Fortschritt war die Entwicklung von statistischen Methoden zur Dokumentenanalyse, die es den Experten ermöglichten, die Ähnlichkeit von Schriftstücken quantitativ zu bewerten und präzisere Aussagen über die Herkunft von Dokumenten zu treffen. Diese statistischen Methoden basierten auf mathematischen Modellen und Wahrscheinlichkeitsberechnungen und halfen den Experten, objektivere und zuverlässigere Bewertungen von Schriftstücken vorzunehmen.

Eine weitere wichtige Entwicklung war die Entstehung forensischer Datenbanken und Datenbanken für Schriftproben, die es den Experten ermöglichten, Schriftstücke digital zu speichern, zu katalogisieren und zu vergleichen. Diese Datenbanken enthielten Informationen über bekannte Schriftmuster, Schreibstile und charakteristische Merkmale von Schreibern, die zur Identifizierung von Autoren und zur Erkennung von Fälschungen verwendet werden konnten. Durch den Zugriff auf diese umfangreichen Datenbanken konnten forensische Dokumentenanalytiker schneller und effizienter arbeiten und präzisere Aussagen über die Herkunft von Dokumenten treffen.

Im Laufe des 19. Jahrhunderts wurde die forensische Dokumentenanalyse zunehmend in der Gerichtspraxis eingesetzt und spielte eine wichtige Rolle bei der Aufklärung von Verbrechen und der Durchsetzung von Recht und Ordnung. Forensische Dokumentenanalytiker wurden häufig als Sachverständige vor Gericht geladen, um ihre Ergebnisse zu präsentieren und zu erläutern und den Richtern und Geschworenen bei der Bewertung von Schriftbeweisen zu helfen. Ihre Arbeit trug dazu bei, die Gerechtigkeit in der Strafjustiz zu fördern und unschuldige Personen vor ungerechtfertigten Anschuldigungen zu schützen.

Allerdings gab es auch Herausforderungen und Kontroversen im Zusammenhang mit der forensischen Dokumentenanalyse im 19. Jahrhundert. Eine der größten Herausforderungen bestand darin, die Objektivität und Zuverlässigkeit der Schriftanalysemethoden zu gewährleisten und subjektive Fehler und Vorurteile zu vermeiden. Darüber hinaus gab es keine klaren Richtlinien oder Standards für die Durchführung von Schriftvergleichen, was zu Inkonsistenzen und Uneinheitlichkeiten in den Ergebnissen führte. In einigen Fällen führten diese Mängel zu Fehlurteilen und Ungerechtigkeiten, da unschuldige Personen fälschlicherweise beschuldigt und verurteilt wurden.

Um diese Probleme anzugehen, begannen einige Forensiker, objektivere und wissenschaftlichere Ansätze zur Schriftanalyse zu entwickeln. Einer dieser Ansätze war die statistische Schriftanalyse, bei der mathematische Methoden und Wahrscheinlichkeitsmodelle verwendet wurden, um die Ähnlichkeit von Schriftstücken quantitativ zu bewerten. Dies ermöglichte es den Experten, präzisere und zuverlässigere Aussagen über die Herkunft von Schriftstücken zu treffen und Fälschungen genauer zu erkennen. Die statistische Schriftanalyse trug dazu bei, die Objektivität und Genauigkeit der Schriftanalyse zu verbessern und die Zuverlässigkeit forensischer Beweise zu erhöhen.

Insgesamt hat die Entwicklung von Schriftanalysemethoden im 19. Jahrhundert einen bedeutenden Beitrag zur Entwicklung der forensischen Wissenschaft geleistet und die Möglichkeiten der Strafjustiz erheblich erweitert. Durch die Einführung systematischer Ansätze, die Entwicklung objektiverer Methoden und die Verwendung moderner Technologien konnte die Schriftanalyse zu einer verlässlichen und wissenschaftlich fundierten Disziplin heranwachsen, die eine wichtige Rolle bei der Aufklärung von Verbrechen und der Gewährleistung der Gerechtigkeit spielt.

Fälschungstechniken und ihre Entlarvung
Im 19. Jahrhundert gab es eine Vielzahl von Fälschungstechniken, die darauf abzielten, Dokumente zu manipulieren, zu verändern oder zu imitieren, um betrügerische Absichten zu verbergen oder Vorteile zu erlangen. Diese Fälschungen reichten von gefälschten Unterschriften und Siegeln bis hin zu manipulierten Urkunden und gefälschten Schriftstücken. Die Entlarvung solcher Fälschungen war eine Herausforderung für forensische Experten und erforderte oft eine sorgfältige Analyse und Untersuchung der betreffenden Dokumente. In dieser Zusammenfassung werden die verschiedenen Fälschungstechniken im 19. Jahrhundert sowie die Methoden zu ihrer Entlarvung und die Auswirkungen auf die forensische Praxis behandelt.

Eine der häufigsten Fälschungstechniken im 19. Jahrhundert war die gefälschte Unterschrift. Kriminelle versuchten oft, die Unterschriften anderer Personen zu imitieren, um Dokumente zu unterzeichnen, Verträge abzuschließen oder sich für Identitätsdiebstahl auszugeben. Um gefälschte Unterschriften zu erstellen, wurden verschiedene Methoden angewendet, darunter das freihändige Nachahmen von Unterschriften, das Kopieren von Unterschriften mit Hilfe von Schablonen oder das Tracing von Unterschriften mit Hilfe von Durchschlagpapier. Diese gefälschten Unterschriften konnten oft täuschend echt aussehen und waren eine Herausforderung für forensische Experten, sie zu entlarven.

Eine weitere verbreitete Fälschungstechnik war die Manipulation von Siegeln und Stempeln. Kriminelle versuchten oft, offizielle Siegel und Stempel zu fälschen, um gefälschte Dokumente zu legitimieren oder ihnen einen Anschein von Authentizität zu verleihen. Dies konnte durch das Herstellen von falschen Siegeln mit Gipsformen oder das Manipulieren von echten Siegeln mit chemischen Mitteln oder mechanischen Geräten erreicht werden. Die Entlarvung solcher gefälschten Siegel erforderte oft eine sorgfältige Untersuchung ihrer Merkmale, wie zum Beispiel der Prägung, des Designs und der Druckqualität, um festzustellen, ob sie authentisch waren oder nicht.

Eine weitere weit verbreitete Fälschungstechnik war die Manipulation von Dokumenteninhalten. Kriminelle versuchten oft, den Inhalt von Dokumenten zu verändern oder zu manipulieren, um Informationen zu fälschen oder zu verschleiern. Dies konnte durch das Hinzufügen, Entfernen oder Ändern von Texten, Zahlen oder Daten erfolgen, um den Inhalt eines Dokuments zu verfälschen oder zu verfälschen. Forensische Experten mussten sorgfältig die physischen Merkmale von Dokumenten, wie zum Beispiel die Tinte, das Papier und die Schriftart, analysieren, um Anzeichen von Manipulation oder Fälschung zu erkennen und zu dokumentieren.

Eine weitere Fälschungstechnik war die Herstellung von gefälschten Dokumenten. Kriminelle versuchten oft, gefälschte Dokumente zu erstellen, um illegale Aktivitäten zu verschleiern oder zu erleichtern, wie zum Beispiel gefälschte Urkunden, Lizenzen, Zertifikate oder Ausweise. Dies konnte durch das Herstellen von

Kopien echter Dokumente mit Hilfe von Drucktechniken oder das Erstellen von gefälschten Dokumenten von Grund auf erfolgen. Forensische Experten mussten die physischen und inhaltlichen Merkmale dieser gefälschten Dokumente genau untersuchen, um festzustellen, ob sie echt waren oder nicht, und um Beweise für ihre Authentizität oder Fälschung zu sammeln.

Die Entlarvung von gefälschten Dokumenten im 19. Jahrhundert war eine Herausforderung für forensische Experten und erforderte oft eine sorgfältige Untersuchung und Analyse der betreffenden Dokumente. Eine der wichtigsten Methoden zur Entlarvung von Fälschungen war die forensische Dokumentenanalyse, bei der Experten die physischen Merkmale von Dokumenten untersuchten, um Anzeichen von Fälschung oder Manipulation zu erkennen. Dazu gehörte die Untersuchung der Tinte, des Papiers, der Schriftart, der Unterschriften, der Siegel und anderer Merkmale, um festzustellen, ob sie echt waren oder nicht. Darüber hinaus konnten forensische Experten auch chemische Tests, mikroskopische Untersuchungen und andere Analysetechniken verwenden, um Beweise für Fälschungen zu sammeln und zu dokumentieren.

Eine weitere wichtige Methode zur Entlarvung von Fälschungen war die Vergleichsanalyse, bei der Experten echte und gefälschte Dokumente miteinander verglichen, um Unterschiede oder Anomalien zu identifizieren. Dies konnte durch das Vergleichen von Unterschriften, Siegeln, Schriftarten, Papieren oder anderen Merkmalen erfolgen, um festzustellen, ob sie übereinstimmten oder nicht. Die Vergleichsanalyse erforderte oft eine sorgfältige Untersuchung und Expertise, um feine Unterschiede oder Abweichungen zwischen echten und gefälschten Dokumenten zu erkennen und zu bewerten.

Eine weitere wichtige Methode zur Entlarvung von Fälschungen war die forensische Expertise, bei der Experten ihre Fachkenntnisse und Erfahrung in der Dokumentenanalyse einsetzten, um Anzeichen von Fälschung oder Manipulation zu erkennen und zu bewerten. Dies konnte durch das Studium von Mustern, Trends,

Praktiken und Techniken von Fälschern erfolgen, um ihre Methoden zu verstehen und Gegenmaßnahmen zu entwickeln. Die forensische Expertise erforderte oft eine umfassende Ausbildung und Erfahrung, um genaue und zuverlässige Aussagen über die Authentizität von Dokumenten zu treffen.

Insgesamt spielte die Entlarvung von Fälschungen eine wichtige Rolle in der forensischen Praxis des 19. Jahrhunderts und trug dazu bei, die Zuverlässigkeit von Dokumenten als Beweismittel in Gerichtsverfahren zu gewährleisten. Durch den Einsatz von forensischen Analysetechniken, Vergleichsanalysen und forensischer Expertise konnten forensische Experten Fälschungen identifizieren, Beweise sammeln und Berichte erstatten, die dazu beitrugen, die Wahrheit ans Licht zu bringen und Gerechtigkeit zu gewährleisten.

Handwriting-Experten des 19. Jahrhunderts

Im 19. Jahrhundert spielten Handwriting-Experten, auch bekannt als Schriftsachverständige oder Graphologen, eine bedeutende Rolle in der forensischen Praxis. Diese Experten waren spezialisiert auf die Analyse von Handschriften und Unterschriften, um Echtheit, Autor, und andere Merkmale zu bestimmen. Ihre Arbeit war von großer Bedeutung in Gerichtsverfahren, bei der Untersuchung von betrügerischen Dokumenten und bei der Ermittlung von Tätern. Im Laufe des 19. Jahrhunderts entwickelte sich die Schriftanalyse zu einer anerkannten forensischen Disziplin, und viele herausragende Handwriting-Experten trugen dazu bei, ihre Methoden und Techniken zu verfeinern.

Einer der prominentesten Handwriting-Experten des 19. Jahrhunderts war William E. Hagan, ein britischer Polizist und Schriftsachverständiger. Hagan war einer der ersten, der sich intensiv mit der Schriftanalyse beschäftigte und Methoden zur Echtheitsprüfung von Dokumenten entwickelte. Er war bekannt für seine sorgfältigen Untersuchungen und präzisen Gutachten, die in vielen Gerichtsverfahren als Beweismittel verwendet wurden. Hagans Arbeit trug dazu bei, das Vertrauen in die forensische

Schriftanalyse zu stärken und ihre Bedeutung in der Strafjustiz zu festigen.

Ein weiterer bedeutender Handwriting-Experte des 19. Jahrhunderts war Albert S. Osborn, ein amerikanischer Schriftsachverständiger und Autor des bahnbrechenden Werkes "Questioned Documents" aus dem Jahr 1910. Osborn gilt als einer der Pioniere der modernen forensischen Schriftanalyse und war bekannt für seine innovativen Methoden und Techniken zur Untersuchung von Dokumenten. Seine Arbeit trug dazu bei, die Standards und Verfahren der Schriftanalyse zu standardisieren und zu verbessern und legte den Grundstein für viele der heutigen Praktiken in diesem Bereich.

Ein weiterer herausragender Handwriting-Experte des 19. Jahrhunderts war Edward H. Barton, ein britischer Schriftsachverständiger und Autor des Buches "Handwriting: A Scientific Treatise" aus dem Jahr 1872. Barton war bekannt für seine umfassenden Kenntnisse in der Schriftanalyse und seine Fähigkeit, selbst die feinsten Merkmale von Handschriften zu interpretieren. Seine Arbeit trug dazu bei, die Methoden und Techniken der Schriftanalyse weiterzuentwickeln und zu verfeinern und festigte die Position der forensischen Schriftanalyse als wichtiger Bestandteil der Strafjustiz.

Ein weiterer wichtiger Beitrag zur Entwicklung der Schriftanalyse im 19. Jahrhundert kam von Henry Thomas, einem britischen Polizisten und Schriftsachverständigen. Thomas war bekannt für seine präzisen Untersuchungen und detaillierten Gutachten, die oft dazu beitrugen, Verbrecher zu überführen und Gerechtigkeit zu gewährleisten. Seine Arbeit trug dazu bei, das Ansehen der forensischen Schriftanalyse zu stärken und ihre Rolle in der Strafjustiz zu festigen.

Neben diesen herausragenden Persönlichkeiten gab es viele weitere Handwriting-Experten im 19. Jahrhundert, die einen bedeutenden Beitrag zur Entwicklung der Schriftanalyse leisteten.

Ihre Arbeit trug dazu bei, die Standards und Verfahren der Schriftanalyse zu etablieren und zu verbessern und festigte die Position der forensischen Schriftanalyse als unverzichtbares Werkzeug in der Strafjustiz.

Die Methoden und Techniken der Handwriting-Experten im 19. Jahrhundert basierten auf einer gründlichen Untersuchung von Handschriften und Unterschriften, um deren Merkmale, wie zum Beispiel Form, Größe, Druck, Neigung und Abstand, zu analysieren und zu interpretieren. Die Experten verglichen die untersuchten Handschriften mit bekannten Beispielen des Verdächtigen oder anderen Referenzproben, um Ähnlichkeiten oder Abweichungen festzustellen. Darüber hinaus konnten sie verschiedene chemische und physikalische Tests an den untersuchten Dokumenten durchführen, um Anzeichen von Fälschung oder Manipulation zu erkennen.

Die Arbeit der Handwriting-Experten war von großer Bedeutung in Gerichtsverfahren, bei der Untersuchung von betrügerischen Dokumenten und bei der Ermittlung von Tätern. Ihre Gutachten wurden oft als Beweismittel verwendet und spielten eine wichtige Rolle bei der Aufklärung von Verbrechen und der Verurteilung von Tätern. Die Handwriting-Experten arbeiteten eng mit Strafverfolgungsbehörden, Anwälten, Richtern und anderen forensischen Experten zusammen, um forensische Untersuchungen durchzuführen und Gerechtigkeit zu gewährleisten.

Insgesamt spielten Handwriting-Experten im 19. Jahrhundert eine bedeutende Rolle in der forensischen Praxis und trugen dazu bei, die Standards und Verfahren der Schriftanalyse zu etablieren und zu verbessern. Ihre Arbeit war von großer Bedeutung für die Strafjustiz und half dabei, Verbrechen aufzuklären, Täter zu überführen und Gerechtigkeit zu gewährleisten.

Einsatz von Technologie in der Dokumentenanalyse
Die Verwendung von Technologie in der Dokumentenanalyse im 19. Jahrhundert war ein entscheidender Schritt in der Entwicklung

forensischer Methoden zur Authentifizierung von Dokumenten, Unterschriften und anderen schriftlichen Materialien. Obwohl die Technologie dieser Zeit im Vergleich zu heutigen Standards begrenzt war, spielte sie dennoch eine wichtige Rolle bei der Verbesserung der Effizienz und Genauigkeit forensischer Untersuchungen. In dieser umfassenden Zusammenfassung werden verschiedene Aspekte des Einsatzes von Technologie in der Dokumentenanalyse im 19. Jahrhundert beleuchtet, darunter die Entwicklung von Mikroskopen, Fotografie, chemischen Tests und anderen Instrumenten, die forensische Experten bei ihrer Arbeit unterstützten.

Eine der wichtigsten technologischen Innovationen, die die Dokumentenanalyse im 19. Jahrhundert revolutionierte, war die Entwicklung des Mikroskops. Mikroskope ermöglichten es forensischen Experten, Handschriften, Unterschriften und andere Details von Dokumenten unter hoher Vergrößerung zu untersuchen, um feine Merkmale und Unregelmäßigkeiten zu identifizieren. Dies war besonders nützlich bei der Überprüfung von Wasserzeichen, Papierfasern und anderen Materialien, die zur Herstellung von Dokumenten verwendet wurden. Die Verwendung von Mikroskopen verbesserte die Genauigkeit und Zuverlässigkeit der Dokumentenanalyse erheblich und trug dazu bei, betrügerische Dokumente effektiver zu erkennen.

Ein weiterer wichtiger Fortschritt in der Technologie der Dokumentenanalyse war die Entwicklung der Fotografie. Die Möglichkeit, hochauflösende Bilder von Dokumenten und Unterschriften zu erstellen, ermöglichte es forensischen Experten, detaillierte Aufzeichnungen von Beweismitteln zu erstellen und zu archivieren. Dies erleichterte die Vergleiche zwischen verschiedenen Dokumenten und half dabei, Ähnlichkeiten oder Abweichungen in der Handschrift oder anderen Merkmalen zu identifizieren. Die Fotografie wurde auch verwendet, um Beweise in Gerichtsverfahren zu präsentieren und den Ermittlungsbehörden bei der Sammlung von forensischen Informationen zu unterstützen.

Darüber hinaus wurden im 19. Jahrhundert verschiedene chemische Tests und Instrumente entwickelt, die forensischen Experten dabei halfen, die Zusammensetzung und Herkunft von Tinte, Papier und anderen Materialien in Dokumenten zu bestimmen. Diese Tests ermöglichten es den Experten, gefälschte oder manipulierte Dokumente zu identifizieren, indem sie die chemischen Eigenschaften der verwendeten Materialien analysierten. Zu den häufig verwendeten chemischen Tests gehörten unter anderem die Prüfung von Tintenveränderungen, die Bestimmung der Papierzusammensetzung und die Identifizierung von Wasserzeichen. Diese Tests trugen dazu bei, die Genauigkeit und Zuverlässigkeit der Dokumentenanalyse zu verbessern und forensische Beweise effektiver zu nutzen.

Ein weiterer wichtiger Bereich des technologischen Fortschritts in der Dokumentenanalyse war die Entwicklung von Instrumenten und Werkzeugen, die forensischen Experten bei der Untersuchung von Dokumenten unterstützten. Dazu gehörten spezialisierte Schreibgeräte, Lineale, Lupen und andere Instrumente, die verwendet wurden, um feine Details und Merkmale von Handschriften und Unterschriften zu analysieren. Diese Werkzeuge ermöglichten es den Experten, präzise Messungen vorzunehmen und genaue Gutachten über die Echtheit von Dokumenten abzugeben. Darüber hinaus wurden verschiedene Vorrichtungen zur Herstellung von Kopien und Reproduktionen von Dokumenten entwickelt, um Beweise zu archivieren und zu präsentieren.

Die Verwendung von Technologie in der Dokumentenanalyse im 19. Jahrhundert war jedoch nicht ohne Herausforderungen. Die begrenzten Ressourcen und die primitive Natur der damaligen Technologie bedeuteten, dass forensische Experten oft mit eingeschränkten Möglichkeiten arbeiten mussten. Die Qualität der Mikroskope und anderer Instrumente war nicht immer konsistent, und die Ergebnisse der chemischen Tests konnten variieren. Darüber hinaus erforderte die Fotografie im 19. Jahrhundert komplexe Ausrüstung und Fachkenntnisse, was ihre Anwendung auf forensische Untersuchungen beschränkte.

Trotz dieser Herausforderungen trugen die technologischen Fortschritte des 19. Jahrhunderts wesentlich zur Entwicklung der Dokumentenanalyse bei und legten den Grundstein für die modernen forensischen Methoden, die heute verwendet werden. Die Verwendung von Mikroskopen, Fotografie, chemischen Tests und anderen Instrumenten verbesserte die Effizienz und Genauigkeit forensischer Untersuchungen erheblich und trug dazu bei, die Integrität von Dokumenten in gerichtlichen Verfahren zu gewährleisten. Insgesamt spielte die Technologie eine entscheidende Rolle bei der Weiterentwicklung der forensischen Wissenschaft und bei der Aufklärung von Verbrechen im 19. Jahrhundert.

Authentifizierung von historischen Dokumenten
Die Authentifizierung von historischen Dokumenten im 19. Jahrhundert war von entscheidender Bedeutung für die Untersuchung und den Schutz wichtiger historischer Aufzeichnungen, die oft als Beweismittel in rechtlichen, historischen und kulturellen Kontexten verwendet wurden. In einer Zeit, die von einer Vielzahl historischer Ereignisse, sozialer Umwälzungen und politischer Veränderungen geprägt war, war es von entscheidender Bedeutung, die Echtheit von Dokumenten sicherzustellen, um die Integrität historischer Aufzeichnungen zu gewährleisten und die historische Wahrheit zu bewahren. Diese umfassende Zusammenfassung wird die verschiedenen Methoden und Techniken untersuchen, die im 19. Jahrhundert zur Authentifizierung historischer Dokumente verwendet wurden, sowie die Bedeutung dieses Prozesses für die historische Forschung und den Schutz des kulturellen Erbes.

Zu Beginn des 19. Jahrhunderts gab es keine standardisierten Verfahren zur Authentifizierung von historischen Dokumenten. Die Beurteilung der Echtheit von Dokumenten beruhte oft auf dem Fachwissen von Experten, die verschiedene Merkmale wie Schriftstil, Papierqualität, Tinte und Siegel analysierten. Aufgrund des Mangels an formalen Methoden und technologischen

Hilfsmitteln war die Authentifizierung von historischen Dokumenten häufig subjektiv und von individuellen Urteilen abhängig.

Eine der wichtigsten Methoden zur Authentifizierung historischer Dokumente im 19. Jahrhundert war die Untersuchung der Schrift und der Unterschriften. Handschriftexperten, auch Paläografen genannt, analysierten den Stil, die Struktur und die Eigenschaften der Schrift, um die Echtheit von Dokumenten zu bestimmen. Sie verglichen Handschriften mit bekannten Beispielen des Verfassers oder mit anderen Dokumenten aus derselben Zeitperiode, um Ähnlichkeiten oder Abweichungen festzustellen. Diese Methode der Schriftanalyse war jedoch subjektiv und erforderte ein hohes Maß an Fachwissen und Erfahrung seitens des Experten.

Darüber hinaus wurden Unterschriften auf Dokumenten genau untersucht, um ihre Echtheit zu bestimmen. Handschriftexperten analysierten die Struktur, den Fluss und die Konsistenz der Unterschrift, um festzustellen, ob sie authentisch war oder gefälscht wurde. Sie verglichen die Unterschrift mit bekannten Beispielen der Unterschrift des Verfassers oder mit anderen Dokumenten, um Abweichungen oder Unregelmäßigkeiten zu identifizieren. Die Untersuchung von Unterschriften war eine wichtige Methode zur Authentifizierung von historischen Dokumenten und wurde häufig in gerichtlichen und rechtlichen Verfahren eingesetzt.

Ein weiteres wichtiges Merkmal, das bei der Authentifizierung von historischen Dokumenten im 19. Jahrhundert berücksichtigt wurde, war das Papier. Die Papierqualität, das Wasserzeichen, die Textur und andere Eigenschaften des Papiers wurden genau untersucht, um festzustellen, ob es aus der richtigen Zeitperiode stammte und den Standards der damaligen Zeit entsprach. Forensische Experten verwendeten verschiedene Methoden, um die Herkunft und Zusammensetzung des Papiers zu bestimmen, einschließlich chemischer Tests und mikroskopischer Untersuchungen. Die Analyse des Papiers war ein wichtiger Aspekt der Dokumentenauthentifizierung und trug dazu bei, gefälschte oder manipulierte Dokumente zu identifizieren.

Ein weiterer wichtiger Aspekt bei der Authentifizierung von historischen Dokumenten war die Untersuchung von Siegeln und Stempeln. Siegel und Stempel wurden verwendet, um die Echtheit und die rechtliche Gültigkeit von Dokumenten zu bestätigen, und waren ein wichtiges Merkmal bei der Bewertung der Authentizität von historischen Aufzeichnungen. Handschriftexperten und forensische Experten analysierten die Gestaltung, das Material und die Integrität von Siegeln und Stempeln, um festzustellen, ob sie echt waren oder nachträglich angebracht worden waren. Die Untersuchung von Siegeln und Stempeln war besonders wichtig bei der Bewertung von Urkunden und offiziellen Dokumenten.

Im Laufe des 19. Jahrhunderts wurden auch technologische Fortschritte eingeführt, die die Authentifizierung von historischen Dokumenten verbesserten. Die Entwicklung von Mikroskopen, Fotografie und chemischen Tests ermöglichte es forensischen Experten, Dokumente genauer zu untersuchen und zu analysieren. Mikroskope wurden verwendet, um die Struktur und die feinen Details von Schrift und Papier zu untersuchen, während Fotografie es ermöglichte, hochauflösende Bilder von Dokumenten zu erstellen, die für weitere Untersuchungen verwendet werden konnten. Chemische Tests wurden eingesetzt, um die Zusammensetzung von Tinte, Papier und anderen Materialien zu bestimmen und so die Herkunft und Echtheit von Dokumenten zu überprüfen.

Die Bedeutung der Authentifizierung von historischen Dokumenten im 19. Jahrhundert erstreckte sich über verschiedene Bereiche, einschließlich rechtlicher, historischer und kultureller Kontexte. Im juristischen Bereich wurden authentifizierte Dokumente als Beweismittel in Gerichtsverfahren verwendet und waren entscheidend für die Aufklärung von Streitigkeiten, Verträgen und anderen rechtlichen Angelegenheiten. Historiker und Forscher verließen sich auf authentifizierte Dokumente, um historische Ereignisse zu rekonstruieren, Trends zu analysieren und die Vergangenheit zu verstehen. Darüber hinaus spielten historische Dokumente eine wichtige Rolle bei der Bewahrung des kulturellen

Erbes und der nationalen Identität, indem sie Einblicke in die Geschichte, Traditionen und Werte einer Gesellschaft lieferten.

Insgesamt war die Authentifizierung von historischen Dokumenten im 19. Jahrhundert ein komplexer und multidisziplinärer Prozess, der Fachwissen aus verschiedenen Bereichen erforderte, darunter Handschriftanalyse, Forensik, Chemie und Technologie. Trotz der Herausforderungen und Einschränkungen dieser Zeit trugen die Methoden und Techniken zur Authentifizierung von historischen Dokumenten wesentlich zur Sicherung der historischen Integrität und zur Aufklärung von Verbrechen und Streitigkeiten bei.

Forensische Dokumentenanalyse in der Rechtsprechung

Die forensische Dokumentenanalyse spielte im 19. Jahrhundert eine entscheidende Rolle in der Rechtsprechung und war von großer Bedeutung für die Aufklärung von Straftaten, die Lösung von Rechtsstreitigkeiten und die Durchsetzung von Recht und Gerechtigkeit. In dieser umfassenden Zusammenfassung werden die verschiedenen Aspekte und Methoden der forensischen Dokumentenanalyse im 19. Jahrhundert untersucht, darunter Handschriftenvergleiche, Untersuchungen von Tinten und Papieren, Siegelanalysen und die Bedeutung dieser Analysemethoden in gerichtlichen Verfahren.

Zu Beginn des 19. Jahrhunderts gab es keine formalen Standards oder Verfahren für die forensische Dokumentenanalyse, und die meisten Untersuchungen beruhten auf dem Fachwissen und der Erfahrung von Handschriftexperten und forensischen Experten. Eine der wichtigsten Methoden der Dokumentenanalyse war der Vergleich von Handschriften. Handschriftexperten, auch Paläografen genannt, analysierten den Stil, die Struktur und die Eigenschaften der Schrift, um die Echtheit von Dokumenten zu bestimmen. Sie verglichen die Handschrift auf verdächtigen Dokumenten mit bekannten Beispielen der Handschrift des mutmaßlichen Verfassers oder mit anderen Dokumenten aus derselben Zeitperiode, um Ähnlichkeiten oder Abweichungen festzustellen.

Darüber hinaus wurden Unterschriften auf Dokumenten genau untersucht, um ihre Echtheit zu bestimmen. Handschriftexperten analysierten die Struktur, den Fluss und die Konsistenz der Unterschrift, um festzustellen, ob sie authentisch war oder gefälscht wurde. Sie verglichen die Unterschrift mit bekannten Beispielen der Unterschrift des Verfassers oder mit anderen Dokumenten, um Abweichungen oder Unregelmäßigkeiten zu identifizieren. Die Untersuchung von Unterschriften war besonders wichtig bei der Identifizierung von gefälschten Dokumenten oder bei der Überprüfung der Authentizität von Unterschriften auf wichtigen Verträgen oder Urkunden.

Ein weiterer wichtiger Aspekt bei der forensischen Dokumentenanalyse war die Untersuchung von Tinten und Papieren. Tinte konnte auf ihre Zusammensetzung und Herkunft untersucht werden, um festzustellen, ob sie zeitgemäß war und zu der Zeit, als das Dokument angeblich verfasst wurde, verfügbar war. Chemische Tests und mikroskopische Untersuchungen wurden eingesetzt, um die Zusammensetzung und Qualität der Tinte zu bestimmen und um nach Anzeichen von Manipulation oder Fälschung zu suchen. Die Untersuchung des Papiers konzentrierte sich auf die Papierqualität, das Wasserzeichen, die Textur und andere Eigenschaften des Papiers, um festzustellen, ob es aus der richtigen Zeitperiode stammte und den Standards der damaligen Zeit entsprach.

Eine weitere wichtige Methode der forensischen Dokumentenanalyse im 19. Jahrhundert war die Analyse von Siegeln und Stempeln. Siegel und Stempel wurden verwendet, um die Echtheit und die rechtliche Gültigkeit von Dokumenten zu bestätigen, und waren ein wichtiges Merkmal bei der Bewertung der Authentizität von historischen Aufzeichnungen. Handschriftexperten und forensische Experten analysierten die Gestaltung, das Material und die Integrität von Siegeln und Stempeln, um festzustellen, ob sie echt waren oder nachträglich angebracht worden waren. Die Untersuchung von Siegeln und Stempeln war besonders wichtig bei der Bewertung von Urkunden und offiziellen Dokumenten.

Im Laufe des 19. Jahrhunderts wurden auch technologische Fortschritte eingeführt, die die forensische Dokumentenanalyse verbesserten. Die Entwicklung von Mikroskopen, Fotografie und chemischen Tests ermöglichte es forensischen Experten, Dokumente genauer zu untersuchen und zu analysieren. Mikroskope wurden verwendet, um die Struktur und die feinen Details von Schrift und Papier zu untersuchen, während Fotografie es ermöglichte, hochauflösende Bilder von Dokumenten zu erstellen, die für weitere Untersuchungen verwendet werden konnten. Chemische Tests wurden eingesetzt, um die Zusammensetzung von Tinte, Papier und anderen Materialien zu bestimmen und so die Herkunft und Echtheit von Dokumenten zu überprüfen.

Die Bedeutung der forensischen Dokumentenanalyse in der Rechtsprechung des 19. Jahrhunderts erstreckte sich über verschiedene Bereiche, einschließlich Strafrecht, Zivilrecht, Handelsrecht und familiären Angelegenheiten. Authentifizierte Dokumente waren entscheidend für die Aufklärung von Streitigkeiten, Verträgen, Testamentsvollstreckungen, Eigentumsrechten und anderen rechtlichen Angelegenheiten. Handschriftexperten und forensische Experten wurden oft als Sachverständige vor Gericht hinzugezogen, um ihre Analysen und Schlussfolgerungen zu präsentieren und um zur Aufklärung von Verbrechen und Streitigkeiten beizutragen.

In vielen Fällen waren forensische Dokumentenanalysen entscheidend für die Sicherung von Beweisen und die Verurteilung von Straftätern. Gefälschte Dokumente konnten durch sorgfältige Untersuchungen und Analysen entlarvt werden, was zur Aufdeckung von Betrug, Urkundenfälschung, Erbschaftsstreitigkeiten und anderen kriminellen Aktivitäten führte. Die forensische Dokumentenanalyse spielte auch eine wichtige Rolle bei der Identifizierung von Vermissten, der Klärung von Erbstreitigkeiten und der Durchsetzung von Verträgen und Vereinbarungen.

Die forensische Dokumentenanalyse im 19. Jahrhundert war jedoch nicht ohne ihre Herausforderungen und Einschränkungen. Es gab keine standardisierten Verfahren oder Richtlinien für die Dokumentenanalyse, und die meisten Untersuchungen beruhten auf dem Fachwissen und der Erfahrung einzelner Experten. Darüber hinaus waren die verfügbaren Technologien und Methoden begrenzt, was die Genauigkeit und Zuverlässigkeit der forensischen Analysen beeinträchtigen konnte. Die Interpretation von Ergebnissen war oft subjektiv und konnte zu Kontroversen und Meinungsverschiedenheiten führen, insbesondere wenn verschiedene Experten zu unterschiedlichen Schlussfolgerungen kamen.

Trotz dieser Herausforderungen trug die forensische Dokumentenanalyse im 19. Jahrhundert wesentlich zur Rechtsprechung bei und spielte eine wichtige Rolle bei der Aufklärung von Verbrechen, der Lösung von Streitigkeiten und der Durchsetzung von Recht und Gerechtigkeit. Die Arbeit von Handschriftexperten und forensischen Experten half dabei, die Integrität von historischen Dokumenten zu bewahren, die Identität von Personen zu bestätigen und die Echtheit von Unterschriften und Siegeln zu überprüfen. Ihre Analysen und Schlussfolgerungen trugen dazu bei, Beweise zu sichern, Unschuldige zu entlasten und Verbrecher zu überführen, und trugen so zur Sicherung von Recht und Ordnung bei.

Aktuelle Trends und Herausforderungen in der Schriftanalyse

Die Schriftanalyse, auch bekannt als Forensische Dokumentenanalyse, hat im Laufe der Zeit einen erheblichen Wandel durchlaufen, der von den grundlegenden Entwicklungen des 19. Jahrhunderts bis zu den modernen Trends und Herausforderungen reicht. Diese umfassende Zusammenfassung wird sich mit den aktuellen Trends und Herausforderungen in der Schriftanalyse befassen, wobei besonderes Augenmerk auf den Erkenntnissen und Methoden aus dem 19. Jahrhundert liegt.

Zu Beginn des 19. Jahrhunderts war die Schriftanalyse noch ein vergleichsweise neues und sich entwickelndes Gebiet. Es gab keine formalen Standards oder Verfahren, und die meisten Untersuchungen wurden von Privatpersonen oder Regierungsbehörden durchgeführt, die versuchten, die Authentizität von Dokumenten zu überprüfen oder Fälschungen aufzudecken. Die Grundlagen der Schriftanalyse wurden jedoch bereits in dieser Zeit gelegt, und viele der Prinzipien und Techniken, die damals entwickelt wurden, bilden auch heute noch die Grundlage für moderne Untersuchungen.

Eine der frühesten Entwicklungen in der Schriftanalyse war die Erkenntnis, dass menschliche Handschriften individuelle Merkmale aufweisen, die es ermöglichen, sie voneinander zu unterscheiden. Im 19. Jahrhundert begannen Wissenschaftler und Forensiker, diese Merkmale systematisch zu erfassen und zu klassifizieren, um sie als Grundlage für die Identifizierung von Schreibern zu nutzen. Dabei wurden Techniken wie die Analyse von Schriftmerkmalen wie Buchstabenformen, Schreibdruck, Tintenstruktur und Bewegungsmuster entwickelt.

Ein weiterer wichtiger Schritt in der Entwicklung der Schriftanalyse war die Einführung von Vergleichsmethoden, mit denen Schriftproben von Verdächtigen mit dem fraglichen Dokument verglichen werden konnten. Im 19. Jahrhundert wurden diese Vergleiche oft visuell oder mithilfe einfacher Hilfsmittel wie Lupen durchgeführt. Trotz der begrenzten Technologie dieser Zeit waren Forensiker in der Lage, aufgrund ihrer geschulten Beobachtungsgabe und Erfahrung oft genaue und zuverlässige Schlussfolgerungen zu ziehen.

Ein bedeutendes Ereignis, das die Schriftanalyse im 19. Jahrhundert vorantrieb, war der Aufstieg von Fälschungen und gefälschten Dokumenten. Mit der zunehmenden Verbreitung von Drucktechniken und maschinengeschriebenen Dokumenten wurde es für Fälscher einfacher, gefälschte Schriftstücke herzustellen, was zu einem erhöhten Bedarf an forensischer Analyse führte, um ihre Authentizität zu überprüfen. Infolgedessen wurden neue Methoden und Techniken entwickelt, um gefälschte Dokumente aufzudecken und die Täter zu überführen.

Im Verlauf des 19. Jahrhunderts etablierte sich die Schriftanalyse zunehmend als anerkannte forensische Disziplin, und ihre Bedeutung in der Gerichtsmedizin und anderen Rechtsangelegenheiten nahm stetig zu. Forensiker und Experten für Schriftanalyse wurden zu wichtigen Beratern in juristischen Verfahren, und ihre Erkenntnisse wurden oft als entscheidende Beweismittel vorgelegt. Diese Entwicklung trug dazu bei, das Bewusstsein für die forensische Bedeutung von Dokumenten zu schärfen und die Methoden der Schriftanalyse weiter zu verfeinern.

Im Laufe des 19. Jahrhunderts wurden auch erste Versuche unternommen, Schriftanalysen auf eine wissenschaftlichere Grundlage zu stellen. Dies führte zur Einführung von quantitativen Messungen und statistischen Methoden zur Bewertung von Schriftmerkmalen und zur Vergleichung von Schriftproben. Die Nutzung von Mikroskopen und anderen technologischen Hilfsmitteln ermöglichte es Forensikern, feinste Details der Schrift zu untersuchen und objektivere Schlussfolgerungen zu ziehen.

Mit dem Aufkommen neuer Technologien im späten 19. Jahrhundert, wie beispielsweise fotografische Vergrößerungen und Mikrofotografie, konnten Forensiker Schriftproben noch genauer analysieren und dokumentieren. Dies ermöglichte es ihnen, Beweise auf eine Weise zu präsentieren, die für Richter und Geschworene überzeugender war und die Rechtmäßigkeit ihrer Schlussfolgerungen unterstützte.

Ein weiterer wichtiger Fortschritt im 19. Jahrhundert war die Entwicklung von forensischen Datenbanken und Archiven, in denen Schriftproben und andere Dokumente gesammelt und katalogisiert wurden. Diese Datenbanken ermöglichten es Forensikern, Schriftproben schnell und effizient zu vergleichen und potenzielle Übereinstimmungen zu identifizieren. Sie bildeten auch die Grundlage für weitere Forschungen und die Entwicklung neuer Analysemethoden.

Insgesamt war das 19. Jahrhundert eine Zeit intensiver Forschung und Entwicklung auf dem Gebiet der Schriftanalyse, die wichtige Grundlagen für die moderne forensische Praxis schuf. Viele der Methoden und Techniken, die damals entwickelt wurden, sind auch heute noch relevant und werden in forensischen Labors auf der ganzen Welt angewendet.

Mit Blick auf die aktuellen Trends und Herausforderungen in der Schriftanalyse im 21. Jahrhundert lässt sich feststellen, dass die Technologie eine entscheidende Rolle spielt. Moderne forensische Labors verfügen über hochentwickelte Instrumente und Software, die es Forensikern ermöglichen, Schriftproben mit einer unglaublichen Genauigkeit zu analysieren und zu vergleichen. Computeralgorithmen können dabei helfen, selbst kleinste Unterschiede und Ähnlichkeiten zwischen Schriftproben zu identifizieren, was die Zuverlässigkeit der Analyse weiter erhöht.

Ein weiterer wichtiger Trend in der Schriftanalyse ist die verstärkte Zusammenarbeit zwischen forensischen Labors und anderen Institutionen, wie beispielsweise Universitäten, Forschungseinrichtungen und Strafverfolgungsbehörden. Diese Zusammenarbeit ermöglicht einen regen Austausch von Wissen und Ressourcen und trägt dazu bei, die Qualität und Effizienz der forensischen Untersuchungen zu verbessern.

Eine der größten Herausforderungen für die Schriftanalyse im 21. Jahrhundert ist die Bewältigung des steigenden Arbeitsaufkommens. Durch den zunehmenden Einsatz von digitalen Kommunikationsmitteln wie E-Mails, Textnachrichten und sozialen Medien gibt es heute mehr schriftliche Dokumente als je zuvor, die von Forensikern analysiert werden müssen. Dies erfordert eine effiziente Nutzung von Ressourcen und eine kontinuierliche Weiterentwicklung von Analysemethoden, um mit der steigenden Nachfrage Schritt zu halten.

Ein weiteres Problem, dem sich Forensiker in der modernen Schriftanalyse gegenübersehen, sind technologische Herausforderungen wie die Verwendung von Computer-generierter

Schrift und digitalen Signaturen. Diese können schwerer zu analysieren sein als handgeschriebene Dokumente und erfordern spezielle Kenntnisse und Tools, um ihre Authentizität zu überprüfen.

Darüber hinaus sind Ethik und Datenschutz wichtige Anliegen in der modernen Schriftanalyse. Forensiker müssen sicherstellen, dass sie bei der Sammlung und Analyse von Schriftproben die Privatsphäre und die Rechte der betroffenen Personen respektieren und ethische Standards einhalten. Dies erfordert eine sorgfältige Planung und Durchführung von Untersuchungen sowie eine transparente Kommunikation mit allen beteiligten Parteien.

Insgesamt bleibt die Schriftanalyse ein unverzichtbares Werkzeug in der forensischen Wissenschaft, das dazu beiträgt, Verbrechen aufzuklären, Gerechtigkeit zu gewährleisten und die Sicherheit der Gesellschaft zu fördern. Durch die kontinuierliche Weiterentwicklung von Methoden und Technologien sowie eine enge Zusammenarbeit zwischen forensischen Experten, Strafverfolgungsbehörden und anderen Institutionen wird die Schriftanalyse auch in Zukunft eine wichtige Rolle spielen.

Forensische Archäologie

Archäologische Methoden bei der Verbrechensaufklärung

Die Anwendung archäologischer Methoden zur Verbrechensaufklärung im 19. Jahrhundert mag auf den ersten Blick ungewöhnlich erscheinen, da die moderne forensische Archäologie erst im 20. Jahrhundert als eigenständige Disziplin etabliert wurde. Dennoch gab es bereits im 19. Jahrhundert Vorläufer von archäologischen Methoden, die bei der Aufklärung von Verbrechen und der Untersuchung von Tatorten eingesetzt wurden. In dieser umfassenden Zusammenfassung werden wir die verschiedenen archäologischen Methoden betrachten, die im 19. Jahrhundert bei der Verbrechensaufklärung angewendet wurden, sowie ihre Bedeutung und Auswirkungen auf die Entwicklung der forensischen Wissenschaft.

Zu Beginn des 19. Jahrhunderts war die forensische Wissenschaft noch in den Kinderschuhen, und die Untersuchung von Verbrechen und Tatorten war oft unstrukturiert und ungenau. Die Verwendung archäologischer Methoden bei der Verbrechensaufklärung war damals eher eine Ausnahme als die Regel, doch es gab einige bemerkenswerte Fälle, in denen archäologische Techniken zur Sammlung und Analyse von Beweisen eingesetzt wurden.

Eine der frühesten Anwendungen von archäologischen Methoden bei der Verbrechensaufklärung war die Untersuchung von Gräbern und Grabstätten im Zusammenhang mit mutmaßlichen Mordfällen. Im 19. Jahrhundert wurden archäologische Ausgrabungen häufig durchgeführt, um menschliche Überreste zu exhumieren und nach Hinweisen auf die Todesursache oder den Täter zu suchen. Dabei wurden Methoden wie die stratigraphische Analyse, die Bestimmung des Todeszeitpunkts und die Untersuchung von Verletzungen angewendet, um forensische Beweise zu sammeln und zu interpretieren.

Ein prominentes Beispiel für die Anwendung archäologischer Methoden bei der Verbrechensaufklärung im 19. Jahrhundert war der Fall von Dr. William Palmer, einem englischen Arzt, der 1856 wegen Mordes an seinem Freund John Cook angeklagt wurde. Um die Todesursache von Cook zu klären, wurde sein Körper exhumiert und einer gründlichen forensischen Untersuchung unterzogen, bei der unter anderem archäologische Techniken zur Bestimmung des Todeszeitpunkts und zur Analyse von Verletzungen zum Einsatz kamen. Obwohl die forensischen Beweise nicht eindeutig waren, trugen sie dennoch dazu bei, Palmer schuldig zu sprechen und ihn zum Tod durch den Strang zu verurteilen.

Ein weiteres wichtiges Einsatzgebiet von archäologischen Methoden bei der Verbrechensaufklärung im 19. Jahrhundert war die Untersuchung von Tatorten, insbesondere von historischen Stätten oder Gebäuden, an denen mutmaßliche Verbrechen begangen wurden. Archäologen und forensische Experten arbeiteten oft zusammen, um Tatorte zu untersuchen, Beweise zu sammeln und zu dokumentieren sowie mögliche Hinweise auf Täter oder Opfer zu finden. Dabei kamen Methoden wie die stratigraphische Analyse, die Dokumentation von Artefakten und die Rekonstruktion von Ereignissen zum Einsatz, um ein umfassendes Bild des Verbrechens zu erhalten.

Ein bemerkenswertes Beispiel für die Anwendung archäologischer Methoden bei der Untersuchung von Tatorten im 19. Jahrhundert war der Fall des Whitechapel-Mörders, auch bekannt als Jack the Ripper, der Ende des 19. Jahrhunderts in London sein Unwesen trieb. Archäologen und forensische Experten untersuchten intensiv die Tatorte der Morde, sammelten Beweise und dokumentierten ihre Funde, um Hinweise auf die Identität des Täters zu finden und das Muster seiner Verbrechen zu verstehen. Obwohl der Fall nie gelöst wurde, trugen die archäologischen Untersuchungen dazu bei, unser Verständnis der Ereignisse zu vertiefen und neue Erkenntnisse über das Leben im viktorianischen London zu gewinnen.

Neben der Untersuchung von Gräbern und Tatorten wurden im 19. Jahrhundert auch archäologische Methoden zur Identifizierung von menschlichen Überresten und zur Bestimmung ihres Alters und ihrer Herkunft eingesetzt. Dies war besonders wichtig in Fällen von Massenmorden oder Katastrophen, bei denen es notwendig war, Opfer zu identifizieren und ihre sterblichen Überreste angemessen zu behandeln. Archäologen und forensische Experten nutzten Methoden wie die anthropologische Analyse, die Isotopenanalyse und die DNA-Analyse, um Informationen über die Opfer zu gewinnen und ihre Identität festzustellen.

Ein bemerkenswertes Beispiel für die Anwendung archäologischer Methoden zur Identifizierung von menschlichen Überresten im 19. Jahrhundert war der Fall der Opfer der HMS Erebus und HMS Terror, zwei britischen Polarforschungsschiffe, die während einer Expedition in der Arktis im Jahr 1845 verschwanden. Jahrzehnte später wurden die Überreste einiger Besatzungsmitglieder entdeckt und von Archäologen und forensischen Experten untersucht, um ihre Identität festzustellen und die Umstände ihres Todes zu klären. Dabei kamen fortgeschrittene Methoden wie die Isotopenanalyse und die DNA-Analyse zum Einsatz, um die Opfer zu identifizieren und ihre Herkunft nachzuvollziehen.

Insgesamt waren archäologische Methoden im 19. Jahrhundert ein wichtiger Bestandteil der forensischen Wissenschaft und trugen dazu bei, Verbrechen aufzuklären, Gerechtigkeit zu gewährleisten und das Verständnis von vergangenen Ereignissen zu vertiefen. Obwohl sie im Vergleich zu modernen forensischen Techniken primitiv waren, legten sie den Grundstein für die Entwicklung der forensischen Archäologie und beeinflussten die Art und Weise, wie Verbrechen untersucht und Beweise gesammelt werden.

Beispiele historischer forensischer Ausgrabungen
Im 19. Jahrhundert erlebte die forensische Archäologie eine Zeit des Aufbruchs und der Entdeckungen. Während dieser Ära wurden zahlreiche historische forensische Ausgrabungen durchgeführt, die wichtige Erkenntnisse über vergangene Ereignisse, Verbrechen und menschliche Aktivitäten lieferten. Diese Ausgrabungen waren wegweisend für die Entwicklung der forensischen Wissenschaft und trugen zur Aufklärung von Verbrechen sowie zur Erforschung der

Vergangenheit bei. In dieser ausführlichen Zusammenfassung werden einige der bedeutendsten historischen forensischen Ausgrabungen des 19. Jahrhunderts beleuchtet, ihre Methoden, Entdeckungen und Auswirkungen auf die forensische Wissenschaft.

Die Ausgrabung von Pompeji: Eines der bekanntesten Beispiele für forensische Ausgrabungen im 19. Jahrhundert ist die Entdeckung und Untersuchung der antiken Stadt Pompeji. Im Jahr 1748 begannen die systematischen Ausgrabungen unter der Leitung von Karl Weber, die zur Freilegung zahlreicher Gebäude, Straßen und menschlicher Überreste führten. Die gut erhaltene Stadt bot einen einzigartigen Einblick in das Leben der antiken Römer und lieferte auch wichtige forensische Informationen über den Ausbruch des Vesuvs im Jahr 79 n. Chr. Die Untersuchung der menschlichen Überreste in Pompeji ermöglichte es den Archäologen und forensischen Experten, die Todesursache, das Verhalten der Opfer und andere Aspekte des Ausbruchs zu rekonstruieren.

Die Ausgrabung von Herculaneum: Neben Pompeji wurde auch die nahe gelegene Stadt Herculaneum im 18. Jahrhundert ausgegraben, was weitere Einblicke in das Leben der antiken Römer und die Auswirkungen des Vesuvausbruchs ermöglichte. Die Ausgrabungen von Herculaneum dauerten bis ins 19. Jahrhundert an und wurden von verschiedenen Archäologen und Forschern durchgeführt. Die Untersuchung der Überreste in Herculaneum lieferte ebenfalls wichtige forensische Informationen über den Ausbruch des Vesuvs und die Reaktion der Bewohner.

Die Ausgrabung von Troja: Eine der aufsehenerregendsten Ausgrabungen des 19. Jahrhunderts war die Entdeckung und Untersuchung der antiken Stadt Troja durch den deutschen Archäologen Heinrich Schliemann. Schliemann begann seine Ausgrabungen in den 1870er Jahren und machte spektakuläre Funde, darunter die Überreste der Stadtmauern von Troja sowie zahlreiche Artefakte und Schätze. Die Ausgrabungen von Troja lieferten nicht nur wichtige Erkenntnisse über die antike Geschichte und Kultur, sondern trugen auch zur Entwicklung der forensischen Archäologie bei, indem sie Methoden zur Identifizierung und Analyse von Artefakten und menschlichen Überresten verfeinerten.

Die Ausgrabung von Stonehenge: Stonehenge, eine prähistorische Steinkreisanlage in England, wurde im 19. Jahrhundert intensiv untersucht und ausgegraben. Die Ausgrabungen von Stonehenge lieferten wichtige Erkenntnisse über den Zweck und die Bedeutung der Anlage sowie über das Leben der Menschen, die sie errichtet haben. Die Untersuchung von Artefakten und menschlichen Überresten in Stonehenge trug zur Entwicklung forensischer Methoden bei der Identifizierung und Analyse bei und erweiterte das Verständnis der prähistorischen Gesellschaften.

Die Ausgrabung von Ötzi, dem Mann aus dem Eis: Eine der bedeutendsten forensischen Entdeckungen des 20. Jahrhunderts war die Entdeckung der mumifizierten Leiche eines Mannes in den Ötztaler Alpen im Jahr 1991. Die mumifizierte Leiche, die später als "Ötzi" bekannt wurde, war gut erhalten und lieferte wichtige forensische Informationen über das Leben in der Jungsteinzeit. Die Untersuchung von Ötzis Überresten und Artefakten ermöglichte es den forensischen Experten, Informationen über seine Lebensweise, seine Ernährung, seine Gesundheit und seinen Tod zu gewinnen und trug zur Entwicklung der forensischen Archäologie bei.

Diese Beispiele historischer forensischer Ausgrabungen zeigen die Vielfalt und den Reichtum der archäologischen Forschung im 19. Jahrhundert und ihre Bedeutung für die Entwicklung der forensischen Wissenschaft. Durch die systematische Untersuchung von Artefakten, menschlichen Überresten und anderen Spuren vergangener Ereignisse lieferten diese Ausgrabungen wichtige Einblicke in die Geschichte, halfen Verbrechen aufzuklären und trugen zur Entwicklung forensischer Methoden und Techniken bei. Sie legten den Grundstein für die moderne forensische Archäologie und beeinflussten die Art und Weise, wie Verbrechen untersucht und Beweise gesammelt werden.

Bedeutung von archäologischen Spuren in Kriminalfällen

Im 19. Jahrhundert begann die forensische Archäologie, eine entscheidende Rolle in der Aufklärung von Kriminalfällen zu spielen. Während dieser Zeit wurden archäologische Spuren zunehmend als wichtige Beweismittel betrachtet, die dazu beitrugen, Verbrechen aufzuklären, Täter zu identifizieren und Gerechtigkeit zu gewährleisten. Die Bedeutung archäologischer Spuren in Kriminalfällen des 19. Jahrhunderts erstreckte sich über verschiedene Bereiche, darunter die Identifizierung von Tatorten, die Untersuchung von menschlichen Überresten, die Analyse von Artefakten und die Rekonstruktion vergangener Ereignisse. In dieser umfassenden Zusammenfassung werden die verschiedenen Aspekte der Bedeutung von archäologischen Spuren in Kriminalfällen im 19. Jahrhundert detailliert betrachtet.

Archäologische Methoden wurden im 19. Jahrhundert zunehmend zur Identifizierung von Tatorten eingesetzt. Durch die systematische Untersuchung des Geländes konnten forensische Archäologen wichtige Hinweise und Beweismittel finden, die bei der Aufklärung von Verbrechen halfen. Beispielsweise wurden archäologische Spuren wie Gruben, Gräben, Spuren von Feuern, Überreste von Gebäuden und Artefakte auf einem Tatort analysiert, um Informationen über die Art des Verbrechens, die Täter und die Opfer zu gewinnen. Die Identifizierung des Tatorts war entscheidend für die Sicherung von Beweisen und die Durchführung weiterer forensischer Untersuchungen.

Die Untersuchung menschlicher Überreste war ein wesentlicher Bestandteil der forensischen Archäologie im 19. Jahrhundert. Durch die Analyse von Skeletten und Knochen konnten forensische Experten wichtige Informationen über die Identität der Opfer, die Todesursache, mögliche Verletzungen und andere forensisch relevante Faktoren gewinnen. Die Untersuchung von menschlichen Überresten half dabei, Verbrechen aufzuklären, Vermisstenfälle zu lösen und die Täter zu identifizieren. Darüber hinaus trug die forensische Analyse menschlicher Überreste dazu bei, historische

Ereignisse und Praktiken zu verstehen sowie die Lebensweise und Gesundheit vergangener Kulturen zu rekonstruieren.

Artefakte spielten eine wichtige Rolle bei der forensischen Archäologie im 19. Jahrhundert. Durch die Untersuchung von Artefakten wie Waffen, Werkzeugen, Schmuckstücken, Kleidung und anderen Gegenständen konnten forensische Experten wichtige Hinweise auf die Identität der Täter, die Art des Verbrechens und den Zeitpunkt des Vorfalls gewinnen. Die Analyse von Artefakten half dabei, Verbrechen aufzuklären, Motive zu verstehen und Beweise zu sammeln, die vor Gericht verwendet werden konnten. Darüber hinaus trug die Untersuchung von Artefakten dazu bei, historische Ereignisse zu rekonstruieren und das Leben vergangener Kulturen zu verstehen.

Eine der wichtigsten Aufgaben der forensischen Archäologie im 19. Jahrhundert war die Rekonstruktion vergangener Ereignisse aufgrund archäologischer Spuren. Durch die sorgfältige Analyse von Tatorten, menschlichen Überresten, Artefakten und anderen Spuren konnten forensische Experten ein detailliertes Bild davon gewinnen, was bei einem Verbrechen geschehen war und wie es sich zugetragen hatte. Die Rekonstruktion vergangener Ereignisse half dabei, die Täter zu identifizieren, Beweise zu sichern und Gerechtigkeit zu gewährleisten. Darüber hinaus trug sie dazu bei, historische Ereignisse zu verstehen und die Entwicklung der Gesellschaft zu erforschen.

Die Bedeutung archäologischer Spuren in Kriminalfällen im 19. Jahrhundert trug wesentlich zur Entwicklung forensischer Methoden und Techniken bei. Durch die systematische Anwendung archäologischer Prinzipien auf kriminalistische Untersuchungen wurden neue Ansätze zur Beweissicherung, Tatortanalyse und forensischen Rekonstruktion entwickelt. Forensische Experten experimentierten mit verschiedenen Techniken zur Untersuchung von Tatorten, zur Dokumentation von Beweisen und zur Analyse von Spuren. Diese Experimente und Innovationen trugen dazu bei, die Effizienz und Genauigkeit forensischer Untersuchungen zu verbessern und die Grundlage für moderne forensische Wissenschaften zu legen.

Die Bedeutung archäologischer Spuren in Kriminalfällen hatte einen erheblichen Einfluss auf die Rechtsprechung im 19. Jahrhundert. Die systematische Untersuchung von Tatorten und die Analyse von archäologischen Spuren lieferten wichtige Beweise, die vor Gericht verwendet wurden, um Täter zu überführen und Gerechtigkeit zu gewährleisten. Forensische Experten wurden als Sachverständige hinzugezogen, um ihre Erkenntnisse vor Gericht zu präsentieren und die Bedeutung von archäologischen Spuren zu erläutern. Die Nutzung archäologischer Methoden und Techniken in Kriminalfällen trug dazu bei, die Rechtsprechung zu stärken und das Vertrauen in das Rechtssystem zu festigen.

Trotz ihrer Bedeutung waren archäologische Spuren im 19. Jahrhundert mit verschiedenen Herausforderungen und Grenzen konfrontiert. Die begrenzten Ressourcen, die Verfügbarkeit von Fachwissen und die technologischen Einschränkungen der Zeit beeinflussten die Effektivität forensischer Untersuchungen. Darüber hinaus konnten nicht alle Kriminalfälle erfolgreich mithilfe archäologischer Methoden gelöst werden, da einige Fälle zu komplex oder zu stark beeinträchtigt waren, um verwertbare Beweise zu liefern. Dennoch trugen die Bemühungen um die Nutzung archäologischer Spuren in Kriminalfällen dazu bei, die forensische Wissenschaft voranzutreiben und die Grundlagen für zukünftige Entwicklungen zu legen.

Insgesamt spielten archäologische Spuren im 19. Jahrhundert eine entscheidende Rolle bei der Aufklärung von Kriminalfällen und der Stärkung des Rechtssystems. Die systematische Untersuchung von Tatorten, menschlichen Überresten, Artefakten und anderen Spuren lieferte wichtige Informationen, die dazu beitrugen, Verbrechen aufzuklären, Täter zu identifizieren und Gerechtigkeit zu gewährleisten. Darüber hinaus trug die Bedeutung archäologischer Spuren dazu bei, die forensische Wissenschaft voranzutreiben und die Entwicklung moderner forensischer Methoden und Techniken zu beeinflussen.

Technologische Fortschritte in der forensischen Archäologie

Die forensische Archäologie im 19. Jahrhundert erlebte bedeutende technologische Fortschritte, die dazu beitrugen, die Methoden zur Untersuchung von Tatorten, menschlichen Überresten und Artefakten zu verbessern. Diese Fortschritte trugen dazu bei, die Genauigkeit forensischer Untersuchungen zu erhöhen, die Aufklärung von Verbrechen zu erleichtern und das Verständnis historischer Ereignisse zu vertiefen. In dieser Zusammenfassung werden einige der wichtigsten technologischen Entwicklungen in der forensischen Archäologie des 19. Jahrhunderts betrachtet.

Eine der bedeutendsten technologischen Fortschritte in der forensischen Archäologie des 19. Jahrhunderts war die Entwicklung von Werkzeugen und Instrumenten zur systematischen Untersuchung von Tatorten. Vor dieser Zeit waren forensische Untersuchungen oft unstrukturiert und unorganisiert, was zu einer ineffizienten Erfassung von Beweisen führte. Mit dem Aufkommen neuer Werkzeuge und Instrumente konnten forensische Experten Tatorte systematisch untersuchen, Beweise sammeln und dokumentieren. Dazu gehörten beispielsweise Vermessungsinstrumente zur genauen Aufnahme von Tatorten, Fotografie zur Dokumentation von Beweisen und die Verwendung von Handschuhen und anderen Schutzvorrichtungen, um Kontamination zu verhindern.

Die Einführung von verbesserten Analysemethoden trug ebenfalls wesentlich zur Weiterentwicklung der forensischen Archäologie im 19. Jahrhundert bei. Neue chemische, physikalische und biologische Analysetechniken ermöglichten es forensischen Experten, menschliche Überreste, Artefakte und andere Spuren genauer zu untersuchen und wichtige Informationen zu gewinnen. Zum Beispiel ermöglichte die Entwicklung von Mikroskopen eine detaillierte Untersuchung von menschlichen Knochen, Geweben und anderen biologischen Materialien, während chemische

Analysen Hinweise auf die Zusammensetzung von Artefakten und anderen Materialien lieferten.

Ein weiterer wichtiger technologischer Fortschritt war die Einführung von Datenbanken und Informationsmanagementsystemen zur Organisation und Speicherung forensischer Daten. Diese Datenbanken ermöglichten es forensischen Experten, Informationen über Tatorte, Beweise, Verdächtige und andere relevante Faktoren effizient zu verwalten und abzurufen. Durch den Einsatz von Datenbanken konnten forensische Experten Beweise schneller analysieren, Zusammenhänge erkennen und Verbrechen schneller aufklären.

Die Entwicklung von verbesserten Transport- und Kommunikationstechnologien trug ebenfalls zur Weiterentwicklung der forensischen Archäologie im 19. Jahrhundert bei. Durch die Einführung von Eisenbahnen, Dampfschiffen und anderen Transportmitteln konnten forensische Experten schneller zu Tatorten reisen und Beweise sichern. Darüber hinaus ermöglichten verbesserte Kommunikationstechnologien, wie beispielsweise die Telegrafie, eine schnellere und effizientere Kommunikation zwischen forensischen Experten, Strafverfolgungsbehörden und anderen relevanten Parteien.

Die Nutzung von Geoinformationssystemen (GIS) war ein weiterer wichtiger technologischer Fortschritt in der forensischen Archäologie des 19. Jahrhunderts. GIS ermöglichte es forensischen Experten, geografische Informationen über Tatorte, menschliche Überreste und Artefakte zu sammeln, zu analysieren und zu visualisieren. Durch die Integration von geografischen Daten konnten forensische Experten Tatorte genauer untersuchen, Beweise effektiver sammeln und Tatverdächtige schneller identifizieren.

Die Entwicklung von Verbesserungen in der Datenerfassung und -verarbeitung war ein weiterer wichtiger technologischer Fortschritt in der forensischen Archäologie des 19. Jahrhunderts. Neue

Methoden zur digitalen Erfassung von Beweisen, wie zum Beispiel die Fotogrammetrie, ermöglichten es forensischen Experten, genaue dreidimensionale Modelle von Tatorten, menschlichen Überresten und Artefakten zu erstellen. Darüber hinaus trugen Fortschritte in der Datenverarbeitung dazu bei, die Analyse und Interpretation forensischer Daten zu verbessern und forensische Experten bei ihrer Arbeit zu unterstützen.

Die forensische Archäologie im 19. Jahrhundert profitierte auch von Fortschritten in der Paläopathologie, der Untersuchung von Krankheiten und Verletzungen in vergangenen Populationen. Durch die Anwendung moderner medizinischer Kenntnisse auf archäologische Überreste konnten forensische Experten Informationen über die Gesundheit, Lebensbedingungen und mögliche Todesursachen vergangener Menschen gewinnen. Dies trug dazu bei, historische Ereignisse zu verstehen, menschliche Überreste zu identifizieren und die Lebensumstände vergangener Kulturen zu rekonstruieren.

Insgesamt trugen die technologischen Fortschritte im 19. Jahrhundert wesentlich dazu bei, die forensische Archäologie zu einer präziseren, effizienteren und informativeren Disziplin zu machen. Durch die Einführung neuer Werkzeuge, Analysemethoden, Datenbanken und Kommunikationstechnologien konnten forensische Experten Tatorte besser untersuchen, Beweise effektiver sammeln und analysieren und Verbrechen schneller aufklären. Diese Fortschritte hatten einen tiefgreifenden Einfluss auf die Entwicklung der forensischen Archäologie und legten den Grundstein für viele der modernen Techniken und Methoden, die heute in diesem Bereich verwendet werden.

Zusammenarbeit zwischen Archäologen und Kriminalisten

Im 19. Jahrhundert begann eine Ära der Zusammenarbeit zwischen Archäologen und Kriminalisten, die zu einer neuen Dimension der forensischen Untersuchungen führte. Diese Zusammenarbeit war geprägt von einer gegenseitigen Anerkennung der Fachkenntnisse und Fähigkeiten beider Disziplinen sowie dem gemeinsamen Ziel, historische Ereignisse aufzuklären und Verbrechen zu lösen. In dieser umfassenden Zusammenfassung werden die verschiedenen Aspekte dieser Zusammenarbeit und ihre Auswirkungen im 19. Jahrhundert beleuchtet.

Zu Beginn des 19. Jahrhunderts waren Archäologie und Kriminalistik eigenständige Disziplinen, die sich hauptsächlich auf ihre jeweiligen Forschungsgebiete konzentrierten: Archäologen widmeten sich der Erforschung vergangener Kulturen und Zivilisationen, während Kriminalisten Verbrechen untersuchten und Beweise sammelten. Jedoch begannen die Grenzen zwischen diesen Disziplinen im Laufe des Jahrhunderts zu verschwimmen, als Wissenschaftler und Ermittler begannen, die Methoden und Erkenntnisse der Archäologie in die forensische Untersuchung von Tatorten und menschlichen Überresten zu integrieren.

Eine der wichtigsten Formen der Zusammenarbeit zwischen Archäologen und Kriminalisten war die Anwendung archäologischer Methoden und Techniken bei der forensischen Untersuchung von Tatorten. Archäologen brachten ihr Wissen über die systematische Dokumentation, Ausgrabung und Analyse von Artefakten und menschlichen Überresten in die forensische Praxis ein. Dies ermöglichte es Kriminalisten, Tatorte effektiver zu untersuchen, Beweise ordnungsgemäß zu sammeln und historische Kontexte zu berücksichtigen.

Ein bedeutendes Beispiel für diese Zusammenarbeit war die Anwendung von stratigrafischen Techniken bei der Untersuchung von Tatorten. Archäologen hatten bereits Methoden entwickelt, um die verschiedenen Schichten von Ablagerungen oder Böden in einem Grabungsbereich zu analysieren und zu interpretieren. Kriminalisten begannen diese Techniken auf Tatorte anzuwenden, um die zeitliche Abfolge von Ereignissen zu rekonstruieren, Beweise zu datieren und Zusammenhänge zwischen verschiedenen Ereignissen herzustellen.

Darüber hinaus brachten Archäologen ihre Expertise in der Analyse von Artefakten und menschlichen Überresten in die forensische Praxis ein. Sie halfen dabei, menschliche Überreste zu identifizieren, die Todesursachen zu bestimmen und Beweise für Verbrechen zu sammeln. Ihre Kenntnisse über die anatomischen Merkmale von Knochen und Geweben sowie ihre Erfahrung in der Identifizierung von Artefakten waren für die forensische Untersuchung von Tatorten von unschätzbarem Wert.

Eine weitere wichtige Form der Zusammenarbeit war der Austausch von Informationen und Erkenntnissen zwischen Archäologen und Kriminalisten. Durch den regelmäßigen Austausch von Forschungsergebnissen, Methoden und Techniken konnten beide Disziplinen voneinander lernen und ihre jeweiligen Praktiken verbessern. Archäologen brachten ihr Verständnis für historische Kontexte und kulturelle Entwicklungen in die forensische Untersuchung ein, während Kriminalisten ihre Erfahrung in der Ermittlung von Verbrechen und der Sammlung von Beweisen beisteuerten.

Ein weiterer wichtiger Aspekt der Zusammenarbeit war die gemeinsame Ausbildung von Archäologen und Kriminalisten. Im Laufe des 19. Jahrhunderts wurden spezielle Schulen und Programme eingerichtet, um Wissenschaftler und Ermittler in beiden Disziplinen auszubilden. Diese Programme boten Kurse und Seminare an, die sowohl archäologische als auch forensische Themen abdeckten und den Studierenden die Möglichkeit gaben, praktische Erfahrungen zu sammeln und ihre Fähigkeiten zu verbessern.

Die Zusammenarbeit zwischen Archäologen und Kriminalisten führte zu einer Reihe von bedeutenden Fortschritten in der forensischen Untersuchung im 19. Jahrhundert. Durch die Integration archäologischer Methoden und Techniken konnten Kriminalisten Tatorte effektiver untersuchen, Beweise sammeln und historische Kontexte berücksichtigen. Dies trug dazu bei,

Verbrechen schneller aufzuklären, Täter zu identifizieren und gerechte Strafen zu verhängen.

Ein Beispiel für die erfolgreiche Zusammenarbeit zwischen Archäologen und Kriminalisten war die Lösung des Fall von Jack the Ripper. In diesem berühmten Kriminalfall in London, der Ende des 19. Jahrhunderts für Schlagzeilen sorgte, wurden die Opfer des Serienmörders in verschiedenen Stadtteilen gefunden, was es schwierig machte, die Tatorte miteinander zu verbinden und den Täter zu identifizieren. Archäologen und Kriminalisten arbeiteten jedoch zusammen, um die verschiedenen Tatorte zu untersuchen, Beweise zu sammeln und historische Kontexte zu berücksichtigen. Durch ihre gemeinsamen Anstrengungen gelang es ihnen schließlich, den Täter zu identifizieren und zur Rechenschaft zu ziehen.

Die Zusammenarbeit zwischen Archäologen und Kriminalisten hatte jedoch auch ihre Herausforderungen. Eine der größten Herausforderungen bestand darin, die unterschiedlichen Methoden, Terminologien und Herangehensweisen der beiden Disziplinen miteinander in Einklang zu bringen. Archäologen und Kriminalisten mussten lernen, effektiv miteinander zu kommunizieren und ihre jeweiligen Perspektiven und Fachkenntnisse zu respektieren.

Ein weiteres Hindernis war die begrenzte Verfügbarkeit von Ressourcen und Unterstützung für forensische Untersuchungen im 19. Jahrhundert. Oftmals fehlten den forensischen Experten die finanziellen Mittel, die Ausrüstung und das Personal, um ihre Arbeit effektiv durchzuführen. Dies führte zu Verzögerungen bei den Untersuchungen, unzureichenden Ergebnissen und manchmal sogar zur Einstellung von Fällen.

Trotz dieser Herausforderungen war die Zusammenarbeit zwischen Archäologen und Kriminalisten im 19. Jahrhundert von entscheidender Bedeutung für die Entwicklung der forensischen Wissenschaft. Ihre gemeinsamen Anstrengungen trugen dazu bei, die Methoden und Techniken der forensischen Untersuchung zu verbessern, die Effizienz und Genauigkeit der Beweissammlung zu steigern und die Lösung von Verbrechen zu beschleunigen. Diese Zusammenarbeit legte den Grundstein für viele der modernen Praktiken und Verfahren, die heute in der forensischen Wissenschaft verwendet werden.

Identifikation von Gräbern und Leichen

Im 19. Jahrhundert stellte die Identifikation von Gräbern und Leichen eine zentrale Herausforderung dar, die forensische Experten, Ärzte, Behörden und Gemeinden gleichermaßen beschäftigte. In vielen Teilen der Welt, insbesondere in städtischen Gebieten, waren Friedhöfe überfüllt und unorganisiert, was es schwierig machte, Gräber zu lokalisieren und die Identität von Verstorbenen festzustellen. Die Identifikation von Leichen war entscheidend für die Aufklärung von Todesfällen, die Verhinderung von Verbrechen und die Gewährleistung der öffentlichen Gesundheit. In dieser ausführlichen Zusammenfassung werden die verschiedenen Methoden, Herausforderungen und Entwicklungen im Bereich der Identifikation von Gräbern und Leichen im 19. Jahrhundert betrachtet.

Zu Beginn des 19. Jahrhunderts waren die Methoden zur Identifikation von Gräbern und Leichen rudimentär und oft unzuverlässig. Friedhöfe waren häufig überfüllt und unorganisiert, ohne klare Markierungen oder Aufzeichnungen über die Lage der Gräber. Dies machte es schwierig, Gräber zu lokalisieren und die Identität von Verstorbenen festzustellen. In einigen Fällen wurden Leichen einfach in Massengräbern begraben, ohne dass genaue Aufzeichnungen über ihre Identität oder den Zeitpunkt ihres Todes geführt wurden.

Eine der frühesten Methoden zur Identifikation von Leichen war die visuelle Identifizierung durch Angehörige oder Bekannte des Verstorbenen. Dies war jedoch oft unzuverlässig, da die Leichen im Laufe der Zeit verändert werden konnten und es schwierig sein konnte, sie eindeutig zu identifizieren. Darüber hinaus konnten viele Verstorbene keine Angehörigen oder Bekannten haben, die in der

Lage waren, sie zu identifizieren, insbesondere wenn sie obdachlos oder alleinstehend waren.

Eine weitere Methode der Identifikation war die Überprüfung von Kleidung, Schmuck oder anderen persönlichen Gegenständen, die bei der Leiche gefunden wurden. Diese Gegenstände konnten Hinweise auf die Identität des Verstorbenen liefern, wenn sie mit bekannten Beschreibungen oder Vermisstenanzeigen übereinstimmten. Allerdings war auch diese Methode nicht immer zuverlässig, da persönliche Gegenstände verloren gehen oder gestohlen werden konnten und nicht eindeutig mit einer bestimmten Person in Verbindung gebracht werden konnten.

Im Laufe des 19. Jahrhunderts wurden medizinische und forensische Ansätze zur Identifikation von Gräbern und Leichen entwickelt, die auf wissenschaftlichen Prinzipien und Methoden beruhten. Eine wichtige Entwicklung war die Einführung von Leichenbeschauern oder Rechtsmedizinern, die für die Untersuchung von Todesfällen und die Feststellung der Todesursache verantwortlich waren. Diese Ärzte führten Autopsien durch, um die Umstände des Todes zu klären und Hinweise auf die Identität des Verstorbenen zu finden.

Die Autopsie war eine entscheidende Methode zur Identifikation von Leichen im 19. Jahrhundert. Durch die Untersuchung der anatomischen Merkmale der Leiche konnten die Ärzte wichtige Informationen über das Alter, Geschlecht, ethnische Zugehörigkeit und mögliche Krankheiten oder Verletzungen des Verstorbenen erhalten. Diese Informationen konnten verwendet werden, um die Identität des Verstorbenen festzustellen und mögliche Hinweise auf die Todesursache zu finden.

Eine weitere wichtige Entwicklung war die Einführung von Identifikationsmethoden, die auf forensischen Untersuchungen von Skeletten und Zähnen basierten. Forensische Anthropologen begannen, die Merkmale von Skeletten und Zähnen zu studieren, um Rückschlüsse auf das Alter, Geschlecht, ethnische

Zugehörigkeit und mögliche Krankheiten oder Verletzungen des Verstorbenen zu ziehen. Diese Informationen konnten helfen, die Identität des Verstorbenen festzustellen, insbesondere wenn keine anderen Identifikationsmerkmale vorhanden waren.

Im Laufe des 19. Jahrhunderts wurden auch technologische Fortschritte und neue Methoden zur Identifikation von Gräbern und Leichen eingeführt. Eine wichtige Entwicklung war die Einführung von Identifikationssystemen, die auf fotografischen oder zeichnerischen Darstellungen von Verstorbenen basierten. Fotografien von Leichen wurden verwendet, um die Identität der Verstorbenen festzuhalten und als Referenz für zukünftige Untersuchungen zu dienen. Darüber hinaus wurden Porträts oder Zeichnungen von Verstorbenen erstellt, um bei der Identifikation zu helfen und den Angehörigen oder Bekannten eine visuelle Referenz zu geben.

Eine weitere wichtige Entwicklung war die Einführung von Identifikationsdokumenten und Aufzeichnungen, die es ermöglichten, die Identität von Verstorbenen zu dokumentieren und zu verfolgen. In einigen Ländern wurden Sterbeurkunden oder Todesbescheinigungen eingeführt, die Informationen über den Verstorbenen und die Umstände seines Todes enthielten. Diese Dokumente wurden von den Behörden ausgestellt und dienten als offizielle Aufzeichnungen, die bei der Identifikation von Leichen verwendet wurden.

Trotz der Fortschritte im Laufe des 19. Jahrhunderts gab es weiterhin Herausforderungen und ethische Bedenken im Zusammenhang mit der Identifikation von Gräbern und Leichen. Eine der größten Herausforderungen bestand darin, die Identität von Verstorbenen festzustellen, wenn keine eindeutigen Identifikationsmerkmale vorhanden waren. Dies war besonders problematisch in Fällen von Massensterben oder Katastrophen, bei denen viele Leichen schnell identifiziert und bestattet werden mussten.

Ein weiteres Problem war die unzureichende Ausbildung und Expertise der Ärzte und forensischen Experten, die für die Identifikation von Gräbern und Leichen verantwortlich waren. Viele Ärzte hatten nur begrenzte Erfahrung mit forensischen Untersuchungen und waren möglicherweise nicht in der Lage, die Identität von Verstorbenen korrekt festzustellen. Darüber hinaus gab es oft einen Mangel an Ressourcen und Ausrüstung für forensische Untersuchungen, was die Effizienz und Genauigkeit der Identifikation beeinträchtigen konnte.

Ethische Bedenken im Zusammenhang mit der Identifikation von Gräbern und Leichen betrafen vor allem die Würde und Privatsphäre der Verstorbenen sowie die Rechte ihrer Angehörigen oder Bekannten. Die Verwendung von Fotografien oder Zeichnungen von Leichen konnte als respektlos oder unangemessen empfunden werden, insbesondere wenn sie ohne Zustimmung der Familienmitglieder oder Angehörigen erstellt wurden. Darüber hinaus gab es Bedenken hinsichtlich der Verwendung von Leichen für wissenschaftliche oder medizinische Zwecke ohne Einverständnis der Verstorbenen oder ihrer Familien.

Die Identifikation von Gräbern und Leichen im 19. Jahrhundert war eine komplexe und herausfordernde Aufgabe, die forensische Experten, Ärzte, Behörden und Gemeinden vor vielfältige Herausforderungen stellte. Trotz der Fortschritte in der medizinischen und forensischen Wissenschaft blieben viele Fragen unbeantwortet und viele Fälle ungelöst. Dennoch legten die Entwicklungen im 19. Jahrhundert den Grundstein für die modernen Methoden und Technologien, die heute in der forensischen Wissenschaft verwendet werden, und trugen dazu bei, die Effizienz und Genauigkeit der Identifikation von Gräbern und Leichen zu verbessern.

Forensische Stratigraphie und Datierungstechniken
Die forensische Stratigraphie und Datierungstechniken des 19. Jahrhunderts legten den Grundstein für die moderne forensische Archäologie und die Rekonstruktion vergangener Ereignisse.

Während dieses Jahrhunderts wurden verschiedene Methoden entwickelt, um die zeitliche Abfolge von Ereignissen zu bestimmen und Materialien zu datieren, was forensischen Experten und Archäologen half, die Geschichte von Tatorten und Gräbern zu rekonstruieren, menschliche Überreste zu identifizieren und kriminelle Handlungen aufzuklären.

Eine der wichtigsten Entwicklungen in der forensischen Stratigraphie war die Anerkennung und Untersuchung der geologischen Schichten oder Schichtenabfolgen an einem Ort. Die Idee, dass sich Schichten in einer bestimmten Reihenfolge bilden und dass jüngere Schichten auf älteren Schichten ruhen, wurde im 19. Jahrhundert fest etabliert. Forensische Experten begannen, diese Prinzipien bei der Untersuchung von Tatorten und Gräbern anzuwenden, um die zeitliche Abfolge von Ereignissen zu bestimmen und Beweise zu interpretieren.

Ein weiterer wichtiger Bereich war die Entwicklung von Datierungstechniken, die es ermöglichten, das Alter von Artefakten, menschlichen Überresten und anderen Materialien zu bestimmen. Im 19. Jahrhundert wurden verschiedene Methoden zur Datierung entwickelt, darunter die Radiokarbonmethode, die Dendrochronologie und die Stratigraphiedatierung. Diese Techniken ermöglichten es forensischen Experten, das Alter von Proben mit einer gewissen Genauigkeit zu bestimmen und somit wichtige Informationen über Tatorte und menschliche Überreste zu gewinnen.

Die Radiokarbonmethode war eine der revolutionärsten Entwicklungen in der Datierungstechnik des 20. Jahrhunderts. Sie basiert auf dem Prinzip des radioaktiven Zerfalls von Kohlenstoff-14 in organischem Material und ermöglichte die genaue Bestimmung des Alters von organischen Überresten. Diese Methode wurde erstmals in den späten 1940er Jahren entwickelt und hat seitdem die Datierung von menschlichen Überresten, Holzproben und anderen organischen Materialien in der forensischen Archäologie revolutioniert.

Die Dendrochronologie, oder Baumringdatierung, ist eine weitere wichtige Methode zur Bestimmung des Alters von Holzproben. Sie basiert auf der Analyse der Jahresringe in Baumstämmen und ermöglicht es, das Alter von Holzproben mit einer außergewöhnlichen Genauigkeit zu bestimmen. Diese Methode wird häufig bei der Datierung von archäologischen Funden, historischen Gebäuden und menschlichen Überresten verwendet, um wichtige Informationen über vergangene Ereignisse zu gewinnen.

Die Stratigraphiedatierung bezieht sich auf die Bestimmung des Alters von Artefakten und menschlichen Überresten anhand ihrer relativen Position in den geologischen Schichten. Diese Methode basiert auf dem Prinzip der Superposition, das besagt, dass jüngere Schichten auf älteren Schichten ruhen. Indem forensische Experten die vertikale Abfolge von Artefakten und Überresten untersuchen, können sie die zeitliche Abfolge von Ereignissen bestimmen und wichtige Informationen über Tatorte und Gräber gewinnen.

Die Entwicklung von forensischen Stratigraphie- und Datierungstechniken im 19. Jahrhundert hatte weitreichende Auswirkungen auf die forensische Wissenschaft und half, die Methoden und Technologien zu etablieren, die heute bei der Untersuchung von Tatorten und Gräbern verwendet werden. Diese Methoden haben es forensischen Experten ermöglicht, die Geschichte von Tatorten zu rekonstruieren, menschliche Überreste zu identifizieren und kriminelle Handlungen aufzuklären.

Öffentliche Wahrnehmung von forensischer Archäologie
Die öffentliche Wahrnehmung von forensischer Archäologie im 19. Jahrhundert war geprägt von einer Mischung aus Faszination, Sensationslust und wissenschaftlichem Interesse. Während dieses Jahrhunderts erlebte die forensische Archäologie einen bedeutenden Aufschwung, da die Menschen zunehmendes Interesse an der Vergangenheit und an der Aufklärung von Verbrechen entwickelten. Die Entdeckung bedeutender archäologischer Funde und die Anwendung neuer forensischer

Methoden faszinierten die Öffentlichkeit und trugen dazu bei, die forensische Archäologie als wichtigen Bestandteil der Kriminalistik und Archäologie zu etablieren.

In vielen Teilen der Welt war das 19. Jahrhundert geprägt von einem regen Interesse an Archäologie und Geschichte. Die Entdeckung antiker Ruinen, Gräber und Artefakte weckte das Interesse der Öffentlichkeit und trug dazu bei, die Vergangenheit besser zu verstehen. Forensische Archäologie spielte dabei eine wichtige Rolle, da sie es ermöglichte, historische Ereignisse zu rekonstruieren und kriminelle Handlungen aufzuklären.

Ein bedeutendes Ereignis, das die öffentliche Wahrnehmung von forensischer Archäologie im 19. Jahrhundert prägte, war die Entdeckung des Grabes von Tutanchamun im Jahr 1922 durch den britischen Archäologen Howard Carter. Die Entdeckung des nahezu unberührten Grabes eines altägyptischen Pharaos faszinierte die Welt und löste eine Welle der Begeisterung für Archäologie aus. Die sorgfältige Untersuchung und Dokumentation des Grabes durch Carter und sein Team trugen dazu bei, die forensische Archäologie als wissenschaftliche Disziplin zu etablieren und das Bewusstsein für ihre Bedeutung zu stärken.

Ein weiteres wichtiges Ereignis war die Entdeckung der antiken Stadt Pompeji im 18. Jahrhundert und ihre systematische Ausgrabung und Erforschung im 19. Jahrhundert. Die gut erhaltenen Überreste der Stadt und ihrer Bewohner boten einen faszinierenden Einblick in das tägliche Leben im antiken Rom und lieferten wichtige Informationen über Kunst, Architektur und Kultur. Die forensische Archäologie spielte eine entscheidende Rolle bei der Erforschung von Pompeji, da sie es ermöglichte, die Ursachen für den Untergang der Stadt zu untersuchen und kriminelle Handlungen wie Plünderungen und Gewalttaten aufzudecken.

In der Literatur und den Medien des 19. Jahrhunderts fanden forensische Archäologie und ihre Ergebnisse ebenfalls breite Beachtung. Romane, Zeitungsartikel und wissenschaftliche

Abhandlungen widmeten sich oft archäologischen Entdeckungen und ihren forensischen Aspekten. Autoren wie Arthur Conan Doyle integrierten forensische Archäologie in ihre Geschichten, wodurch das Interesse der Leser an diesem Thema weiter gestärkt wurde.

Darüber hinaus trugen wissenschaftliche Fortschritte und technologische Innovationen im 19. Jahrhundert dazu bei, das Verständnis und die Anwendung forensischer Methoden in der Archäologie zu verbessern. Die Entwicklung von fotografischen Techniken ermöglichte es, Tatorte und archäologische Funde detailliert zu dokumentieren und Beweise zu sichern. Neue Methoden zur Datierung von Artefakten und menschlichen Überresten halfen dabei, die Chronologie von Ereignissen zu bestimmen und wichtige Informationen über die Vergangenheit zu gewinnen.

Trotz des wachsenden Interesses an forensischer Archäologie im 19. Jahrhundert gab es auch skeptische Stimmen und Kontroversen. Einige Kritiker bezweifelten die Zuverlässigkeit forensischer Methoden und warfen den Forschern vor, Beweise zu manipulieren oder zu interpretieren, um bestimmte Ergebnisse zu erzielen. Andere sahen forensische Archäologie als eine Bedrohung für den kulturellen und historischen Wert von archäologischen Funden und argumentierten, dass die Untersuchung von Tatorten und Gräbern ihre Integrität beeinträchtigen könne.

Trotz dieser Kontroversen und Herausforderungen trug die forensische Archäologie im 19. Jahrhundert entscheidend dazu bei, die Vergangenheit zu rekonstruieren, Verbrechen aufzuklären und das Verständnis für die Bedeutung von archäologischen Funden zu stärken. Durch die sorgfältige Untersuchung und Dokumentation von Tatorten und Gräbern konnten forensische Experten wichtige Informationen über vergangene Ereignisse gewinnen und zur Aufklärung von Verbrechen beitragen.

Kriminalistische Relevanz von historischen Stätten

Die kriminalistische Relevanz historischer Stätten im 19. Jahrhundert war von einer Vielzahl von Faktoren geprägt, die sowohl die Entwicklung der Kriminalistik als auch das Verständnis vergangener Ereignisse beeinflussten. In diesem Jahrhundert erlebte die forensische Wissenschaft einen bedeutenden Aufschwung, der dazu beitrug, historische Stätten als wichtige Schauplätze für kriminalistische Untersuchungen zu etablieren. Die Identifizierung, Dokumentation und Analyse von Beweisen an diesen Orten trugen dazu bei, Verbrechen aufzuklären, historische Ereignisse zu rekonstruieren und das Verständnis für die Vergangenheit zu vertiefen.

Historische Stätten spielten im 19. Jahrhundert eine wichtige Rolle in der Kriminalistik, da sie potenzielle Tatorte für verschiedene Arten von Verbrechen darstellten. Von antiken Ruinen über mittelalterliche Burgen bis hin zu verlassenen Schlössern boten historische Stätten eine Vielzahl von Kulissen für kriminelle Handlungen wie Mord, Diebstahl, Entführung und Verschwörung. Die Untersuchung dieser Tatorte erforderte spezialisierte Kenntnisse und Fähigkeiten, um Beweise zu sammeln, zu analysieren und zu interpretieren.

Ein bedeutendes Beispiel für die kriminalistische Relevanz historischer Stätten im 19. Jahrhundert war die Untersuchung von Verbrechen im Zusammenhang mit politischen Intrigen und Machtkämpfen. In vielen Ländern Europas war das 19. Jahrhundert geprägt von politischen Unruhen, Revolutionen und Aufständen, die zu zahlreichen Verbrechen und Gewalttaten führten. Historische Stätten wie königliche Paläste, Regierungssitze und öffentliche Plätze waren oft Schauplätze politischer Morde, Attentate und Verschwörungen, die forensische Ermittler vor Herausforderungen stellten.

Ein weiteres wichtiges Beispiel für die kriminalistische Relevanz historischer Stätten war die Untersuchung von Verbrechen im Zusammenhang mit religiösen Kulten und Sekten. Im 19. Jahrhundert gab es eine Vielzahl von religiösen Bewegungen und

Sekten, die oft in abgelegenen Klöstern, Tempeln oder Kultstätten aktiv waren. Diese Orte waren häufig Schauplätze von religiösen Riten, Opferungen und Ritualmorden, die forensische Ermittler vor komplexe Herausforderungen stellten.

Die Untersuchung von historischen Stätten im 19. Jahrhundert erforderte eine Vielzahl von forensischen Techniken und Methoden, um Beweise zu sammeln und zu analysieren. Die Entwicklung von fotografischen Techniken wie der Daguerreotypie und der Fotografie erleichterte die Dokumentation von Tatorten und Beweisen erheblich. Forensische Experten begannen, Spuren wie Fingerabdrücke, Fußabdrücke, Haare, Fasern, Blutspuren und Abdrücke von Werkzeugen und Waffen zu sammeln und zu analysieren, um Täter zu identifizieren und Verbrechen aufzuklären.

Ein wichtiges Element der kriminalistischen Relevanz historischer Stätten im 19. Jahrhundert war die Bedeutung von archäologischen Ausgrabungen und Untersuchungen. Die systematische Erforschung und Dokumentation antiker Stätten und Ruinen trug dazu bei, wichtige Informationen über vergangene Ereignisse zu gewinnen und kriminelle Handlungen aufzuklären. Archäologen und forensische Experten arbeiteten oft eng zusammen, um historische Stätten zu untersuchen und Beweise für Verbrechen zu sammeln.

Ein bedeutendes Beispiel für die kriminalistische Relevanz historischer Stätten im 19. Jahrhundert war die Entdeckung des Grabes von Tutanchamun im Jahr 1922 durch den britischen Archäologen Howard Carter. Die sorgfältige Untersuchung und Dokumentation des Grabes und seiner Artefakte trugen dazu bei, wichtige Informationen über das Leben des altägyptischen Pharaos und die Umstände seines Todes zu gewinnen. Forensische Experten analysierten die Überreste von Tutanchamun und untersuchten mögliche Todesursachen wie Mord oder Vergiftung.

Die öffentliche Wahrnehmung von historischen Stätten als Schauplätze für kriminelle Handlungen war im 19. Jahrhundert oft von Sensationsgier, Mystik und Faszination geprägt.

Kriminalromane, Zeitungsartikel und Theaterstücke bedienten sich oft historischer Stätten und Ereignisse als Inspiration für ihre Geschichten. Diese Darstellungen trugen dazu bei, das Interesse der Öffentlichkeit an forensischen Untersuchungen und historischen Stätten zu wecken und das Bewusstsein für die Bedeutung von Beweisen und Spuren zu schärfen.

Insgesamt war die kriminalistische Relevanz historischer Stätten im 19. Jahrhundert ein wichtiges Thema, das die Entwicklung der Kriminalistik und die öffentliche Wahrnehmung von Verbrechen und Strafverfolgung beeinflusste. Die Untersuchung von historischen Stätten trug dazu bei, wichtige Informationen über vergangene Ereignisse zu gewinnen, Verbrechen aufzuklären und das Verständnis für die Vergangenheit zu vertiefen.

Ethik in der forensischen Archäologie

Die forensische Archäologie des 19. Jahrhunderts war geprägt von zahlreichen ethischen Fragestellungen und Herausforderungen, die sich aus der Untersuchung von menschlichen Überresten und historischen Stätten ergaben. Während dieser Zeit erlebte die forensische Archäologie einen bedeutenden Aufschwung, da sie zunehmend als wissenschaftliche Disziplin anerkannt wurde, die dazu beitrug, Verbrechen aufzuklären, historische Ereignisse zu rekonstruieren und das kulturelle Erbe zu schützen. Dennoch wurden die ethischen Aspekte der forensischen Archäologie oft vernachlässigt oder kontrovers diskutiert, da die Untersuchung von menschlichen Überresten und die Störung historischer Stätten Fragen der Würde, des Respekts und der Verantwortung aufwarf.

Eine der zentralen ethischen Fragen in der forensischen Archäologie des 19. Jahrhunderts war die Behandlung menschlicher Überreste und die Wahrung der Würde und Integrität der Verstorbenen. Die Untersuchung von Skeletten und Grabstätten stellte forensische Archäologen vor die Herausforderung, die menschliche Dimension ihrer Arbeit zu berücksichtigen und die religiösen, kulturellen und moralischen Überzeugungen der betroffenen Gemeinschaften zu respektieren. Insbesondere bei der

Untersuchung von Grabstätten und Massengräbern im Zusammenhang mit Verbrechen oder Kriegen war es wichtig, sensibel mit den Überresten umzugehen und sicherzustellen, dass die Opfer angemessen behandelt und identifiziert wurden.

Ein weiteres ethisches Dilemma in der forensischen Archäologie des 19. Jahrhunderts betraf den Umgang mit historischen Stätten und Artefakten. Die Ausgrabung und Untersuchung von historischen Stätten konnte dazu beitragen, wertvolle Informationen über vergangene Kulturen und Ereignisse zu gewinnen, aber sie brachte auch die Gefahr der Zerstörung und des Verlusts von kulturellem Erbe mit sich. Forensische Archäologen standen vor der Herausforderung, das richtige Gleichgewicht zwischen der Erforschung und dem Schutz historischer Stätten zu finden und sicherzustellen, dass die kulturellen und historischen Werte angemessen gewürdigt und erhalten blieben.

Die Verwendung von menschlichen Überresten und Artefakten zu wissenschaftlichen und pädagogischen Zwecken war eine weitere ethische Frage, die die forensische Archäologie des 19. Jahrhunderts prägte. Die Untersuchung von Skeletten und Grabstätten lieferte wichtige Erkenntnisse über die Lebensweise, Gesundheit und Identität vergangener Bevölkerungen, aber sie stellte auch die Frage nach dem angemessenen Umgang mit den menschlichen Überresten und der Einhaltung ethischer Standards bei der Forschung und Präsentation der Ergebnisse.

Eine weitere ethische Herausforderung in der forensischen Archäologie des 19. Jahrhunderts war die Zusammenarbeit mit Gemeinschaften und Institutionen, die von den Untersuchungen betroffen waren. Forensische Archäologen mussten eng mit lokalen Regierungen, Gemeinden, religiösen Organisationen und anderen Interessengruppen zusammenarbeiten, um sicherzustellen, dass ihre Arbeit respektvoll und verantwortungsvoll durchgeführt wurde und die Bedenken und Anliegen der betroffenen Parteien angemessen berücksichtigt wurden.

Die Einbeziehung ethischer Grundsätze in die forensische Archäologie des 19. Jahrhunderts war ein wichtiger Schritt in Richtung Professionalisierung und Standardisierung der Disziplin. Forensische Archäologen begannen, ethische Richtlinien und Verhaltenskodexe zu entwickeln, um sicherzustellen, dass ihre Arbeit den höchsten Standards ethischen Verhaltens entsprach und die Rechte und Würde der betroffenen Personen respektierte.

Die Diskussion über Ethik in der forensischen Archäologie des 19. Jahrhunderts war eng mit den Debatten über die Rolle und Verantwortung von Wissenschaftlern in der Gesellschaft verbunden. Forensische Archäologen wurden zunehmend als Experten anerkannt, deren Arbeit einen wichtigen Beitrag zur Aufklärung von Verbrechen, zur Identifizierung von Opfern und zur Bewahrung des kulturellen Erbes leistete. Gleichzeitig wurden sie jedoch auch mit Fragen konfrontiert, wie zum Beispiel dem Missbrauch wissenschaftlicher Erkenntnisse oder dem Potenzial für ethische Verfehlungen bei der Untersuchung von menschlichen Überresten und historischen Stätten.

Die Entwicklung ethischer Standards und Richtlinien in der forensischen Archäologie des 19. Jahrhunderts war ein wichtiger Schritt in Richtung Professionalisierung und Institutionalisierung der Disziplin. Forensische Archäologen erkannten die Bedeutung ethischer Überlegungen für ihre Arbeit und bemühten sich, Standards zu entwickeln, die sicherstellten, dass ihre Untersuchungen ethisch vertretbar waren und die Rechte und Würde der betroffenen Personen respektierten.

Die Anerkennung der Bedeutung ethischer Grundsätze in der forensischen Archäologie des 19. Jahrhunderts trug dazu bei, das Vertrauen in die Integrität und Glaubwürdigkeit forensischer Untersuchungen zu stärken und die Akzeptanz der Disziplin in der Gesellschaft zu fördern. Indem sie sich auf ethische Richtlinien und Standards stützten, konnten forensische Archäologen sicherstellen, dass ihre Arbeit transparent, verantwortungsvoll und respektvoll durchgeführt wurde und die Interessen und Rechte aller beteiligten Parteien angemessen berücksichtigt wurden.

Forensische Zahnmedizin

Identifikation durch Zahnmedizinische Merkmale

Die Identifikation durch zahnmedizinische Merkmale im 19. Jahrhundert war ein bedeutender Fortschritt in der forensischen Wissenschaft und spielte eine entscheidende Rolle bei der Aufklärung von Verbrechen, der Identifizierung von Opfern und der Gewährleistung von Gerechtigkeit. Während dieses Jahrhunderts erlebte die Zahnmedizin eine rasante Entwicklung, sowohl in Bezug auf diagnostische Verfahren als auch auf die Behandlung von Zahnerkrankungen und -verletzungen. Diese Fortschritte ermöglichten es Zahnärzten und forensischen Experten, Zahnmedizin als zuverlässige Methode zur Identifizierung von Individuen einzusetzen, insbesondere in Fällen, in denen andere Identifizierungsmethoden nicht verfügbar oder nicht durchführbar waren.

Zu Beginn des 19. Jahrhunderts war die Zahnmedizin noch in einem relativ primitiven Stadium ihrer Entwicklung. Zahnärzte verwendeten rudimentäre Werkzeuge und Techniken für die Behandlung von Zahnproblemen, und es gab wenig Verständnis für die forensischen Anwendungen der Zahnmedizin. Die Idee, dass die Zähne eines Menschen als einzigartige Identifikationsmerkmale dienen könnten, war noch nicht weit verbreitet, und es gab nur wenige Aufzeichnungen über die Verwendung von Zähnen zur Identifizierung von Individuen.

Im Laufe des 19. Jahrhunderts begann sich jedoch das Verständnis für die Bedeutung zahnmedizinischer Merkmale als Identifikationsmerkmale zu entwickeln. Zahnärzte und forensische Experten erkannten, dass die Zähne eines Menschen eine einzigartige und dauerhafte Identität haben und dass Veränderungen oder Anomalien in den Zähnen genutzt werden könnten, um Individuen zu identifizieren. Diese Erkenntnis wurde durch die zunehmende Verbreitung von zahnmedizinischen Aufzeichnungen unterstützt, in denen Informationen über die Zähne eines Patienten wie Füllungen, Extraktionen, Zahnfehlstellungen und andere Merkmale festgehalten wurden.

Ein wichtiger Meilenstein in der Entwicklung der Identifikation durch zahnmedizinische Merkmale war die Einführung von Zahnaufzeichnungen als forensisches Hilfsmittel. Zahnärzte begannen systematisch, Informationen über die Zähne ihrer Patienten zu dokumentieren, einschließlich Röntgenaufnahmen, Abdrücken und schriftlichen Beschreibungen. Diese Aufzeichnungen dienten nicht nur der medizinischen Versorgung, sondern auch der Identifizierung von Personen in forensischen Untersuchungen.

Die Identifikation durch zahnmedizinische Merkmale war besonders nützlich in Fällen, in denen andere Identifizierungsmethoden wie Fingerabdrücke oder DNA nicht verfügbar waren. Zum Beispiel konnten Zahnärzte anhand von zahnmedizinischen Aufzeichnungen unbekannte Leichen identifizieren, indem sie die Merkmale der Zähne mit denen in den Aufzeichnungen verglichen. Dies war besonders wichtig bei Massenunfällen, Katastrophen oder Kriegen, bei denen eine schnelle und genaue Identifizierung der Opfer erforderlich war.

Ein weiterer wichtiger Beitrag zur Identifikation durch zahnmedizinische Merkmale im 19. Jahrhundert war die Entwicklung von forensischen Zahnuntersuchungen. Forensische Zahnärzte waren speziell ausgebildete Zahnärzte, die sich auf die Identifizierung von Individuen durch zahnmedizinische Merkmale spezialisiert hatten und regelmäßig an forensischen Untersuchungen beteiligt waren. Diese Experten konnten anhand von zahnmedizinischen Aufzeichnungen oder direkten Untersuchungen der Zähne eine Identifizierung vornehmen und forensische Gutachten erstellen, die vor Gericht verwendet wurden.

Die Identifikation durch zahnmedizinische Merkmale im 19. Jahrhundert war jedoch nicht ohne Herausforderungen. Eine der größten Herausforderungen bestand darin, genaue und vollständige zahnmedizinische Aufzeichnungen zu erhalten und aufzubewahren. In vielen Fällen wurden zahnmedizinische Aufzeichnungen unvollständig geführt oder gingen verloren, was die Identifizierung von Individuen erschwerte. Darüber hinaus gab es wenig Standardisierung in Bezug auf die Art und Weise, wie zahnmedizinische Aufzeichnungen erstellt und aufbewahrt wurden, was zu Inkonsistenzen und Unklarheiten führte.

Eine weitere Herausforderung bestand darin, die Zuverlässigkeit und Genauigkeit der Identifikation durch zahnmedizinische Merkmale zu gewährleisten. Obwohl die Zähne eines Menschen einzigartig sind, können sich ihre Merkmale im Laufe der Zeit aufgrund von Verletzungen, Krankheiten oder dentalen Eingriffen ändern. Daher war es wichtig, dass forensische Zahnärzte über fundiertes Fachwissen und Erfahrung verfügten, um genaue Identifikationen vorzunehmen und falsche Positiv oder falsche Negativ Ergebnisse zu minimieren.

Trotz dieser Herausforderungen erwies sich die Identifikation durch zahnmedizinische Merkmale im 19. Jahrhundert als äußerst nützliche und effektive Methode zur Identifizierung von Individuen in forensischen Untersuchungen. Die Verwendung von zahnmedizinischen Aufzeichnungen und forensischen Zahnuntersuchungen trug dazu bei, zahlreiche Verbrechen aufzuklären, Opfer zu identifizieren und Gerechtigkeit zu gewährleisten.

Forensische Anwendungen von Zahnanalysen

Die forensische Anwendung von Zahnanalysen im 19. Jahrhundert markierte einen bedeutenden Fortschritt in der forensischen Wissenschaft und trug maßgeblich zur Identifizierung von Individuen, zur Aufklärung von Verbrechen und zur Gewährleistung von Gerechtigkeit bei. Während dieses Jahrhunderts entwickelten sich die zahnmedizinischen Techniken und Methoden weiter, und die Zähne eines Menschen erwiesen sich als wertvolle und zuverlässige Identifikationsmerkmale in forensischen Untersuchungen. Diese Entwicklung führte zu einer breiteren

Anerkennung der forensischen Zahnmedizin als wichtige Disziplin innerhalb der forensischen Wissenschaft.

Zu Beginn des 19. Jahrhunderts war die Zahnmedizin noch in einem relativ primitiven Stadium ihrer Entwicklung. Zahnärzte verwendeten rudimentäre Werkzeuge und Techniken für die Behandlung von Zahnproblemen, und es gab wenig Verständnis für die forensischen Anwendungen der Zahnmedizin. Die Idee, dass die Zähne eines Menschen als einzigartige Identifikationsmerkmale dienen könnten, war noch nicht weit verbreitet, und es gab nur wenige Aufzeichnungen über die Verwendung von Zähnen zur Identifizierung von Individuen.

Im Laufe des 19. Jahrhunderts änderte sich dies jedoch allmählich. Zahnärzte begannen, systematisch Informationen über die Zähne ihrer Patienten zu dokumentieren, einschließlich Füllungen, Extraktionen, Zahnfehlstellungen und anderen Merkmalen. Diese Aufzeichnungen dienten nicht nur der medizinischen Versorgung, sondern auch der Identifizierung von Personen in forensischen Untersuchungen. Die Idee, dass die Zähne eines Menschen einzigartige und dauerhafte Identitätsmerkmale sind, gewann an Bedeutung und wurde von forensischen Experten zunehmend anerkannt.

Eine der frühesten forensischen Anwendungen von Zahnanalysen war die Identifizierung unbekannter Leichen. Zahnärzte konnten die Merkmale der Zähne eines unbekannten Körpers mit den zahnmedizinischen Aufzeichnungen bekannter Personen vergleichen, um eine mögliche Identifikation vorzunehmen. Dies erwies sich als besonders nützlich in Fällen von Massenunfällen, Katastrophen oder Kriegen, bei denen eine schnelle Identifizierung der Opfer erforderlich war, um deren Familien Gewissheit zu geben und eine angemessene Bestattung zu ermöglichen.

Ein weiteres wichtiges Einsatzgebiet von Zahnanalysen war die Untersuchung von Bissverletzungen. Bissverletzungen können in Kriminalfällen wichtige Beweise liefern, da sie dazu beitragen können, den Täter zu identifizieren oder die Umstände eines Verbrechens zu rekonstruieren. Forensische Experten konnten die Zähne eines Verdächtigen mit den Bissmarken am Tatort vergleichen, um festzustellen, ob sie übereinstimmten und ob der Verdächtige für die Verletzung verantwortlich war.

Zahnanalysen wurden auch zur Bestimmung des Alters von Personen verwendet, insbesondere bei der Identifizierung von Kindern oder Jugendlichen. Die Entwicklung der Zähne im Laufe der Zeit kann Hinweise auf das Alter einer Person liefern, und forensische Experten konnten diese Informationen nutzen, um das Alter unbekannter Personen zu bestimmen oder zu überprüfen.

Eine weitere wichtige forensische Anwendung von Zahnanalysen war die Untersuchung von menschlichen Überresten, insbesondere in archäologischen oder anthropologischen Kontexten. Zahnmedizinische Merkmale können wichtige Informationen über die Identität, das Alter, den Gesundheitszustand und die Lebensumstände einer Person liefern, die vor vielen Jahren lebte. Forensische Experten können anhand dieser Merkmale Rückschlüsse auf die Lebensweise, Ernährung, soziale Stellung und mögliche Krankheiten oder Verletzungen ziehen.

Ein bedeutender Fortschritt in der forensischen Anwendung von Zahnanalysen war die Entwicklung von forensischen Zahnuntersuchungen. Forensische Zahnärzte waren speziell ausgebildete Experten, die sich auf die Identifizierung von Personen durch zahnmedizinische Merkmale spezialisiert hatten und regelmäßig an forensischen Untersuchungen beteiligt waren. Diese Experten konnten anhand von zahnmedizinischen Aufzeichnungen oder direkt an den Zähnen unbekannter Personen Identifikationen vornehmen und forensische Gutachten erstellen, die vor Gericht verwendet wurden.

Eine der bekanntesten Anwendungen von Zahnanalysen im 19. Jahrhundert war die Identifizierung von König Johann Ohneland von England im Jahr 1216. Nach seinem Tod wurde sein Körper in einem unbekannten Grab beigesetzt, und Jahrhunderte später wurden seine Überreste exhumiert und untersucht. Forensische Zahnärzte verglichen die Zähne des unbekannten Körpers mit den zahnmedizinischen Aufzeichnungen von König Johann und stellten fest, dass sie übereinstimmten, was die Identifizierung bestätigte.

In einem weiteren historischen Fall wurden die Überreste von König Richard III. von England im Jahr 2012 unter einem Parkplatz in Leicester gefunden. Forensische Zahnärzte spielten eine entscheidende Rolle bei der Identifizierung der Überreste, indem sie die Zähne des Skeletts mit historischen Beschreibungen von König Richard verglichen und feststellten, dass sie übereinstimmten. Diese Identifizierung war ein bedeutender Durchbruch in der forensischen Archäologie und trug dazu bei, eine lange bestehende historische Frage zu lösen.

Ein weiteres bekanntes Beispiel für die forensische Anwendung von Zahnanalysen ist der Fall des Serienmörders Ted Bundy, der in den 1970er Jahren in den USA aktiv war. Bundy hinterließ Bissmarken an seinen Opfern, und forensische Zahnärzte konnten diese Marken mit seinen Zähnen abgleichen und ihn damit eindeutig mit den Verbrechen in Verbindung bringen. Dieser Fall verdeutlicht die Bedeutung von Zahnanalysen bei der Aufklärung von Verbrechen und der Identifizierung von Tätern.

Insgesamt war die forensische Anwendung von Zahnanalysen im 19. Jahrhundert ein wichtiger Fortschritt in der forensischen Wissenschaft und trug maßgeblich zur Identifizierung von Individuen, zur Aufklärung von Verbrechen und zur Gewährleistung von Gerechtigkeit bei. Die Entwicklung von zahnmedizinischen Techniken und Methoden ermöglichte es forensischen Experten, die einzigartigen Merkmale der Zähne eines Menschen zu nutzen, um Identifikationen vorzunehmen und forensische Gutachten zu erstellen, die vor Gericht verwendet wurden.

Bedeutung von Zahnuntersuchungen in der Rechtsmedizin

Die Bedeutung von Zahnuntersuchungen in der Rechtsmedizin des 19. Jahrhunderts war von entscheidender Bedeutung für die Identifizierung von Personen, die Aufklärung von Verbrechen und die Gewährleistung von Gerechtigkeit. Während dieses Jahrhunderts entwickelten sich zahnmedizinische Techniken und Methoden weiter, und die Zähne eines Menschen erwiesen sich als wertvolle und zuverlässige Identifikationsmerkmale in forensischen Untersuchungen. Diese Entwicklung führte zu einer breiteren Anerkennung der forensischen Zahnmedizin als wichtige Disziplin innerhalb der forensischen Wissenschaft.

Zu Beginn des 19. Jahrhunderts war die Zahnmedizin noch in einem relativ primitiven Stadium ihrer Entwicklung. Zahnärzte verwendeten rudimentäre Werkzeuge und Techniken für die Behandlung von Zahnproblemen, und es gab wenig Verständnis für die forensischen Anwendungen der Zahnmedizin. Die Idee, dass die Zähne eines Menschen als einzigartige Identifikationsmerkmale dienen könnten, war noch nicht weit verbreitet, und es gab nur wenige Aufzeichnungen über die Verwendung von Zähnen zur Identifizierung von Individuen.

Im Laufe des 19. Jahrhunderts änderte sich dies jedoch allmählich. Zahnärzte begannen, systematisch Informationen über die Zähne ihrer Patienten zu dokumentieren, einschließlich Füllungen, Extraktionen, Zahnfehlstellungen und anderen Merkmalen. Diese Aufzeichnungen dienten nicht nur der medizinischen Versorgung, sondern auch der Identifizierung von Personen in forensischen Untersuchungen. Die Idee, dass die Zähne eines Menschen einzigartige und dauerhafte Identitätsmerkmale sind, gewann an Bedeutung und wurde von forensischen Experten zunehmend anerkannt.

Eine der frühesten forensischen Anwendungen von Zahnuntersuchungen war die Identifizierung unbekannter Leichen. Zahnärzte konnten die Merkmale der Zähne eines unbekannten Körpers mit den zahnmedizinischen Aufzeichnungen bekannter

Personen vergleichen, um eine mögliche Identifikation vorzunehmen. Dies erwies sich als besonders nützlich in Fällen von Massenunfällen, Katastrophen oder Kriegen, bei denen eine schnelle Identifizierung der Opfer erforderlich war, um deren Familien Gewissheit zu geben und eine angemessene Bestattung zu ermöglichen.

Ein weiteres wichtiges Einsatzgebiet von Zahnuntersuchungen war die Untersuchung von Bissverletzungen. Bissverletzungen können in Kriminalfällen wichtige Beweise liefern, da sie dazu beitragen können, den Täter zu identifizieren oder die Umstände eines Verbrechens zu rekonstruieren. Forensische Experten konnten die Zähne eines Verdächtigen mit den Bissmarken am Tatort vergleichen, um festzustellen, ob sie übereinstimmten und ob der Verdächtige für die Verletzung verantwortlich war.

Zahnuntersuchungen wurden auch zur Bestimmung des Alters von Personen verwendet, insbesondere bei der Identifizierung von Kindern oder Jugendlichen. Die Entwicklung der Zähne im Laufe der Zeit kann Hinweise auf das Alter einer Person liefern, und forensische Experten konnten diese Informationen nutzen, um das Alter unbekannter Personen zu bestimmen oder zu überprüfen.

Eine weitere wichtige forensische Anwendung von Zahnuntersuchungen war die Untersuchung von menschlichen Überresten, insbesondere in archäologischen oder anthropologischen Kontexten. Zahnmedizinische Merkmale können wichtige Informationen über die Identität, das Alter, den Gesundheitszustand und die Lebensumstände einer Person liefern, die vor vielen Jahren lebte. Forensische Experten können anhand dieser Merkmale Rückschlüsse auf die Lebensweise, Ernährung, soziale Stellung und mögliche Krankheiten oder Verletzungen ziehen.

Eine der bekanntesten Anwendungen von Zahnuntersuchungen im 19. Jahrhundert war die Identifizierung von König Johann Ohneland von England im Jahr 1216. Nach seinem Tod wurde sein Körper in einem unbekannten Grab beigesetzt, und Jahrhunderte später wurden seine Überreste exhumiert und untersucht. Forensische Zahnärzte verglichen die Zähne des unbekannten Körpers mit den zahnmedizinischen Aufzeichnungen von König Johann und stellten fest, dass sie übereinstimmten, was die Identifizierung bestätigte.

In einem weiteren historischen Fall wurden die Überreste von König Richard III. von England im Jahr 2012 unter einem Parkplatz in Leicester gefunden. Forensische Zahnärzte spielten eine entscheidende Rolle bei der Identifizierung der Überreste, indem sie die Zähne des Skeletts mit historischen Beschreibungen von König Richard verglichen und feststellten, dass sie übereinstimmten. Diese Identifizierung war ein bedeutender Durchbruch in der forensischen Archäologie und trug dazu bei, eine lange bestehende historische Frage zu lösen.

Ein weiteres bekanntes Beispiel für die forensische Anwendung von Zahnanalysen ist der Fall des Serienmörders Ted Bundy, der in den 1970er Jahren in den USA aktiv war. Bundy hinterließ Bissmarken an seinen Opfern, und forensische Zahnärzte konnten diese Marken mit seinen Zähnen abgleichen und ihn damit eindeutig mit den Verbrechen in Verbindung bringen. Dieser Fall verdeutlicht die Bedeutung von Zahnanalysen bei der Aufklärung von Verbrechen und der Identifizierung von Tätern.

Insgesamt war die forensische Anwendung von Zahnuntersuchungen im 19. Jahrhundert ein wichtiger Fortschritt in der forensischen Wissenschaft und trug maßgeblich zur Identifizierung von Individuen, zur Aufklärung von Verbrechen und zur Gewährleistung von Gerechtigkeit bei. Die Entwicklung von zahnmedizinischen Techniken und Methoden ermöglichte es forensischen Experten, die einzigartigen Merkmale der Zähne eines Menschen zu nutzen, um Identifikationen vorzunehmen und forensische Gutachten zu erstellen, die vor Gericht verwendet wurden.

Methoden der zahnmedizinischen Identifikation

Die Methoden der zahnmedizinischen Identifikation im 19. Jahrhundert markieren einen wichtigen Meilenstein in der Geschichte der forensischen Zahnmedizin. Während dieses Zeitraums wurden grundlegende Techniken und Ansätze entwickelt, die es ermöglichten, die Zähne einer Person als zuverlässiges Mittel zur Identifizierung zu verwenden. Die zahnmedizinische Identifikation spielte eine entscheidende Rolle bei der Aufklärung von Verbrechen, der Identifizierung von unbekannten Leichen und der Gewährleistung von Gerechtigkeit. Diese Entwicklung trug zur Etablierung der Zahnmedizin als unverzichtbare Disziplin innerhalb der forensischen Wissenschaft bei.

Zu Beginn des 19. Jahrhunderts waren die Methoden der zahnmedizinischen Identifikation noch relativ primitiv und unstrukturiert. Zahnärzte begannen jedoch, systematisch Informationen über die Zähne ihrer Patienten zu sammeln und zu dokumentieren, was den Grundstein für die forensische Anwendung der Zahnmedizin legte. Die Idee, dass die Zähne eines Menschen einzigartige Merkmale sind, die zur Identifizierung dienen können, gewann an Bedeutung und wurde von forensischen Experten zunehmend anerkannt.

Eine der frühesten Methoden der zahnmedizinischen Identifikation war die Aufzeichnung von Zahnfällungen und anderen zahnärztlichen Behandlungen. Zahnärzte begannen, detaillierte Aufzeichnungen über die Zähne ihrer Patienten zu führen, einschließlich der Anzahl und Position von Füllungen, Extraktionen, Kronen und anderen Behandlungen. Diese Aufzeichnungen dienten nicht nur der medizinischen Versorgung, sondern auch der Identifizierung von Personen in forensischen Untersuchungen.

Ein weiteres wichtiges Merkmal, das zur Identifikation verwendet wurde, war die individuelle Anordnung der Zähne im Mund eines Menschen, einschließlich von Zahnlücken, Zahnfehlstellungen und anderen Merkmalen. Diese Merkmale erwiesen sich als einzigartig für jede Person und konnten daher zur Identifizierung verwendet werden. Forensische Experten begannen, diese Merkmale systematisch zu dokumentieren und zu analysieren, um Identifizierungen vorzunehmen.

Die Entwicklung von Abdrucktechniken spielte ebenfalls eine wichtige Rolle bei der zahnmedizinischen Identifikation im 19. Jahrhundert. Zahnärzte begannen, Abdrücke von den Zähnen ihrer Patienten zu nehmen, um Modelle herzustellen, die zur Diagnose und Behandlung von Zahnproblemen verwendet wurden. Diese Abdrücke erwiesen sich auch als nützlich für forensische Zwecke, da sie eine genaue Darstellung der Zähne einer Person lieferten, die zur Identifizierung verwendet werden konnte.

Eine weitere wichtige Methode der zahnmedizinischen Identifikation war die Untersuchung von Zahnmerkmalen wie Zahnform, Zahngröße, Zahnfarbe und anderen physikalischen Eigenschaften der Zähne. Diese Merkmale können von Person zu Person variieren und können daher zur Identifizierung verwendet werden. Forensische Experten begannen, diese Merkmale systematisch zu untersuchen und zu dokumentieren, um Identifizierungen vorzunehmen und forensische Gutachten zu erstellen.

Die Verwendung von Dentalradiographie war ein weiterer wichtiger Fortschritt in der zahnmedizinischen Identifikation im 19. Jahrhundert. Zahnärzte begannen, Röntgenaufnahmen von den Zähnen ihrer Patienten zu machen, um strukturelle Probleme oder Krankheiten zu diagnostizieren. Diese Röntgenaufnahmen erwiesen sich auch als nützlich für forensische Zwecke, da sie detaillierte Bilder der Zähne lieferten, die zur Identifizierung verwendet werden konnten.

Die Entwicklung von Zahnregistrierungstechniken war ebenfalls ein wichtiger Bestandteil der zahnmedizinischen Identifikation im 19. Jahrhundert. Zahnärzte begannen, genaue Aufzeichnungen über die Anordnung der Zähne im Mund eines Menschen zu führen, einschließlich der Position, Größe und Form der Zähne. Diese

Informationen konnten zur Identifizierung von Personen in forensischen Untersuchungen verwendet werden.

Die Verwendung von forensischen Zahnabdrücken war ein weiterer wichtiger Fortschritt in der zahnmedizinischen Identifikation im 19. Jahrhundert. Forensische Experten begannen, Abdrücke von den Zähnen unbekannter Leichen zu nehmen und mit Aufzeichnungen von Zahnärzten oder anderen Quellen zu vergleichen, um Identifizierungen vorzunehmen. Diese Technik erwies sich als äußerst effektiv bei der Identifizierung von Personen und trug dazu bei, viele Verbrechen aufzuklären und Gerechtigkeit zu gewährleisten.

Insgesamt markieren die Methoden der zahnmedizinischen Identifikation im 19. Jahrhundert einen bedeutenden Fortschritt in der forensischen Wissenschaft. Durch die Entwicklung von Techniken wie der Aufzeichnung von Zahnfällungen, der Untersuchung von Zahnmerkmalen, der Verwendung von Abdrucktechniken und der Dentalradiographie konnten forensische Experten die Zähne einer Person effektiv zur Identifizierung verwenden. Diese Methoden spielten eine entscheidende Rolle bei der Aufklärung von Verbrechen, der Identifizierung unbekannter Leichen und der Gewährleistung von Gerechtigkeit.

Altersbestimmung anhand von Zähnen
Die Altersbestimmung anhand von Zähnen im 19. Jahrhundert war ein wichtiger Bereich der forensischen Zahnmedizin, der sich sowohl in der medizinischen Praxis als auch in der forensischen Wissenschaft weiterentwickelte. Die Bestimmung des Alters anhand der Zähne war von entscheidender Bedeutung für die Identifizierung von Personen, die Aufklärung von Verbrechen und die Rekonstruktion von historischen Ereignissen. Im 19. Jahrhundert wurden verschiedene Methoden und Techniken entwickelt, um das Alter anhand der Zähne zu bestimmen, darunter die Untersuchung von Zahnanomalien, Zahnentwicklung, Zahnabnutzung und die Analyse von Zahnwurzeln.

Eine der frühesten Methoden zur Altersbestimmung anhand von Zähnen war die Untersuchung von Zahnanomalien. Zahnanomalien wie Zahnlücken, Zahnformen und Zahngrößen können Hinweise auf das Alter einer Person geben. Im 19. Jahrhundert begannen Zahnärzte und forensische Experten, diese Anomalien zu untersuchen und zu dokumentieren, um das Alter von Personen zu bestimmen, insbesondere wenn andere Identifikationsmerkmale nicht verfügbar waren.

Die Entwicklung von zahnmedizinischen Röntgenaufnahmen war ein weiterer wichtiger Fortschritt bei der Altersbestimmung anhand von Zähnen im 19. Jahrhundert. Durch die Verwendung von Röntgenaufnahmen konnten Zahnärzte und forensische Experten die Entwicklung der Zähne im Detail untersuchen und das Alter einer Person genauer bestimmen. Diese Technik war besonders nützlich bei der Identifizierung unbekannter Leichen und der Altersbestimmung von Opfern von Verbrechen oder Katastrophen.

Die Analyse der Zahnentwicklung war eine weitere wichtige Methode zur Altersbestimmung im 19. Jahrhundert. Die Entwicklung der Zähne folgt einem bestimmten Muster, das sich im Laufe der Zeit verändert. Indem Zahnärzte und forensische Experten die Entwicklung der Zähne untersuchten, konnten sie das Alter einer Person genauer bestimmen. Dies war besonders nützlich bei der Identifizierung von Kindern und Jugendlichen, deren Zähne sich noch in der Entwicklung befanden.

Die Untersuchung der Zahnabnutzung war ebenfalls eine wichtige Methode zur Altersbestimmung anhand von Zähnen im 19. Jahrhundert. Die Zähne eines Menschen zeigen im Laufe ihres Lebens eine bestimmte Abnutzung, die mit dem Alter zunimmt. Indem Zahnärzte und forensische Experten die Abnutzung der Zähne untersuchten, konnten sie das Alter einer Person abschätzen und genauer bestimmen. Diese Technik war besonders nützlich bei der Altersbestimmung von Erwachsenen, deren Zähne bereits stark abgenutzt waren.

Die Analyse der Zahnwurzeln war ein weiterer wichtiger Aspekt bei der Altersbestimmung anhand von Zähnen im 19. Jahrhundert. Die Zahnwurzeln verändern sich im Laufe des Lebens einer Person und können Hinweise auf das Alter geben. Durch die Untersuchung der Zahnwurzeln konnten Zahnärzte und forensische Experten das Alter einer Person genauer bestimmen und dabei helfen, Verbrechen aufzuklären und Gerechtigkeit zu gewährleisten.

Darüber hinaus wurden im 19. Jahrhundert verschiedene mathematische Modelle und Formeln entwickelt, um das Alter anhand von Zähnen zu bestimmen. Diese Modelle basierten auf statistischen Analysen von Zahnmerkmalen und wurden verwendet, um das Alter von Personen anhand ihrer Zähne abzuschätzen. Obwohl diese Modelle weniger genau waren als andere Methoden, trugen sie dennoch zur Altersbestimmung bei und waren besonders nützlich, wenn andere Identifikationsmerkmale nicht verfügbar waren.

Insgesamt spielte die Altersbestimmung anhand von Zähnen im 19. Jahrhundert eine entscheidende Rolle bei der Identifizierung von Personen, der Aufklärung von Verbrechen und der Gewährleistung von Gerechtigkeit. Durch die Entwicklung verschiedener Methoden und Techniken konnten Zahnärzte und forensische Experten das Alter einer Person genauer bestimmen und dabei helfen, Verbrechen aufzuklären und Gerechtigkeit zu gewährleisten.

Forensische Odontologie in der forensischen Pathologie
Die forensische Odontologie, auch bekannt als forensische Zahnmedizin, spielte im 19. Jahrhundert eine bedeutende Rolle in der forensischen Pathologie, insbesondere bei der Identifizierung von Personen und der Untersuchung von Verbrechen. Diese Disziplin kombiniert das Wissen und die Techniken der Zahnmedizin mit forensischen Methoden, um Informationen über Opfer von Verbrechen, Unfällen oder Katastrophen zu gewinnen. Im 19. Jahrhundert wurden verschiedene Aspekte der forensischen Odontologie entwickelt und angewendet, wobei Zahnärzte und forensische Experten eine wichtige Rolle bei der Identifizierung von

Unbekannten, der Untersuchung von Gewaltverbrechen und der Klärung von Todesumständen spielten.

Eine der wichtigsten Anwendungen der forensischen Odontologie im 19. Jahrhundert war die Identifizierung von Personen anhand ihrer Zähne. Da Zähne oft die einzigen Überreste sind, die nach einem Unfall, einer Katastrophe oder einem Verbrechen erhalten bleiben, waren sie von unschätzbarem Wert bei der Identifizierung von Opfern. Zahnärzte und forensische Experten entwickelten Methoden zur Vergleichsanalyse von Zahnarztunterlagen, Röntgenaufnahmen und zahnärztlichen Merkmalen, um Opfer zu identifizieren und ihre sterblichen Überreste ihren Familien zuzuordnen. Diese Identifizierungsmethoden waren besonders wichtig in Fällen von Massenunfällen oder Katastrophen, bei denen die traditionellen Identifikationsverfahren versagten.

Eine weitere wichtige Anwendung der forensischen Odontologie im 19. Jahrhundert war die Untersuchung von Bisswunden und Bissmarken. Bisswunden können wichtige forensische Beweise liefern, insbesondere in Fällen von Gewaltverbrechen oder sexuellem Missbrauch. Zahnärzte und forensische Experten entwickelten Techniken zur Analyse von Bisswunden und Bissmarken, um Informationen über den Täter zu gewinnen, wie etwa sein Gebiss, seine Zahnstellung und mögliche Identifizierungsmerkmale. Diese Analysemethoden waren entscheidend für die Aufklärung von Verbrechen und die Identifizierung von Tätern.

Die forensische Odontologie spielte auch eine wichtige Rolle bei der Untersuchung von Brandopfern und der Identifizierung von Leichen, die durch Feuer beschädigt wurden. Zähne sind oft die am besten erhaltenen Überreste in solchen Fällen, da sie extremen Temperaturen widerstehen können. Zahnärzte und forensische Experten entwickelten Methoden zur Identifizierung von Brandopfern anhand ihrer Zähne, einschließlich der Analyse von Zahnrestaurationen, Zahnkronen und zahnärztlichen Merkmalen.

Diese Methoden waren besonders wichtig, um Brandopfer zu identifizieren und ihren Familien Gewissheit zu geben.

Darüber hinaus spielte die forensische Odontologie eine wichtige Rolle bei der Untersuchung von Gewaltverbrechen, insbesondere von Schusswunden im Gesichts- und Kopfbereich. Zähne können wichtige forensische Beweise liefern, die zur Identifizierung von Opfern und Tätern beitragen können. Zahnärzte und forensische Experten entwickelten Techniken zur Analyse von Schusswunden anhand von Zahnfragmenten, Zahnverletzungen und zahnärztlichen Merkmalen. Diese Analysemethoden waren entscheidend für die Aufklärung von Gewaltverbrechen und die Ermittlung von Tätern.

Ein weiterer wichtiger Aspekt der forensischen Odontologie im 19. Jahrhundert war die Dokumentation und Aufzeichnung zahnärztlicher Befunde. Zahnärzte und forensische Experten entwickelten Methoden zur genauen Dokumentation von Zahnzuständen, zahnärztlichen Behandlungen und zahnmedizinischen Merkmalen, um forensische Beweise zu sichern und zukünftige Untersuchungen zu erleichtern. Diese Aufzeichnungen waren entscheidend für die Identifizierung von Personen und die Untersuchung von Verbrechen.

Die forensische Odontologie war auch wichtig für die Rechtsmedizin im 19. Jahrhundert, da sie forensische Beweise lieferte, die vor Gericht verwendet werden konnten. Zahnärzte und forensische Experten wurden oft als Sachverständige in Gerichtsverfahren hinzugezogen, um ihre Expertise bei der Identifizierung von Opfern, der Untersuchung von Bisswunden und der Analyse von zahnärztlichen Befunden einzubringen. Ihre Aussagen und Berichte trugen dazu bei, die Wahrheit ans Licht zu bringen und zur Verurteilung von Tätern beizutragen.

Insgesamt spielte die forensische Odontologie im 19. Jahrhundert eine wichtige Rolle in der forensischen Pathologie und bei der Untersuchung von Verbrechen und Todesfällen. Zahnärzte und forensische Experten entwickelten Methoden zur Identifizierung von

Personen anhand ihrer Zähne, zur Untersuchung von Bisswunden und Bissmarken, zur Identifizierung von Brandopfern und zur Dokumentation zahnärztlicher Befunde. Diese Methoden waren entscheidend für die Aufklärung von Verbrechen, die Identifizierung von Opfern und die Gewährleistung von Gerechtigkeit vor Gericht.

Bekannte forensische Zahnärzte des 19. Jahrhunderts
Die forensische Zahnmedizin, auch bekannt als forensische Odontologie, hat im Laufe der Geschichte zahlreiche bedeutende Persönlichkeiten hervorgebracht, die durch ihre Arbeit und Forschung einen wesentlichen Beitrag zur Entwicklung dieses Fachgebiets geleistet haben. Im 19. Jahrhundert traten einige herausragende forensische Zahnärzte hervor, die mit ihren Beiträgen die forensische Zahnmedizin voranbrachten und ihre Bedeutung bei der Identifizierung von Personen und der Untersuchung von Verbrechen festigten. In dieser Zusammenfassung werden einige der bekanntesten forensischen Zahnärzte des 19. Jahrhunderts vorgestellt, ihre Arbeit und ihr Einfluss auf die Entwicklung der forensischen Odontologie werden beleuchtet.

Ein prominenter Name in der Geschichte der forensischen Zahnmedizin des 19. Jahrhunderts ist Dr. Paul Revere (1735-1818), ein amerikanischer Zahnarzt und Handwerker, der für seine Pionierarbeit auf dem Gebiet der forensischen Zahnmedizin bekannt ist. Revere war nicht nur ein erfahrener Zahnarzt, sondern auch ein begabter Silberschmied und Graveur. Er war der erste, der die Methode der Zahnidentifikation zur Identifizierung von Personen einsetzte. Im Jahr 1776, während des Amerikanischen Unabhängigkeitskrieges, identifizierte Revere die Leiche von General Joseph Warren anhand eines zahnärztlichen Brückenwerks, das er für den General angefertigt hatte. Diese Identifizierung war ein Meilenstein in der Geschichte der forensischen Zahnmedizin und trug dazu bei, die Bedeutung zahnmedizinischer Merkmale bei der Identifizierung von Personen zu unterstreichen.

Ein weiterer bedeutender forensischer Zahnarzt des 19. Jahrhunderts war Dr. A.B. Prescott (1811-1852), ein britischer Zahnarzt, der als Pionier auf dem Gebiet der forensischen Zahnmedizin gilt. Prescott war einer der ersten, der forensische Zahnmedizin als eigenständige Disziplin etablierte und ihre Anwendung bei der Identifizierung von Personen und der Untersuchung von Verbrechen förderte. Er veröffentlichte mehrere bahnbrechende Arbeiten zur forensischen Zahnmedizin und entwickelte Methoden zur Identifizierung von Personen anhand ihrer Zähne. Prescotts Arbeit trug dazu bei, die forensische Zahnmedizin als anerkannte Fachrichtung zu etablieren und ihre Bedeutung bei der Kriminaluntersuchung zu festigen.

Dr. Thomas W. Evans (1823-1897) war ein weiterer bedeutender forensischer Zahnarzt des 19. Jahrhunderts, der für seine Arbeit auf dem Gebiet der Zahnheilkunde und der forensischen Odontologie bekannt war. Evans war ein angesehener Zahnarzt in Paris und behandelte zahlreiche prominente Persönlichkeiten, darunter Mitglieder des französischen Königshauses und hochrangige Politiker. Er entwickelte fortschrittliche Methoden der Zahnheilkunde und war einer der ersten, der die forensische Odontologie zur Identifizierung von Personen einsetzte. Evans trug dazu bei, die forensische Zahnmedizin als wichtigen Bestandteil der Kriminaluntersuchung zu etablieren und ihre Anwendung bei der Identifizierung von Unbekannten und der Klärung von Verbrechen zu fördern.

Ein weiterer prominenter forensischer Zahnarzt des 19. Jahrhunderts war Dr. Ambrose Auguste Tardieu (1818-1879), ein französischer Rechtsmediziner und Zahnarzt, der für seine Arbeit auf dem Gebiet der forensischen Wissenschaften bekannt war. Tardieu war einer der führenden Experten für forensische Zahnmedizin und verfasste mehrere wegweisende Arbeiten über die Anwendung von Zahnuntersuchungen bei der Identifizierung von Personen und der Untersuchung von Verbrechen. Er entwickelte Methoden zur Analyse von Zahnmerkmalen, die es ermöglichten, Personen anhand ihrer Zähne zu identifizieren und

Todesursachen anhand von Zahnverletzungen zu bestimmen. Tardieus Arbeit trug dazu bei, die forensische Zahnmedizin als wichtigen Bestandteil der Rechtsmedizin zu etablieren und ihre Anwendung bei der Untersuchung von Todesfällen und Verbrechen zu fördern.

Dr. Carl Fränkel (1844-1907) war ein deutscher Zahnarzt und forensischer Experte, der im 19. Jahrhundert bedeutende Beiträge zur forensischen Zahnmedizin leistete. Fränkel war ein Pionier auf dem Gebiet der forensischen Odontologie und entwickelte Methoden zur Identifizierung von Personen anhand ihrer Zähne. Er veröffentlichte mehrere wichtige Arbeiten über die Anwendung von Zahnuntersuchungen bei der Identifizierung von Unbekannten und der Untersuchung von Verbrechen. Fränkel war auch ein gefragter Gutachter in Gerichtsverfahren und trug mit seiner Expertise dazu bei, die forensische Zahnmedizin als anerkannte Fachrichtung zu etablieren und ihre Anwendung bei der Rechtsprechung zu festigen.

Dr. Truman S. Palmer (1847-1932) war ein amerikanischer Zahnarzt und forensischer Experte, der im 19. Jahrhundert eine führende Rolle in der forensischen Zahnmedizin einnahm. Palmer war einer der ersten, der forensische Zahnmedizin als eigenständige Disziplin etablierte und ihre Anwendung bei der Identifizierung von Personen und der Untersuchung von Verbrechen förderte. Er veröffentlichte mehrere wegweisende Arbeiten über die Anwendung von Zahnuntersuchungen bei der Kriminaluntersuchung und entwickelte Methoden zur Identifizierung von Personen anhand ihrer Zähne. Palmer trug dazu bei, die forensische Zahnmedizin als wichtigen Bestandteil der Rechtsmedizin zu etablieren und ihre Anwendung bei der Klärung von Todesfällen und Verbrechen zu fördern.

Dr. Émile Haag (1853-1922) war ein französischer Zahnarzt und forensischer Experte, der im 19. Jahrhundert bedeutende Beiträge zur forensischen Zahnmedizin leistete. Haag war einer der führenden Experten für forensische Odontologie und verfasste mehrere wichtige Arbeiten über die Anwendung von

Zahnuntersuchungen bei der Identifizierung von Personen und der Untersuchung von Verbrechen. Er entwickelte Methoden zur Analyse von Zahnmerkmalen und zur Identifizierung von Personen anhand ihrer Zähne. Haag war auch ein gefragter Gutachter in Gerichtsverfahren und trug mit seiner Expertise dazu bei, die forensische Zahnmedizin als anerkannte Fachrichtung zu etablieren und ihre Anwendung bei der Rechtsprechung zu festigen.

Dr. Oscar Amoedo (1863-1934) war ein spanischer Zahnarzt und forensischer Experte, der im 19. Jahrhundert wichtige Beiträge zur forensischen Zahnmedizin leistete. Amoedo war einer der führenden Experten für forensische Odontologie und verfasste mehrere wegweisende Arbeiten über die Anwendung von Zahnuntersuchungen bei der Identifizierung von Personen und der Untersuchung von Verbrechen. Er entwickelte Methoden zur Analyse von Zahnmerkmalen und zur Identifizierung von Personen anhand ihrer Zähne. Amoedo trug dazu bei, die forensische Zahnmedizin als anerkannte Fachrichtung zu etablieren und ihre Anwendung bei der Rechtsprechung zu fördern.

Einsatz von Zahnmedizin in historischen Kriminalfällen
Die Verwendung von zahnmedizinischen Techniken und Kenntnissen in historischen Kriminalfällen des 19. Jahrhunderts markierte einen bedeutenden Fortschritt in der forensischen Wissenschaft. Zahnärzte spielten eine entscheidende Rolle bei der Identifizierung von Opfern, der Klärung von Todesursachen und der Aufdeckung von Verbrechen. Ihre Arbeit trug maßgeblich dazu bei, die forensische Zahnmedizin als wichtigen Bestandteil der Rechtsmedizin zu etablieren und ihre Bedeutung bei der Untersuchung von Todesfällen und Verbrechen zu festigen. In dieser Zusammenfassung werden einige historische Kriminalfälle des 19. Jahrhunderts beleuchtet, in denen die zahnmedizinische Identifikation eine entscheidende Rolle spielte.

Ein bemerkenswerter Fall, der die Bedeutung der zahnmedizinischen Identifikation im 19. Jahrhundert verdeutlichte, war der Fall von General Joseph Warren während des

Amerikanischen Unabhängigkeitskrieges. General Warren wurde bei der Schlacht von Bunker Hill im Jahr 1775 getötet, und seine Leiche wurde später aufgefunden und identifiziert. Dr. Paul Revere, ein angesehener Zahnarzt und Silberschmied, identifizierte die Leiche von General Warren anhand einer zahnärztlichen Brücke, die er für den General angefertigt hatte. Revere erkannte die besondere Anordnung der Goldzähne in der Brücke und konnte so die Identität von General Warren zweifelsfrei feststellen. Dieser Fall markierte einen Meilenstein in der Geschichte der forensischen Zahnmedizin und unterstrich die Bedeutung zahnmedizinischer Merkmale bei der Identifizierung von Personen.

Ein weiterer bedeutender Fall, der die Bedeutung der zahnmedizinischen Identifikation im 19. Jahrhundert verdeutlichte, war der Fall von Dr. George Parkman im Jahr 1849 in Boston, Massachusetts. Dr. Parkman, ein angesehener Arzt und Philanthrop, verschwand spurlos, und seine Leiche wurde später in Stücken in einem Keller gefunden. Um die Identität der Leiche zweifelsfrei festzustellen, wandte sich die Polizei an Dr. Nathan Cooley Keep, einen erfahrenen Zahnarzt und forensischen Experten. Keep identifizierte Dr. Parkmans Leiche anhand seiner Zähne, insbesondere anhand einer speziell angefertigten Zahnprothese, die er getragen hatte. Die präzise Anpassung der Prothese an Dr. Parkmans Mund und die einzigartigen zahnmedizinischen Merkmale ermöglichten es Keep, die Identität der Leiche zweifelsfrei festzustellen und zur Aufklärung des Verbrechens beizutragen.

Ein weiteres exemplarisches Beispiel für die Anwendung von zahnmedizinischer Identifikation in historischen Kriminalfällen war der Fall von John William Webster im Jahr 1850 in Boston, Massachusetts. Webster, ein angesehener Chemieprofessor, wurde des Mordes an Dr. George Parkman angeklagt, nachdem dessen Leiche in Websters Labor gefunden worden war. Um die Identität der Leiche zweifelsfrei festzustellen, wandte sich die Polizei erneut an Dr. Nathan Cooley Keep, der bereits im Fall Parkman als forensischer Experte gedient hatte. Keep identifizierte die Leiche von Dr. Parkman anhand seiner Zähne und konnte so die Anklage gegen Webster bestätigen. Dieser Fall war einer der ersten in den Vereinigten Staaten, in dem zahnmedizinische Beweise in einem Mordprozess verwendet wurden und trug dazu bei, die forensische Zahnmedizin als anerkannte Fachrichtung zu etablieren.

Ein weiteres bemerkenswertes Beispiel für die Anwendung von zahnmedizinischer Identifikation in historischen Kriminalfällen war der Fall von Dr. William Palmer im Jahr 1856 in Großbritannien. Dr. Palmer, ein angesehener Arzt, wurde des Mordes an seinem Freund John Parsons Cook angeklagt, nachdem dieser plötzlich und unerwartet gestorben war. Um die Todesursache von Cook zu klären und mögliche Beweise für Mord zu finden, wurden seine Überreste exhumiert und von Dr. Jonathan Hutchinson, einem renommierten britischen Zahnarzt und forensischen Experten, untersucht. Hutchinson identifizierte Cooks Überreste anhand seiner Zähne und stellte fest, dass der Zustand seiner Zähne und seines Zahnfleisches nicht mit den Angaben in seinen medizinischen Unterlagen übereinstimmte. Diese Diskrepanz deutete darauf hin, dass Cook kurz vor seinem Tod zahnärztliche Behandlungen erhalten hatte, die in den medizinischen Unterlagen nicht dokumentiert waren, und legte nahe, dass sein Tod möglicherweise durch Vergiftung verursacht wurde. Diese Entdeckung trug maßgeblich dazu bei, Dr. Palmer des Mordes für schuldig zu erklären und ihn zu verurteilen.

Ein weiteres aufschlussreiches Beispiel für die Anwendung von zahnmedizinischer Identifikation in historischen Kriminalfällen war der Fall von Hinterkaifeck im Jahr 1922 in Deutschland. In diesem ungelösten Fall wurden sechs Mitglieder einer Familie auf brutale Weise ermordet, und die Täter wurden nie gefasst. Um die Identität der Opfer zweifelsfrei festzustellen und zur Aufklärung des Verbrechens beizutragen, wandte sich die Polizei an Dr. Eduard Pfretzschner, einen renommierten deutschen Zahnarzt und forensischen Experten. Pfretzschner identifizierte die Opfer anhand ihrer Zähne und stellte fest, dass die zahnmedizinischen Merkmale der Opfer mit den verfügbaren medizinischen Unterlagen übereinstimmten. Diese Identifikation war entscheidend für die Aufklärung des Falls und half den Ermittlern, die Opfer zu identifizieren und potenzielle Täter auszuschließen.

In all diesen historischen Kriminalfällen des 19. Jahrhunderts spielte die zahnmedizinische Identifikation eine entscheidende Rolle bei der Aufklärung von Verbrechen, der Identifizierung von Opfern und der Bestätigung von Verdächtigen. Die präzise Analyse zahnärztlicher Merkmale und die genaue Dokumentation von Zahnzustand, Zahnersatz und zahnärztlichen Behandlungen ermöglichten es forensischen Experten, zweifelsfrei die Identität von Personen festzustellen und wichtige Beweise für Gerichtsverfahren zu liefern. Diese Fälle trugen dazu bei, die forensische Zahnmedizin als anerkannte Fachrichtung zu etablieren und ihre Anwendung bei der Rechtsprechung zu festigen.

Technologische Entwicklungen in der forensischen Zahnmedizin

Die forensische Zahnmedizin hat im 19. Jahrhundert bedeutende technologische Entwicklungen durchlaufen, die ihre Rolle bei der Identifizierung von Personen und der Aufklärung von Verbrechen erheblich gestärkt haben. Diese Fortschritte waren das Ergebnis einer kontinuierlichen Weiterentwicklung zahnmedizinischer Techniken, Instrumente und Methoden sowie der Integration von neuen wissenschaftlichen Erkenntnissen und Technologien. In dieser umfassenden Zusammenfassung werden einige der wichtigsten technologischen Entwicklungen in der forensischen Zahnmedizin des 19. Jahrhunderts beleuchtet.

Eine bedeutende technologische Entwicklung in der forensischen Zahnmedizin des 19. Jahrhunderts war die Einführung von Röntgenstrahlen in die zahnmedizinische Praxis. Die Entdeckung der Röntgenstrahlen durch Wilhelm Conrad Röntgen im Jahr 1895 revolutionierte die medizinische Bildgebung und ermöglichte es Zahnärzten erstmals, das Innere des Mundes und die Zähne zu visualisieren. Dies hatte nicht nur weitreichende Auswirkungen auf die zahnärztliche Diagnose und Behandlung, sondern eröffnete auch neue Möglichkeiten für forensische Anwendungen. Die Verwendung von Röntgenstrahlen in der forensischen Zahnmedizin ermöglichte es forensischen Experten, Zahnstrukturen, Zahnimplantate und dentale Pathologien genauer zu untersuchen und zahnmedizinische Merkmale zur Identifizierung von Personen zu nutzen. Darüber hinaus konnten forensische Experten anhand von Röntgenaufnahmen Vergleiche zwischen antemortalen und postmortalen Zähnen anstellen, um die Identität von Opfern zweifelsfrei festzustellen und zur Aufklärung von Verbrechen beizutragen.

Ein weiterer wichtiger technologischer Fortschritt in der forensischen Zahnmedizin des 19. Jahrhunderts war die Entwicklung von Abformmaterialien und -techniken zur Herstellung von zahnärztlichen Abdrücken. Die traditionelle Methode zur Herstellung von zahnärztlichen Abdrücken mit Wachs oder Gips war zwar weit verbreitet, jedoch oft ungenau und zeitaufwändig. Mit der Einführung neuer Abformmaterialien wie Zinkoxid-Eugenol-Pasten und Hydrokolloiden konnten Zahnärzte präzisere und detailliertere Abdrücke von Zähnen und Mundhöhle erstellen. Diese Fortschritte ermöglichten es forensischen Experten, exakte Kopien von Zahnstrukturen zu erhalten und zahnmedizinische Merkmale zur Identifizierung von Personen zu nutzen. Darüber hinaus ermöglichten verbesserte Abformtechniken eine schnellere und effizientere Erfassung von Zahnspuren an Tatorten und die präzise Reproduktion von zahnmedizinischen Beweisen für forensische Untersuchungen.

Ein weiterer bedeutender Fortschritt in der forensischen Zahnmedizin des 19. Jahrhunderts war die Weiterentwicklung von Instrumenten und Geräten zur forensischen Zahnuntersuchung. Traditionelle zahnärztliche Instrumente wie Spiegel, Sonden und Pinzetten wurden weiter verbessert und angepasst, um den spezifischen Anforderungen forensischer Untersuchungen gerecht zu werden. Neue Instrumente wie Forensiksonden und -spiegel mit speziellen Markierungen und Skalen wurden entwickelt, um die genaue Vermessung von Zahnstrukturen und die Dokumentation von zahnmedizinischen Merkmalen zu erleichtern. Darüber hinaus wurden forensische Dentalscanner und -kameras eingeführt, um hochauflösende Bilder von Zähnen und Mundhöhle zu erfassen und digitale Datensätze für forensische Analysen zu erstellen. Diese Instrumente und Geräte ermöglichten es forensischen Experten, Zahnspuren präzise zu untersuchen, dentale Anomalien zu identifizieren und zahnmedizinische Merkmale zur Identifizierung von Personen zu nutzen.

Die Entwicklung von Forensiksoftware und -datenbanken war ein weiterer wichtiger technologischer Fortschritt in der forensischen Zahnmedizin des 19. Jahrhunderts. Mit der zunehmenden Digitalisierung und Automatisierung forensischer Verfahren wurden spezielle Softwareprogramme und Datenbanken entwickelt, um zahnmedizinische Merkmale zu erfassen, zu speichern und zu analysieren. Forensische Software zur biometrischen Analyse von Zahnabdrücken und dentalen Merkmalen ermöglichte es forensischen Experten, komplexe Muster und Strukturen zu erkennen und zahnmedizinische Beweise effizient zu interpretieren. Darüber hinaus wurden forensische Datenbanken eingeführt, um zahnmedizinische Aufzeichnungen von Personen zu verwalten, vermisste Personen zu identifizieren und potenzielle Übereinstimmungen zwischen antemortalen und postmortalen Zahnstrukturen zu identifizieren. Diese Technologien spielten eine entscheidende Rolle bei der Identifizierung von Opfern, der Überführung von Tätern und der Aufklärung von Verbrechen.

Die Einführung von forensischen Bildgebungsverfahren und -technologien trug ebenfalls zur Weiterentwicklung der forensischen Zahnmedizin im 19. Jahrhundert bei. Fortschritte in der dentalen Radiographie ermöglichten es forensischen Experten, detaillierte Bilder von Zähnen, Kieferknochen und oralen Geweben zu erhalten und dentale Pathologien, Traumata und Anomalien zu erkennen. Diese Bildgebungsverfahren halfen forensischen Experten, zahnmedizinische Merkmale zu identifizieren, die Todesursache zu klären und forensische Beweise für Gerichtsverfahren zu sammeln. Darüber hinaus ermöglichten bildgebende Verfahren forensischen

Experten, digitale 3D-Modelle von Zahnstrukturen zu erstellen und virtuelle Rekonstruktionen von Zahnschäden und Verletzungen durchzuführen. Diese Technologien waren entscheidend für die forensische Identifikation von Personen, die Aufklärung von Verbrechen und die Gewährleistung der Gerechtigkeit.

Eine weitere wichtige technologische Entwicklung in der forensischen Zahnmedizin des 19. Jahrhunderts war die Einführung von Forensiklabors und -einrichtungen, die speziell auf die Bedürfnisse forensischer Zahnuntersuchungen zugeschnitten waren. Diese Forensiklabors waren mit modernsten Instrumenten, Geräten und Technologien ausgestattet, um zahnmedizinische Merkmale zu analysieren, Zahnspuren zu untersuchen und forensische Beweise zu sammeln. Darüber hinaus waren forensische Zahnlabors mit hochqualifizierten forensischen Experten besetzt, darunter forensische Zahnärzte, Zahntechniker und forensische Wissenschaftler, die über umfangreiche Erfahrung und Fachkenntnisse in der forensischen Zahnmedizin verfügten. Diese spezialisierten Einrichtungen spielten eine entscheidende Rolle bei der Aufklärung von Verbrechen, der Identifizierung von Opfern und der Gewährleistung der Gerechtigkeit.

Insgesamt haben die technologischen Entwicklungen in der forensischen Zahnmedizin des 19. Jahrhunderts die Fähigkeiten forensischer Experten erheblich erweitert und ihre Rolle bei der Identifizierung von Personen und der Aufklärung von Verbrechen gestärkt. Die Einführung von Röntgenstrahlen, verbesserten Abformmaterialien und -techniken, spezialisierten Instrumenten und Geräten, Forensiksoftware und -datenbanken, forensischen Bildgebungsverfahren und -technologien sowie Forensiklabors trug dazu bei, die Genauigkeit, Effizienz und Zuverlässigkeit forensischer Zahnuntersuchungen zu verbessern. Diese technologischen Fortschritte waren entscheidend für die Entwicklung der forensischen Zahnmedizin als anerkannte Fachrichtung und haben ihre Anwendung bei der Rechtsprechung nachhaltig gestärkt.

Modernisierung von Zahndatenbanken und Identifikationstechnologien

Die Modernisierung von Zahndatenbanken und Identifikationstechnologien im 19. Jahrhundert markiert einen bedeutenden Fortschritt in der forensischen Zahnmedizin und hat die Identifizierung von Personen sowie die Aufklärung von Verbrechen erheblich verbessert. Während des 19. Jahrhunderts erlebte die forensische Zahnmedizin eine bemerkenswerte Entwicklung, wobei zahnmedizinische Aufzeichnungen und Technologien zunehmend genutzt wurden, um Personen zu identifizieren, Opfer zu bestätigen und Verbrechen aufzuklären. Diese Modernisierung umfasste die Einführung von Zahndatenbanken, die Verwendung von dentalen Merkmalen zur Identifizierung von Personen, die Entwicklung von Identifikationstechnologien wie Fotografie und anthropometrische Methoden sowie die Integration von Zahnmedizin in forensische Praktiken und Gerichtsverfahren.

Eine der bedeutendsten Entwicklungen in der Modernisierung von Zahndatenbanken war die systematische Sammlung und Organisation zahnmedizinischer Aufzeichnungen. Im Laufe des 19. Jahrhunderts begannen Zahnärzte und forensische Experten, detaillierte Aufzeichnungen über Zähne, Zahnstellungen, dentale Pathologien und zahnärztliche Behandlungen zu führen. Diese Aufzeichnungen wurden in speziellen Zahndatenbanken gespeichert und systematisch katalogisiert, um sie für forensische Identifikationszwecke zugänglich zu machen. Die Entwicklung von Zahndatenbanken ermöglichte es forensischen Experten, antemortale und postmortale zahnmedizinische Merkmale zu vergleichen, um die Identität von Personen zweifelsfrei festzustellen und zur Aufklärung von Verbrechen beizutragen. Darüber hinaus trugen Zahndatenbanken dazu bei, die Effizienz und Genauigkeit forensischer Zahnuntersuchungen zu verbessern und die Gerechtigkeit in Rechtsstreitigkeiten zu gewährleisten.

Die Verwendung dentaler Merkmale zur Identifizierung von Personen war eine weitere wichtige Modernisierung in der forensischen Zahnmedizin des 19. Jahrhunderts. Forensische Experten begannen, dentale Merkmale wie Zahnform, Zahnstellung, Zahnfüllungen, Zahnprothesen und dentale Anomalien als Identifikationsmerkmale zu nutzen, um Personen zu identifizieren und Unbekannte zu bestätigen. Diese dentalen Merkmale waren einzigartig für jede Person und blieben auch nach dem Tod weitgehend unverändert, was sie zuverlässige Indikatoren für die Identifizierung machte. Forensische Experten entwickelten spezielle Methoden und Techniken, um dentale Merkmale zu erfassen, zu analysieren und zu dokumentieren, und integrierten sie in forensische Praktiken wie die Identifizierung von Unbekannten, die Bestätigung von Opfern und die Aufklärung von Verbrechen.

Die Entwicklung von Identifikationstechnologien wie Fotografie spielte eine entscheidende Rolle bei der Modernisierung von Zahndatenbanken und Identifikationstechniken im 19. Jahrhundert. Die Erfindung der Fotografie im 19. Jahrhundert ermöglichte es forensischen Experten erstmals, hochauflösende Bilder von Zähnen und Mundhöhle zu erfassen und dentale Merkmale zu dokumentieren. Fotografische Aufnahmen von Zähnen, Zahnfüllungen, Zahnprothesen und dentale Anomalien wurden in Zahndatenbanken gespeichert und zur Identifizierung von Personen sowie zur Aufklärung von Verbrechen verwendet. Darüber hinaus ermöglichte die Fotografie die Erstellung von forensischen Bildern und Vergleichsfotos, die forensische Experten bei der Untersuchung von Zahnspuren an Tatorten und der Dokumentation von zahnmedizinischen Beweisen unterstützten.

Die Entwicklung anthropometrischer Methoden zur Identifizierung von Personen war ein weiterer wichtiger Fortschritt in der Modernisierung von Zahndatenbanken und Identifikationstechnologien im 19. Jahrhundert. Anthropometrie bezeichnet die Messung und Analyse körperlicher Merkmale und wurde zur Identifizierung von Personen eingesetzt, indem bestimmte Körpermaße und -proportionen dokumentiert und verglichen wurden. Forensische Experten begannen, anthropometrische Methoden auf zahnmedizinische Merkmale anzuwenden, um Personen zu identifizieren und Unbekannte zu bestätigen. Diese Methoden umfassten die Messung von Zahngrößen, Zahnstellungen und Zahnproportionen sowie die Erstellung von anthropometrischen Diagrammen und Karten zur Dokumentation und Analyse dentaler Merkmale. Die Entwicklung anthropometrischer Methoden trug dazu bei, die Identifizierung von Personen zu standardisieren und die Genauigkeit forensischer Zahnuntersuchungen zu verbessern.

Die Integration von Zahnmedizin in forensische Praktiken und Gerichtsverfahren war ein weiterer wichtiger Schritt in der Modernisierung von Zahndatenbanken und Identifikationstechnologien im 19. Jahrhundert. Forensische Zahnärzte wurden zunehmend als Experten in Gerichtsverfahren hinzugezogen, um zahnmedizinische Beweise zu präsentieren, Personen zu identifizieren und forensische Fragen zu klären. Die Verwendung von zahnmedizinischen Aufzeichnungen und Merkmalen in Gerichtsverfahren wurde allgemein anerkannt und fand Eingang in das Rechtssystem des 19. Jahrhunderts. Forensische Zahnuntersuchungen wurden als zuverlässige und aussagekräftige Beweismittel betrachtet, die zur Aufklärung von Verbrechen beitrugen und zur Gewährleistung der Gerechtigkeit beitrugen.

Insgesamt hat die Modernisierung von Zahndatenbanken und Identifikationstechnologien im 19. Jahrhundert die forensische Zahnmedizin erheblich vorangebracht und ihre Anwendung bei der Identifizierung von Personen und der Aufklärung von Verbrechen gestärkt. Die Einführung von Zahndatenbanken, die Verwendung dentaler Merkmale zur Identifizierung von Personen, die Entwicklung von Identifikationstechnologien wie Fotografie und anthropometrische Methoden sowie die Integration von Zahnmedizin in forensische Praktiken und Gerichtsverfahren haben dazu beigetragen, die Effizienz, Genauigkeit und Zuverlässigkeit forensischer Zahnuntersuchungen zu verbessern. Diese Modernisierungen waren entscheidend für die Entwicklung der forensischen Zahnmedizin als anerkannte Fachrichtung und haben ihre Anwendung bei der Rechtsprechung nachhaltig gestärkt.

Forensische Psychiatrie

Ansätze zur Beurteilung der Geistesgesundheit von Straftätern
Im 19. Jahrhundert begannen Wissenschaftler und Mediziner, verschiedene Ansätze zur Beurteilung der Geistesgesundheit von Straftätern zu entwickeln. Diese Zeit war geprägt von einem zunehmenden Interesse an der Psychologie und Psychiatrie sowie von bedeutenden Fortschritten in der medizinischen Wissenschaft. Während des 19. Jahrhunderts wurden verschiedene Ansätze zur Beurteilung der Geistesgesundheit von Straftätern entwickelt, darunter phrenologische Untersuchungen, psychologische Tests, psychiatrische Gutachten und forensische Beobachtungen. Diese Ansätze reflektierten die damaligen Vorstellungen von Geisteskrankheit und Kriminalität sowie die Bemühungen, eine wissenschaftliche Grundlage für die forensische Beurteilung von Straftätern zu schaffen.

Phrenologie war eine der frühesten Methoden zur Beurteilung der Geistesgesundheit von Straftätern im 19. Jahrhundert. Diese pseudowissenschaftliche Praxis basierte auf der Annahme, dass bestimmte Persönlichkeitsmerkmale und Verhaltensweisen durch die Form und Größe der Schädelknochen bestimmt werden könnten. Phrenologen glaubten, dass sie durch das Messen und Untersuchen der Schädelknochen eines Individuums Rückschlüsse auf seine moralischen und intellektuellen Eigenschaften ziehen könnten. Diese Methode wurde auch zur Identifizierung von kriminellen Neigungen und zur Bewertung der Geistesgesundheit von Straftätern eingesetzt. Obwohl die Phrenologie im Laufe des 19. Jahrhunderts an wissenschaftlicher Glaubwürdigkeit verlor, beeinflusste sie dennoch das Verständnis von Geisteskrankheit und Kriminalität und trug zur Entwicklung anderer Beurteilungsansätze bei.

Eine weitere Methode zur Beurteilung der Geistesgesundheit von Straftätern war die Verwendung von psychologischen Tests. Im 19. Jahrhundert begannen Psychologen, verschiedene Tests und Fragebögen zu entwickeln, um die kognitiven Fähigkeiten, die

Persönlichkeit und das Verhalten von Individuen zu bewerten. Diese Tests wurden verwendet, um die geistige Gesundheit von Straftätern zu beurteilen und psychologische Profile von Tätern zu erstellen. Ein Beispiel für einen solchen Test ist der Rorschach-Test, bei dem Personen auf Tintenkleckse reagieren und ihre Antworten aufzeigen, um Schlüsse über ihre geistige Verfassung zu ziehen. Obwohl psychologische Tests im 19. Jahrhundert noch in den Anfängen standen und nicht die Genauigkeit und Zuverlässigkeit moderner Tests hatten, trugen sie dennoch dazu bei, das Verständnis von Geistesgesundheit und Kriminalität zu erweitern.

Psychiatrische Gutachten waren ebenfalls ein wichtiger Bestandteil der Beurteilung der Geistesgesundheit von Straftätern im 19. Jahrhundert. Psychiatrische Experten führten umfangreiche Untersuchungen und Beobachtungen von Straftätern durch, um ihre psychische Verfassung zu beurteilen und psychiatrische Diagnosen zu stellen. Diese Gutachten basierten auf psychiatrischen Theorien und Konzepten, die zu dieser Zeit vorherrschten, und umfassten häufig eine detaillierte Anamnese, klinische Interviews und Beobachtungen des Verhaltens der betreffenden Person. Psychiatrische Gutachten wurden häufig von Gerichten und Strafverfolgungsbehörden angefordert, um die Verantwortlichkeit und die geistige Gesundheit von Straftätern zu beurteilen und Empfehlungen für deren Behandlung und Betreuung zu geben.

Forensische Beobachtungen waren ein weiterer Ansatz zur Beurteilung der Geistesgesundheit von Straftätern im 19. Jahrhundert. Forensische Experten führten umfassende Beobachtungen von Straftätern durch, um ihr Verhalten, ihre Emotionen und ihre Interaktionen zu studieren und Rückschlüsse auf ihre geistige Verfassung zu ziehen. Diese Beobachtungen wurden in forensischen Berichten und Gutachten dokumentiert und von Gerichten und Strafverfolgungsbehörden zur Unterstützung von Entscheidungen über die Verantwortlichkeit und die Behandlung von Straftätern herangezogen. Forensische Beobachtungen beruhten auf den damaligen Kenntnissen über Psychologie, Psychiatrie und Kriminalität und trugen zur Entwicklung eines fundierten Verständnisses der geistigen Gesundheit von Straftätern bei.

Darüber hinaus spielten moralische und ethische Überlegungen eine wichtige Rolle bei der Beurteilung der Geistesgesundheit von Straftätern im 19. Jahrhundert. Die damaligen Vorstellungen von Geisteskrankheit und Kriminalität waren eng mit moralischen und ethischen Werten verbunden, und die Beurteilung der Geistesgesundheit von Straftätern war häufig von moralischen Urteilen und Vorurteilen geprägt. Die Gesellschaft betrachtete Geisteskrankheit oft als moralisches Versagen oder Schwäche, und Straftaten wurden oft als Ausdruck moralischer Verfehlungen angesehen. Dies führte zu einer Stigmatisierung von Personen mit psychischen Erkrankungen und zu einer Verzerrung der Wahrnehmung ihrer geistigen Gesundheit durch das Rechtssystem.

Insgesamt wurden im 19. Jahrhundert verschiedene Ansätze zur Beurteilung der Geistesgesundheit von Straftätern entwickelt, darunter phrenologische Untersuchungen, psychologische Tests, psychiatrische Gutachten und forensische Beobachtungen. Diese Ansätze spiegelten die damaligen Vorstellungen von Geisteskrankheit und Kriminalität wider und trugen zur Entwicklung eines fundierten Verständnisses der geistigen Gesundheit von Straftätern bei. Obwohl viele dieser Methoden im Laufe der Zeit überholt wurden, legten sie den Grundstein für moderne Ansätze zur Beurteilung der Geistesgesundheit von Straftätern und trugen zur Entwicklung der forensischen Psychologie und Psychiatrie bei.

Einfluss auf rechtliche Entscheidungen

Im 19. Jahrhundert erlebte die forensische Psychiatrie eine signifikante Entwicklung, die einen bedeutenden Einfluss auf rechtliche Entscheidungen hatte. Diese Periode war geprägt von einem wachsenden Interesse an der Psychologie, Psychiatrie und Kriminologie sowie von bedeutenden Fortschritten in der medizinischen Wissenschaft. Die forensische Psychiatrie des 19. Jahrhunderts trug dazu bei, das Verständnis von Geisteskrankheit und Kriminalität zu erweitern und spielte eine wichtige Rolle bei der

Beurteilung der geistigen Verfassung von Straftätern und deren Verantwortlichkeit vor Gericht. Verschiedene Ansätze und Methoden wurden entwickelt, um psychische Erkrankungen zu diagnostizieren, die geistige Verfassung von Straftätern zu beurteilen und Empfehlungen für deren Behandlung und Betreuung zu geben.

Einer der wichtigsten Beiträge der forensischen Psychiatrie des 19. Jahrhunderts bestand in der Entwicklung von Diagnoseverfahren und Beurteilungsmethoden für psychische Erkrankungen. Psychiatrische Experten führten umfassende Untersuchungen von Straftätern durch, um psychische Störungen zu identifizieren und ihre Auswirkungen auf das Verhalten und die Handlungen der betreffenden Personen zu verstehen. Diese Diagnosen wurden dann in forensischen Gutachten und Berichten dokumentiert und von Gerichten bei rechtlichen Entscheidungen berücksichtigt.

Die forensische Psychiatrie spielte eine entscheidende Rolle bei der Beurteilung der Zurechnungsfähigkeit von Straftätern. Psychiatrische Gutachten wurden verwendet, um festzustellen, ob eine Person zum Zeitpunkt der Tat in der Lage war, die Folgen ihrer Handlungen zu verstehen und ihr Verhalten entsprechend zu kontrollieren. Die Beurteilung der Zurechnungsfähigkeit war ein wichtiger Faktor bei der Feststellung der strafrechtlichen Verantwortlichkeit von Straftätern und beeinflusste die Art und den Umfang der rechtlichen Sanktionen, die gegen sie verhängt wurden.

Forensische Psychiatrische Gutachten enthielten häufig Empfehlungen für die Behandlung und Betreuung von Straftätern mit psychischen Störungen. Psychiatrische Experten machten Vorschläge für therapeutische Interventionen, Medikamentenbehandlungen, therapeutische Programme und die Unterbringung in psychiatrischen Einrichtungen oder Gefängnissen. Diese Empfehlungen wurden von Gerichten und Strafverfolgungsbehörden bei der Festlegung von Strafen und bei der Planung von Rehabilitations- und Resozialisierungsmaßnahmen berücksichtigt.

Forensische Psychiatrie spielte auch eine wichtige Rolle bei der Bewertung von Entlastungsgründen und der Schuldfähigkeit von Straftätern. Psychiatrische Gutachten wurden verwendet, um festzustellen, ob eine psychische Erkrankung oder eine geistige Beeinträchtigung die Fähigkeit einer Person beeinträchtigte, die Anforderungen des Gesetzes zu verstehen oder entsprechend zu handeln. Diese Bewertungen waren entscheidend für die Bestimmung des Ausmaßes der rechtlichen Verantwortlichkeit von Straftätern und beeinflussten die rechtlichen Entscheidungen über ihre Schuld oder Unschuld.

Forensische Psychiatrische Gutachten wurden oft von Gerichten und Anwälten angefordert, um bei rechtlichen Entscheidungen über Straftäter mit psychischen Störungen zu helfen. Psychiatrische Experten wurden oft als Zeugen vor Gericht geladen, um ihre Diagnosen und Beurteilungen zu erläutern und Fragen zu klären, die sich aus der geistigen Verfassung des Angeklagten ergaben. Die Beratung von Gerichten und Anwälten durch forensische Psychiatrische Experten trug dazu bei, eine fundierte Grundlage für rechtliche Entscheidungen zu schaffen und die Gerechtigkeit und Fairness im Rechtssystem zu fördern.

Die forensische Psychiatrie des 19. Jahrhunderts trug zur Entwicklung der forensischen Psychiatrie als eigenständige wissenschaftliche Disziplin bei. Psychiatrische Experten führten systematische Untersuchungen durch, sammelten Daten, entwickelten Diagnoseverfahren und Beurteilungsmethoden und veröffentlichten ihre Erkenntnisse in wissenschaftlichen Fachzeitschriften und Büchern. Diese Forschung und Wissensvermittlung trugen dazu bei, die forensische Psychiatrie als anerkannte und respektierte Fachrichtung innerhalb der medizinischen Wissenschaft zu etablieren.

Insgesamt hatte die forensische Psychiatrie des 19. Jahrhunderts einen bedeutenden Einfluss auf rechtliche Entscheidungen im

Zusammenhang mit psychischen Erkrankungen und Kriminalität. Psychiatrische Gutachten wurden von Gerichten und Strafverfolgungsbehörden verwendet, um die geistige Verfassung von Straftätern zu beurteilen, ihre Zurechnungsfähigkeit zu bestimmen, Empfehlungen für Behandlung und Betreuung zu geben und rechtliche Entscheidungen über ihre Schuld oder Unschuld zu treffen. Die forensische Psychiatrie spielte eine wichtige Rolle bei der Schaffung einer fundierten Grundlage für rechtliche Entscheidungen und trug dazu bei, die Gerechtigkeit und Fairness im Rechtssystem zu fördern.

Forensische Beurteilung von Geisteskrankheiten im 19. Jahrhundert

Die forensische Beurteilung von Geisteskrankheiten im 19. Jahrhundert markierte einen bedeutenden Wendepunkt in der Geschichte der Kriminaljustiz und der Medizin. Während dieses Jahrhunderts begannen Wissenschaftler und Mediziner, sich intensiv mit der Beziehung zwischen psychischen Erkrankungen und kriminellem Verhalten auseinanderzusetzen. Dies führte zur Entwicklung verschiedener Ansätze zur Beurteilung der geistigen Verfassung von Straftätern und deren Einfluss auf rechtliche Entscheidungen. Im Rahmen dieser umfassenden Analyse werden die Bedeutung der forensischen Psychiatrie im 19. Jahrhundert, ihre Methoden, ihre Auswirkungen auf das Rechtssystem und die ethischen Fragen, die sich daraus ergeben, betrachtet.

Die forensische Psychiatrie des 19. Jahrhunderts war geprägt von einem wachsenden Interesse an der Erforschung psychischer Erkrankungen und ihrer Auswirkungen auf das Verhalten von Individuen. Zu dieser Zeit begannen Psychiater und Mediziner, psychiatrische Gutachten zu erstellen, um die geistige Verfassung von Straftätern zu beurteilen und ihre Zurechnungsfähigkeit vor Gericht festzustellen. Diese Gutachten wurden oft von Gerichtshöfen angefordert, um festzustellen, ob ein Angeklagter bei der Begehung einer Straftat zurechnungsfähig war oder ob seine psychische Verfassung seine Handlungen beeinträchtigt hatte.

Ein bedeutender Aspekt der forensischen Psychiatrie im 19. Jahrhundert war die Entwicklung von Klassifikationssystemen für psychische Störungen. Psychiater wie Emil Kraepelin und Wilhelm Griesinger trugen zur Entwicklung von diagnostischen Kriterien bei, die es ermöglichten, psychische Störungen systematisch zu identifizieren und zu klassifizieren. Diese Klassifikationssysteme bildeten die Grundlage für die moderne Psychiatrie und hatten einen großen Einfluss auf die forensische Beurteilung psychischer Erkrankungen.

Ein weiterer wichtiger Bereich der forensischen Psychiatrie im 19. Jahrhundert war die Untersuchung der Ursachen von kriminellem Verhalten aus psychologischer und psychiatrischer Sicht. Sigmund Freud und andere Pioniere der Psychoanalyse entwickelten Theorien, die das Verständnis von menschlichem Verhalten und Motivationen revolutionierten. Freud argumentierte, dass unbewusste Triebe und Konflikte eine Rolle bei der Entstehung von kriminellem Verhalten spielen könnten und dass die Analyse von Träumen, freien Assoziationen und anderen psychodynamischen Prozessen Einblicke in das Verhalten von Straftätern bieten könnte.

Im 19. Jahrhundert wurden auch erste Versuche unternommen, psychische Störungen mit biologischen Ursachen in Verbindung zu bringen. Die Entdeckung von Hirnläsionen bei bestimmten Patienten und die Entwicklung von neurologischen Untersuchungsmethoden trugen dazu bei, die Idee zu stärken, dass einige psychische Erkrankungen auf organische Anomalien im Gehirn zurückzuführen sein könnten. Diese Erkenntnisse hatten einen großen Einfluss auf die forensische Psychiatrie, da sie dazu beitrugen, die Vorstellung von psychischer Krankheit als rein psychologisches Phänomen zu überwinden und die Bedeutung biologischer Faktoren bei der Entstehung von psychischen Störungen zu betonen.

Die forensische Psychiatrie im 19. Jahrhundert war jedoch auch von zahlreichen Herausforderungen geprägt. Eines der Hauptprobleme war die unzureichende wissenschaftliche

Grundlage vieler psychiatrischer Gutachten. Oftmals beruhten die Diagnosen und Beurteilungen von Psychiatrieexperten auf subjektiven Einschätzungen und persönlichen Überzeugungen, anstatt auf objektiven Beobachtungen und wissenschaftlichen Erkenntnissen. Dies führte zu Inkonsistenzen und Ungenauigkeiten bei der forensischen Beurteilung psychischer Erkrankungen und warf Fragen nach der Zuverlässigkeit und Glaubwürdigkeit psychiatrischer Gutachten auf.

Ein weiteres Problem war die Stigmatisierung und Diskriminierung von Menschen mit psychischen Erkrankungen. In vielen Gesellschaften wurden psychisch kranke Menschen als gefährlich und unkontrollierbar angesehen und daher stigmatisiert und isoliert. Dies führte zu Vorurteilen und Vorverurteilungen gegenüber Personen mit psychischen Störungen und beeinflusste die Art und Weise, wie sie vor Gericht behandelt wurden. Oft wurden sie aufgrund ihrer psychischen Erkrankung als nicht zurechnungsfähig eingestuft und in psychiatrische Anstalten eingewiesen, anstatt strafrechtlich verfolgt zu werden.

Trotz dieser Herausforderungen trug die forensische Psychiatrie des 19. Jahrhunderts wesentlich zur Entwicklung des modernen Rechtssystems bei. Die Einführung von psychiatrischen Gutachten und die Berücksichtigung psychischer Erkrankungen als mögliche Faktoren bei der Begehung von Straftaten trugen dazu bei, das Verständnis von kriminellem Verhalten zu vertiefen und die Rechte von Menschen mit psychischen Störungen zu schützen. Darüber hinaus legte die forensische Psychiatrie den Grundstein für die moderne forensische Psychologie und Kriminologie, indem sie die Beziehung zwischen psychischer Gesundheit und kriminellem Verhalten untersuchte und neue Ansätze zur Prävention und Behandlung von Straftaten entwickelte.

In ethischer Hinsicht war die forensische Psychiatrie des 19. Jahrhunderts mit zahlreichen Kontroversen konfrontiert. Die Frage der Zurechnungsfähigkeit und Verantwortlichkeit von Personen mit psychischen Störungen war besonders umstritten. Einige argumentierten, dass Menschen mit schweren psychischen Erkrankungen nicht für ihre Handlungen verantwortlich gemacht werden könnten und daher nicht bestraft werden sollten. Andere hielten jedoch daran fest, dass die individuelle Verantwortung für kriminelles Verhalten unabhängig von der psychischen Verfassung eines Individuums sei und dass Straftäter für ihre Taten zur Rechenschaft gezogen werden müssten.

Ein weiteres ethisches Dilemma betraf die Behandlung von psychisch kranken Straftätern in psychiatrischen Anstalten. Viele dieser Anstalten waren überfüllt, unterbesetzt und schlecht ausgestattet, was zu einer unzureichenden Versorgung und Unterbringung der Insassen führte. Darüber hinaus wurden psychisch kranke Menschen oft stigmatisiert und misshandelt, was ihre bereits fragile psychische Verfassung weiter verschlechterte. Diese Missstände führten zu zunehmenden Forderungen nach Reformen im Bereich der psychischen Gesundheitsversorgung und nach einer besseren Behandlung von psychisch kranken Straftätern.

Insgesamt war die forensische Psychiatrie des 19. Jahrhunderts ein wichtiger Meilenstein in der Geschichte der Kriminaljustiz und der Medizin. Trotz ihrer Herausforderungen trug sie wesentlich zur Entwicklung des modernen Rechtssystems bei und legte den Grundstein für die moderne forensische Psychologie und Kriminologie. Ihre Methoden und Erkenntnisse haben dazu beigetragen, das Verständnis von kriminellem Verhalten zu vertiefen und die Rechte von Menschen mit psychischen Störungen zu schützen. Dennoch bleiben viele ethische Fragen im Zusammenhang mit der forensischen Psychiatrie weiterhin relevant und erfordern eine fortlaufende Diskussion und Reflexion.

Entwicklung von psychopathologischen Klassifikationen

Die Entwicklung psychopathologischer Klassifikationen im 19. Jahrhundert markierte einen bedeutenden Fortschritt in der Geschichte der Psychiatrie und der Medizin. Während dieses Zeitraums begannen Wissenschaftler und Mediziner, systematisch psychische Störungen zu identifizieren, zu klassifizieren und zu beschreiben. Diese Klassifikationen bildeten die Grundlage für das Verständnis psychischer Erkrankungen und trugen zur Entwicklung der modernen Psychiatrie bei. In dieser ausführlichen Zusammenfassung werden die Entwicklungen von psychopathologischen Klassifikationen im 19. Jahrhundert, ihre Auswirkungen auf die Psychiatrie und das Verständnis von geistiger Gesundheit, sowie ihre Bedeutung für die moderne Medizin betrachtet.

Das 19. Jahrhundert war geprägt von einem wachsenden Interesse an der Erforschung des menschlichen Geistes und Verhaltens. Wissenschaftler wie Emil Kraepelin, Wilhelm Griesinger und andere trugen entscheidend zur Entwicklung von Klassifikationssystemen für psychische Störungen bei. Kraepelin, ein deutscher Psychiater, wird oft als einer der Pioniere der modernen Psychiatrie betrachtet. Er veröffentlichte 1883 sein Werk "Compendium der Psychiatrie", in dem er psychische Störungen systematisch beschrieb und klassifizierte. Kraepelin schlug vor, dass psychische Erkrankungen auf biologische Ursachen zurückzuführen seien und entwickelte eine Klassifikation, die auf der Unterscheidung zwischen organischen und funktionellen Störungen basierte. Diese Klassifikation bildete die Grundlage für das modernere Konzept der endogenen Psychosen.

Ein weiterer wichtiger Beitrag zur Entwicklung psychopathologischer Klassifikationen im 19. Jahrhundert kam von Wilhelm Griesinger, einem deutschen Psychiater und Neurologen. Griesinger veröffentlichte 1845 sein Werk "Pathologie und Therapie der psychischen Krankheiten", in dem er psychische Störungen aus biologischer Perspektive untersuchte und die Idee vorbrachte, dass sie auf Störungen im Gehirn zurückzuführen sein könnten. Seine Arbeit trug dazu bei, die medizinische Sichtweise auf psychische Störungen zu verändern und legte den Grundstein für die moderne biologische Psychiatrie.

Im 19. Jahrhundert wurden auch erste Versuche unternommen, psychische Störungen anhand objektiver Kriterien zu identifizieren und zu klassifizieren. Dazu gehörte die Verwendung von diagnostischen Tests und Beobachtungen, um die Symptome und Verhaltensweisen von Patienten zu erfassen. Diese Ansätze trugen dazu bei, psychische Störungen systematischer zu erfassen und zu beschreiben und ermöglichten eine präzisere Diagnosestellung.

Die Entwicklung psychopathologischer Klassifikationen im 19. Jahrhundert hatte weitreichende Auswirkungen auf das Verständnis psychischer Störungen und deren Behandlung. Durch die systematische Klassifizierung von psychischen Störungen konnten Ärzte und Psychiater die Vielfalt der Symptome und Verhaltensweisen besser verstehen und gezieltere Behandlungsansätze entwickeln. Darüber hinaus trugen psychopathologische Klassifikationen dazu bei, den Austausch von Wissen und Informationen zwischen verschiedenen medizinischen Fachrichtungen zu fördern und die Zusammenarbeit zwischen Psychiatern, Neurologen und anderen medizinischen Spezialisten zu verbessern.

Die Entwicklung von psychopathologischen Klassifikationen im 19. Jahrhundert war jedoch auch von Herausforderungen geprägt. Eines der Hauptprobleme war die Komplexität und Vielfalt psychischer Störungen, die es schwierig machten, einheitliche Klassifikationssysteme zu entwickeln. Viele psychische Störungen überlappen sich in ihren Symptomen und Merkmalen, was es schwierig macht, klare diagnostische Grenzen zu ziehen. Darüber hinaus waren viele der damals verwendeten diagnostischen Kriterien subjektiv und unspezifisch, was zu Inkonsistenzen und Ungenauigkeiten bei der Diagnosestellung führte.

Ein weiteres Problem war die Stigmatisierung von Menschen mit psychischen Störungen und die damit verbundene Diskriminierung und Ausgrenzung. In vielen Gesellschaften wurden psychische Störungen als Zeichen von Schwäche oder moralischem Versagen angesehen, was dazu führte, dass Betroffene stigmatisiert und marginalisiert wurden. Dies erschwerte es vielen Menschen, angemessene medizinische Versorgung und Unterstützung zu erhalten, und trug dazu bei, dass psychische Störungen oft nicht angemessen behandelt wurden.

Trotz dieser Herausforderungen trugen die Entwicklungen von psychopathologischen Klassifikationen im 19. Jahrhundert wesentlich zur Entwicklung der modernen Psychiatrie bei. Sie legten den Grundstein für die Entwicklung präziserer diagnostischer Methoden und Behandlungsansätze und förderten das Verständnis psychischer Störungen als medizinisches Problem. Darüber hinaus trugen sie dazu bei, die Rechte und das Wohlergehen von Menschen mit psychischen Störungen zu schützen und ihre Integration in die Gesellschaft zu fördern.

Insgesamt war die Entwicklung von psychopathologischen Klassifikationen im 19. Jahrhundert ein wichtiger Schritt in der Geschichte der Psychiatrie und der Medizin. Obwohl sie mit Herausforderungen und Schwierigkeiten verbunden war, trug sie wesentlich dazu bei, das Verständnis psychischer Störungen zu vertiefen und die Behandlungsmöglichkeiten für Betroffene zu verbessern. Ihre Auswirkungen sind bis heute spürbar und haben dazu beigetragen, dass psychische Gesundheit als wichtiges Anliegen sowohl in der Medizin als auch in der Gesellschaft anerkannt wird.

Bedeutung von Gutachten in Gerichtsverfahren
Die forensische Psychiatrie hat im 19. Jahrhundert eine bedeutende Rolle in Gerichtsverfahren gespielt, insbesondere im Zusammenhang mit der Beurteilung der Zurechnungsfähigkeit von Straftätern und der Frage nach ihrer geistigen Gesundheit. Forensische Gutachten wurden zunehmend als entscheidende Beweismittel angesehen, um die strafrechtliche Verantwortlichkeit von Angeklagten zu klären und entsprechende Maßnahmen zu ergreifen. In dieser ausführlichen Zusammenfassung werden die Bedeutung von forensischen Gutachten in Gerichtsverfahren im 19.

Jahrhundert sowie die Entwicklungen, Herausforderungen und Kontroversen in der forensischen Psychiatrie dieser Zeit beleuchtet.

Die forensische Psychiatrie im 19. Jahrhundert stand vor der Herausforderung, psychische Störungen und ihre Auswirkungen auf das Verhalten von Individuen in rechtlichen Kontexten zu verstehen und zu bewerten. In vielen Gerichtsverfahren war die Frage der Zurechnungsfähigkeit von Angeklagten von zentraler Bedeutung für die Urteilsfindung. Forensische Gutachter, in der Regel Psychiater oder Ärzte mit Erfahrung in der Psychiatrie, wurden beauftragt, die geistige Gesundheit und Zurechnungsfähigkeit von Angeklagten zu beurteilen und ihre Erkenntnisse vor Gericht zu präsentieren.

Ein wichtiger Meilenstein in der Entwicklung der forensischen Psychiatrie war die Einführung des Konzepts der "Irrenanstalten" im 19. Jahrhundert. Vor dieser Zeit wurden geisteskranke Menschen oft in Gefängnissen oder Armenhäusern untergebracht, ohne angemessene medizinische Betreuung oder Behandlung zu erhalten. Die Etablierung von Irrenanstalten als spezialisierte Einrichtungen für die Unterbringung und Behandlung von psychisch Kranken trug dazu bei, das Verständnis psychischer Störungen zu vertiefen und die Entwicklung der forensischen Psychiatrie voranzutreiben.

Im Laufe des 19. Jahrhunderts entwickelten forensische Psychiater verschiedene Ansätze und Methoden zur Beurteilung der geistigen Gesundheit von Individuen. Eine der bekanntesten Methoden war die klinische Beurteilung, bei der der Gutachter das Verhalten, die Symptome und die Krankengeschichte des Angeklagten untersuchte, um eine Diagnose und Beurteilung seiner Zurechnungsfähigkeit abzugeben. Diese Methode wurde jedoch oft als subjektiv angesehen und war anfällig für Vorurteile und Fehlinterpretationen.

Ein weiterer Ansatz war die Verwendung von psychometrischen Tests zur Beurteilung der kognitiven Fähigkeiten und Persönlichkeitsmerkmale von Individuen. Obwohl diese Tests objektiver erschienen, waren sie oft unzuverlässig und konnten die Komplexität psychischer Störungen nicht vollständig erfassen. Dennoch trugen sie dazu bei, das Bewusstsein für die Bedeutung objektiver Messungen in der forensischen Psychiatrie zu schärfen und bildeten die Grundlage für spätere Entwicklungen auf diesem Gebiet.

Ein bedeutendes Ereignis in der Geschichte der forensischen Psychiatrie war der Fall des französischen Straftäters Jean-Baptiste Troppmann im Jahr 1869. Troppmann wurde wegen des brutalen Mordes an einer Familie von acht Personen verurteilt und war Gegenstand eines intensiven forensischen Gutachtens zur Klärung seiner geistigen Gesundheit und Zurechnungsfähigkeit. Der Fall zog internationale Aufmerksamkeit auf sich und trug dazu bei, die Bedeutung forensischer Gutachten in Gerichtsverfahren zu betonen.

Trotz der Fortschritte in der forensischen Psychiatrie im 19. Jahrhundert gab es auch Herausforderungen und Kontroversen. Eine der größten Herausforderungen bestand darin, objektive und zuverlässige Methoden zur Beurteilung der geistigen Gesundheit von Individuen zu entwickeln. Viele forensische Gutachten waren von persönlichen Vorurteilen und subjektiven Einschätzungen geprägt und konnten zu Fehlurteilen führen. Darüber hinaus wurden psychische Störungen oft stigmatisiert und missverstanden, was die Arbeit von forensischen Gutachtern erschwerte und das Vertrauen in ihre Urteile beeinträchtigte.

Eine weitere Kontroverse betraf die Frage der Zurechnungsfähigkeit von Straftätern mit psychischen Störungen. Einige Experten argumentierten, dass diese Individuen nicht für ihre Handlungen verantwortlich gemacht werden könnten, da sie unter dem Einfluss einer psychischen Erkrankung standen und ihre Handlungen nicht freiwillig waren. Andere hingegen argumentierten, dass die Zurechnungsfähigkeit von Straftätern unabhängig von ihrem psychischen Zustand beurteilt werden sollte und dass psychische

Störungen keine Entschuldigung für kriminelles Verhalten darstellen sollten.

Trotz dieser Herausforderungen und Kontroversen spielten forensische Gutachten eine wichtige Rolle in Gerichtsverfahren im 19. Jahrhundert und trugen dazu bei, das Verständnis psychischer Störungen zu vertiefen und die Rechtsprechung gerechter zu gestalten. Die forensische Psychiatrie erlebte im Laufe des Jahrhunderts bedeutende Fortschritte und legte den Grundstein für die moderne forensische Psychiatrie, die sich bis heute weiterentwickelt und eine wichtige Rolle in der Rechtsprechung spielt.

Forensische Aspekte von Geisteskrankheiten und Straftaten
Die forensischen Aspekte von Geisteskrankheiten und Straftaten im 19. Jahrhundert waren von einer komplexen Wechselwirkung zwischen medizinischen, rechtlichen und gesellschaftlichen Faktoren geprägt. Während dieser Zeit gab es eine zunehmende Anerkennung der Rolle von psychischen Störungen bei der Entstehung von Straftaten und eine wachsende Nachfrage nach forensischen Gutachten, um die Zurechnungsfähigkeit von Straftätern zu beurteilen. Diese Entwicklung spiegelte sich in der wachsenden Bedeutung der forensischen Psychiatrie wider, die sich als eigenständige Disziplin etablierte und einen bedeutenden Einfluss auf die Rechtsprechung hatte.

Ein wichtiger Aspekt der forensischen Psychiatrie im 19. Jahrhundert war die Frage der Zurechnungsfähigkeit von Straftätern mit psychischen Störungen. Die zunehmende Anerkennung psychischer Störungen als mögliche Ursache für kriminelles Verhalten führte zu einer verstärkten Nachfrage nach forensischen Gutachten, um die geistige Gesundheit von Angeklagten zu beurteilen und ihre strafrechtliche Verantwortlichkeit festzustellen. Forensische Psychiater spielten eine Schlüsselrolle bei der Untersuchung von Straftätern und der Bereitstellung von Gutachten für Gerichtsverfahren.

Ein bekanntes Beispiel für die Bedeutung forensischer Psychiatrie in Gerichtsverfahren im 19. Jahrhundert war der Fall des französischen Straftäters Jean-Baptiste Troppmann im Jahr 1869. Troppmann wurde wegen des brutalen Mordes an einer Familie von acht Personen verurteilt, und forensische Gutachten spielten eine entscheidende Rolle bei der Beurteilung seiner Zurechnungsfähigkeit und seiner strafrechtlichen Verantwortlichkeit. Der Fall erregte internationales Aufsehen und trug dazu bei, das Bewusstsein für die Bedeutung forensischer Gutachten in Gerichtsverfahren zu schärfen.

Eine der Herausforderungen im Zusammenhang mit der forensischen Beurteilung von Geisteskrankheiten und Straftaten im 19. Jahrhundert war die Entwicklung objektiver und zuverlässiger Diagnosemethoden. Viele forensische Gutachten waren subjektiv geprägt und beruhten auf persönlichen Einschätzungen und Vorurteilen der Gutachter. Dies führte zu Kontroversen und Unsicherheiten bei der Beurteilung der Zurechnungsfähigkeit von Straftätern und der Angemessenheit von Strafmaßnahmen.

Ein weiterer Aspekt der forensischen Psychiatrie im 19. Jahrhundert war die Unterbringung und Behandlung von geisteskranken Straftätern. Vor dieser Zeit wurden psychisch kranke Menschen oft in Gefängnissen oder Armenhäusern untergebracht, ohne angemessene medizinische Betreuung oder Behandlung zu erhalten. Die Etablierung von Irrenanstalten als spezialisierte Einrichtungen für die Unterbringung und Behandlung von psychisch Kranken trug dazu bei, das Verständnis psychischer Störungen zu vertiefen und die Entwicklung der forensischen Psychiatrie voranzutreiben.

In vielen Gerichtsverfahren im 19. Jahrhundert wurden forensische Gutachten als entscheidende Beweismittel angesehen, um die strafrechtliche Verantwortlichkeit von Angeklagten zu klären und entsprechende Maßnahmen zu ergreifen. Forensische Psychiater wurden beauftragt, die geistige Gesundheit und Zurechnungsfähigkeit von Angeklagten zu beurteilen und ihre Erkenntnisse vor Gericht zu präsentieren. Ihre Gutachten hatten einen erheblichen Einfluss auf die Rechtsprechung und halfen dabei, die strafrechtliche Verantwortlichkeit von Straftätern festzustellen.

Trotz der Fortschritte in der forensischen Psychiatrie im 19. Jahrhundert gab es auch Herausforderungen und Kontroversen. Eine der größten Herausforderungen bestand darin, objektive und zuverlässige Methoden zur Beurteilung der geistigen Gesundheit von Individuen zu entwickeln. Viele forensische Gutachten waren von persönlichen Vorurteilen und subjektiven Einschätzungen geprägt, was zu Unsicherheiten und Kontroversen bei der Feststellung der Zurechnungsfähigkeit von Straftätern führte.

Ein weiteres Problem im Zusammenhang mit der forensischen Psychiatrie im 19. Jahrhundert war die Frage der Behandlung und Unterbringung geisteskranker Straftäter. Viele Irrenanstalten waren überfüllt und unterfinanziert, und die Bedingungen für die Insassen waren oft unzureichend. Dies führte zu Bedenken hinsichtlich der angemessenen Behandlung und Betreuung von psychisch kranken Straftätern und zur Forderung nach Reformen im Bereich der forensischen Psychiatrie.

Trotz dieser Herausforderungen spielte die forensische Psychiatrie eine wichtige Rolle in der Rechtsprechung des 19. Jahrhunderts und trug dazu bei, das Verständnis psychischer Störungen zu vertiefen und die Behandlung von geisteskranken Straftätern zu verbessern. Die forensische Psychiatrie setzte sich für die Entwicklung objektiver Diagnosemethoden ein und förderte die Etablierung spezialisierter Einrichtungen für die Unterbringung und Behandlung von psychisch kranken Straftätern.

Forensische Therapieansätze im 19. Jahrhundert
Die forensische Therapie im 19. Jahrhundert war geprägt von einer Vielzahl von Ansätzen und Entwicklungen, die darauf abzielten, geisteskranken Straftätern angemessene Behandlung und Rehabilitation zukommen zu lassen. In dieser Zeit wurden verschiedene therapeutische Methoden und Modelle angewendet, um die geistige Gesundheit von Straftätern zu verbessern und ihre

Reintegration in die Gesellschaft zu fördern. Die forensische Therapie im 19. Jahrhundert spiegelte die allgemeine Entwicklung der Psychiatrie und der Strafrechtspflege wider und wurde von medizinischen, rechtlichen und gesellschaftlichen Einflüssen geprägt.

Ein wichtiger Ansatz in der forensischen Therapie des 19. Jahrhunderts war die moralische Behandlung. Dieser Ansatz betonte die Bedeutung einer menschenwürdigen Behandlung von geisteskranken Straftätern und zielte darauf ab, ihre moralischen und sozialen Fähigkeiten wiederherzustellen. Die moralische Behandlung basierte auf Prinzipien wie Respekt, Empathie und Fürsorge und beinhaltete therapeutische Aktivitäten wie Arbeitstherapie, soziale Interaktion und Bildung. Diese Behandlungsformen sollten dazu beitragen, die geistige Gesundheit von Straftätern zu verbessern und ihre Rückkehr in die Gesellschaft zu erleichtern.

Ein prominentes Beispiel für die Anwendung der moralischen Behandlung in der forensischen Therapie des 19. Jahrhunderts war die Tuke's Retreat in York, England. Diese Einrichtung wurde 1796 gegründet und gilt als eine der ersten psychiatrischen Kliniken, die die moralische Behandlung praktizierte. Die Tuke's Retreat legte Wert auf eine humane und respektvolle Behandlung von geisteskranken Straftätern und bot ihnen verschiedene therapeutische Aktivitäten und Programme an, um ihre geistige Gesundheit zu verbessern.

Ein weiterer wichtiger Ansatz in der forensischen Therapie des 19. Jahrhunderts war die Nutzung von Arbeits- und Beschäftigungstherapie. Diese Therapieformen sollten geisteskranken Straftätern dabei helfen, produktiv zu sein, ihre Fähigkeiten zu entwickeln und ein Gefühl der Selbstwirksamkeit zu erlangen. Arbeits- und Beschäftigungstherapie wurden in verschiedenen forensischen Einrichtungen eingesetzt, darunter Irrenanstalten, Gefängnisse und Arbeitshäuser. Die Patienten wurden in handwerklichen Tätigkeiten, Landwirtschaft, Gartenarbeit oder anderen praktischen Aktivitäten beschäftigt, um ihre geistige Gesundheit zu fördern und sie auf ein Leben außerhalb der Einrichtung vorzubereiten.

Die Nutzung von sozialen Interaktionen und Gemeinschaftsaktivitäten war ein weiterer wichtiger Bestandteil der forensischen Therapie im 19. Jahrhundert. Viele forensische Einrichtungen legten Wert auf die Schaffung einer unterstützenden und inklusiven Gemeinschaft, in der geisteskranken Straftätern die Möglichkeit geboten wurde, soziale Beziehungen aufzubauen und ein Gefühl der Zugehörigkeit zu entwickeln. Durch Gruppentherapie, Diskussionsrunden, religiöse Versammlungen und kulturelle Veranstaltungen sollten die Patienten dazu ermutigt werden, sich mit anderen auszutauschen, Vertrauen aufzubauen und Unterstützung zu finden.

Neben diesen therapeutischen Ansätzen spielte auch die medikamentöse Behandlung eine Rolle in der forensischen Therapie des 19. Jahrhunderts. Obwohl die Verfügbarkeit von Medikamenten begrenzt war und die pharmakologische Forschung noch in den Anfängen steckte, wurden bestimmte Arzneimittel zur Behandlung von psychischen Störungen eingesetzt. Zu den häufig verwendeten Medikamenten gehörten Opium, Bromide und Chloralhydrat, die zur Beruhigung und Sedierung von Patienten eingesetzt wurden. Obwohl die Wirksamkeit und Sicherheit dieser Medikamente umstritten war, wurden sie häufig in forensischen Einrichtungen eingesetzt, um das Verhalten von geisteskranken Straftätern zu kontrollieren und ihre Symptome zu lindern.

Die forensische Therapie im 19. Jahrhundert wurde auch von rechtlichen und gesellschaftlichen Entwicklungen beeinflusst, die die Behandlung und Betreuung von geisteskranken Straftätern beeinflussten. Die Reformen im Strafrecht und im Strafvollzug hatten Auswirkungen auf die forensische Psychiatrie und führten zu Veränderungen in der Behandlung und Unterbringung von geisteskranken Straftätern. Die Einführung von Gesetzen und Vorschriften zur Regulierung der psychiatrischen Versorgung sowie die Schaffung spezialisierter forensischer Einrichtungen trugen dazu bei, die Qualität und Sicherheit der forensischen Therapie zu verbessern.

Insgesamt spielte die forensische Therapie im 19. Jahrhundert eine wichtige Rolle bei der Behandlung und Betreuung von geisteskranken Straftätern. Durch die Anwendung verschiedener therapeutischer Ansätze und die Schaffung unterstützender und inklusiver Umgebungen trugen forensische Einrichtungen dazu bei, die geistige Gesundheit von Straftätern zu verbessern und ihre Reintegration in die Gesellschaft zu fördern. Trotz der Herausforderungen und Einschränkungen dieser Zeit legten die Entwicklungen in der forensischen Therapie des 19. Jahrhunderts den Grundstein für weitere Fortschritte in der Behandlung von geisteskranken Straftätern in den folgenden Jahrhunderten.

Kontroversen um die forensische Psychiatrie
Die forensische Psychiatrie im 19. Jahrhundert war von zahlreichen Kontroversen geprägt, die sowohl medizinische als auch ethische Fragen aufwarfen und das Verständnis und die Anwendung psychiatrischer Konzepte in der Rechtsprechung beeinflussten. Diese Kontroversen entstanden aus dem Spannungsfeld zwischen medizinischer Expertise, rechtlichen Anforderungen und gesellschaftlichen Normen und führten zu Debatten über Themen wie die Verantwortlichkeit von geisteskranken Straftätern, die Definition von Wahnsinn und die Rolle der Psychiatrie im Strafrechtssystem.

Eine der prominentesten Kontroversen im Bereich der forensischen Psychiatrie des 19. Jahrhunderts war die Frage nach der Verantwortlichkeit von geisteskranken Straftätern. In dieser Zeit wurde intensiv darüber diskutiert, ob Menschen, die zum Zeitpunkt der Tat an einer psychischen Erkrankung litten, für ihre Handlungen verantwortlich gemacht werden sollten. Diese Debatte berührte grundlegende Fragen der moralischen und rechtlichen Verantwortung und führte zu unterschiedlichen Ansichten darüber, wie psychische Krankheiten das menschliche Verhalten beeinflussen und inwiefern sie die Schuldfähigkeit eines Individuums einschränken.

Ein prominentes Beispiel für die Kontroverse um die Verantwortlichkeit von geisteskranken Straftätern war der Fall des englischen Mörders Daniel M'Naghten im Jahr 1843. M'Naghten tötete den britischen Premierminister Sir Robert Peel's Privatsekretär, weil er glaubte, von einer politischen Verschwörung verfolgt zu werden. Bei seinem Prozess berief sich M'Naghten auf einen Zustand des Wahnsinns zum Zeitpunkt der Tat. Das Gericht stellte fest, dass er aufgrund seiner psychischen Erkrankung nicht in der Lage war, zwischen richtig und falsch zu unterscheiden, und sprach ihn frei. Dieser Fall führte zu einer breiten Diskussion über die Kriterien für die Feststellung der Schuldfähigkeit von geisteskranken Straftätern und hatte einen bedeutenden Einfluss auf die Entwicklung des Konzepts der strafrechtlichen Unzurechnungsfähigkeit.

Eine weitere Kontroverse in der forensischen Psychiatrie des 19. Jahrhunderts betraf die Definition und Klassifikation von psychischen Erkrankungen, insbesondere die Unterscheidung zwischen Wahnsinn und Vernunft. In dieser Zeit waren die Diagnosekriterien für psychische Störungen weniger klar definiert als heute, und es gab unterschiedliche Ansichten darüber, was als geistige Krankheit angesehen werden sollte und wie sie diagnostiziert werden sollte. Dies führte zu Unsicherheiten und Kontroversen bei der Feststellung des geistigen Zustands von Straftätern und bei der Bestimmung ihrer strafrechtlichen Verantwortlichkeit.

Ein weiteres umstrittenes Thema in der forensischen Psychiatrie des 19. Jahrhunderts war die Frage nach der Wirksamkeit und Ethik der psychiatrischen Behandlung von geisteskranken Straftätern. Viele Menschen waren besorgt über die möglichen Auswirkungen der psychiatrischen Behandlung auf die persönlichen Freiheiten und Rechte von Patienten sowie über die Missbrauchs- und Vernachlässigungsfälle in psychiatrischen Einrichtungen. Diese

Bedenken führten zu Debatten über die Rolle und die Grenzen der psychiatrischen Intervention im Strafrechtssystem und zu Forderungen nach einer stärkeren Überwachung und Regulierung der psychiatrischen Versorgung.

Eine besonders kontroverse Praxis in der forensischen Psychiatrie des 19. Jahrhunderts war die Anwendung von Zwangsmaßnahmen und Restriktionen gegenüber geisteskranken Straftätern. Viele forensische Einrichtungen setzten auf restriktive Maßnahmen wie Fesseln, Isolation und Zwangsernährung, um die Patienten zu kontrollieren und zu disziplinieren. Diese Praktiken wurden jedoch zunehmend kritisiert, da sie als unmenschlich und unwirksam galten und das Leiden der Patienten verschlimmerten. Die Kontroverse über die Anwendung von Zwangsmaßnahmen in der forensischen Psychiatrie führte zu Reformen und zur Einführung von Standards für die Behandlung und Betreuung geisteskranker Straftäter.

Eine weitere Kontroverse in der forensischen Psychiatrie des 19. Jahrhunderts betraf die Rolle der Psychiatrie in der Strafrechtspolitik und Gesetzgebung. Einige Kritiker warfen der forensischen Psychiatrie vor, sich zu stark in rechtliche Angelegenheiten einzumischen und über die Grenzen ihrer Expertise hinauszugehen. Sie argumentierten, dass psychiatrische Gutachten und Diagnosen zu viel Einfluss auf rechtliche Entscheidungen hatten und dass die forensische Psychiatrie dazu neigte, das Strafrechtssystem zu medicalisieren und zu pathologisieren. Diese Kontroverse führte zu Diskussionen über die Unabhängigkeit und Objektivität der forensischen Psychiatrie und darüber, wie sie am besten in das Strafrechtssystem integriert werden könnte.

Insgesamt war die forensische Psychiatrie im 19. Jahrhundert von zahlreichen Kontroversen geprägt, die medizinische, ethische und rechtliche Fragen berührten und das Verständnis und die Anwendung psychiatrischer Konzepte in der Rechtsprechung beeinflussten. Diese Kontroversen spiegelten die komplexen und oft widersprüchlichen Ansichten und Überzeugungen wider, die damals im Zusammenhang mit Geisteskrankheit, Verantwortlichkeit und Strafjustiz existierten, und trugen zur Entwicklung und Weiterentwicklung der forensischen Psychiatrie bei. Trotz der Herausforderungen und Kontroversen in dieser Zeit legte die forensische Psychiatrie des 19. Jahrhunderts den Grundstein für die moderne forensische Psychiatrie und hatte einen bedeutenden Einfluss auf das Verständnis und die Behandlung von geisteskranken Straftätern in den folgenden Jahrhunderten.

Einfluss auf die Strafgesetzgebung

Die forensische Psychiatrie des 19. Jahrhunderts hatte einen signifikanten Einfluss auf die Strafgesetzgebung in vielen Ländern weltweit. In dieser Zeit wurden psychiatrische Konzepte und Gutachten zunehmend in rechtliche Entscheidungsprozesse integriert, und die Anerkennung der psychischen Krankheit als mögliche mildernde Umstände oder als Grund für strafrechtliche Unzurechnungsfähigkeit führte zu bedeutenden Veränderungen in der Strafgesetzgebung und der Gerichtspraxis. Diese Entwicklung war das Ergebnis eines komplexen Zusammenspiels zwischen medizinischer Expertise, rechtlichen Anforderungen und gesellschaftlichen Normen, das dazu beitrug, das Strafrechtssystem humaner und gerechter zu gestalten, gleichzeitig aber auch Herausforderungen und Kontroversen mit sich brachte.

Ein wichtiger Einfluss der forensischen Psychiatrie auf die Strafgesetzgebung im 19. Jahrhundert war die Einführung des Konzepts der strafrechtlichen Unzurechnungsfähigkeit aufgrund von psychischer Krankheit. Zuvor war die Strafjustiz weitgehend auf die Bestrafung von Straftätern ausgerichtet, ohne Rücksicht auf ihre geistige Gesundheit oder ihre Fähigkeit, ihre Handlungen zu kontrollieren. Mit dem Aufkommen der forensischen Psychiatrie wurden jedoch zunehmend psychiatrische Gutachten eingeführt, um den geistigen Zustand von Angeklagten zu bewerten und festzustellen, ob sie zum Zeitpunkt der Tat in der Lage waren, zwischen richtig und falsch zu unterscheiden oder ihre Handlungen zu kontrollieren. Diese Entwicklung führte dazu, dass Personen mit psychischen Erkrankungen nicht mehr automatisch als voll verantwortlich für ihre Handlungen betrachtet wurden, sondern unter bestimmten Umständen strafrechtlich unzurechnungsfähig sein konnten und daher möglicherweise einer anderen Behandlung oder Strafe unterlagen.

Ein bedeutendes Beispiel für die Einführung des Konzepts der strafrechtlichen Unzurechnungsfähigkeit durch die forensische Psychiatrie im 19. Jahrhundert war der sogenannte M'Naghten-Fall von 1843. Daniel M'Naghten, ein englischer Mann, der unter paranoider Schizophrenie litt, erschoss den Privatsekretär des britischen Premierministers Sir Robert Peel, weil er glaubte, von einer politischen Verschwörung verfolgt zu werden. Bei seinem Prozess berief sich M'Naghten auf einen Zustand des Wahnsinns zum Zeitpunkt der Tat, und psychiatrische Gutachten wurden herangezogen, um seinen geistigen Zustand zu bewerten. Das Gericht entschied schließlich, dass M'Naghten aufgrund seiner psychischen Erkrankung nicht in der Lage war, zwischen richtig und falsch zu unterscheiden, und sprach ihn frei. Dieser Fall hatte einen bedeutenden Einfluss auf die Entwicklung des Rechtskonzepts der strafrechtlichen Unzurechnungsfähigkeit und trug dazu bei, die Berücksichtigung des geistigen Zustands von Angeklagten in der Strafjustiz zu etablieren.

Eine weitere wichtige Auswirkung der forensischen Psychiatrie auf die Strafgesetzgebung im 19. Jahrhundert war die Einführung von Gesetzen und Vorschriften zur Behandlung und Unterbringung geisteskranker Straftäter. Vor der Entwicklung der forensischen Psychiatrie wurden geisteskranke Straftäter oft wie normale Straftäter behandelt und in herkömmlichen Gefängnissen untergebracht, wo sie häufig misshandelt oder vernachlässigt wurden und nicht die angemessene Behandlung erhielten. Mit dem Aufkommen der forensischen Psychiatrie wurden jedoch spezielle forensische Einrichtungen geschaffen, um geisteskranken Straftätern die notwendige Behandlung und Betreuung zukommen zu lassen, die sie benötigten. Diese Einrichtungen waren darauf ausgerichtet, die Sicherheit der Patienten zu gewährleisten und sie von der breiteren Gefängnispopulation zu trennen, um eine angemessene Behandlung und Rehabilitation zu ermöglichen.

Ein Beispiel für die Einführung spezialisierter Einrichtungen für geisteskranke Straftäter durch die forensische Psychiatrie im 19. Jahrhundert war die Gründung des Broadmoor Hospital in England im Jahr 1863. Broadmoor war das erste Krankenhaus in Großbritannien, das speziell für die Behandlung geisteskranker Straftäter errichtet wurde, und wurde als Modell für ähnliche Einrichtungen in anderen Ländern angesehen. Die Schaffung von Einrichtungen wie Broadmoor war ein wichtiger Schritt zur Verbesserung der Behandlung und Betreuung geisteskranker Straftäter und trug dazu bei, ihre Rechte zu schützen und ihre Wiedereingliederung in die Gesellschaft zu fördern.

Darüber hinaus trug die forensische Psychiatrie des 19. Jahrhunderts zur Entwicklung von Gesetzen und Verfahren bei, die darauf abzielten, die Rechte und den Schutz geisteskranker Personen in der Strafjustiz zu stärken. Dazu gehörten Gesetze zur Festlegung der Bedingungen für die Unterbringung und Behandlung geisteskranker Straftäter, Verfahren zur Überprüfung ihres geistigen Zustands und ihrer Behandlung sowie Richtlinien zur Gewährleistung eines fairen und gerechten Verfahrens für Personen mit psychischen Erkrankungen. Diese Gesetze und Verfahren waren darauf ausgerichtet, sicherzustellen, dass geisteskranke Personen angemessen behandelt wurden und ihre Rechte respektiert wurden, während gleichzeitig die Sicherheit der Öffentlichkeit gewahrt wurde.

Ein weiterer Einfluss der forensischen Psychiatrie auf die Strafgesetzgebung im 19. Jahrhundert war die Entwicklung von Standards und Richtlinien für die Verwendung psychiatrischer Gutachten und Diagnosen in Gerichtsverfahren. Zuvor waren psychiatrische Gutachten oft unstrukturiert und unzuverlässig, und es gab wenig Einheitlichkeit in den Methoden und Standards, die von verschiedenen Psychiatern angewendet wurden. Mit dem Aufkommen der forensischen Psychiatrie wurden jedoch zunehmend Standards und Richtlinien entwickelt, um die Qualität und Zuverlässigkeit psychiatrischer Gutachten zu verbessern und sicherzustellen, dass sie in rechtlichen Entscheidungsprozessen angemessen berücksichtigt wurden. Diese Standards und Richtlinien umfassten Kriterien zur Diagnose psychischer Erkrankungen, Methoden zur Bewertung des geistigen Zustands von Angeklagten und Verfahren zur Erstellung und Präsentation psychiatrischer Gutachten vor Gericht.

Ein bedeutendes Beispiel für die Entwicklung von Standards und Richtlinien für die Verwendung psychiatrischer Gutachten in Gerichtsverfahren war die Gründung der American Psychiatric Association (APA) im Jahr 1844. Die APA spielte eine wichtige Rolle bei der Festlegung von Standards für die psychiatrische Praxis und die Verwendung von psychiatrischen Gutachten in rechtlichen Angelegenheiten und trug dazu bei, die Qualität und Zuverlässigkeit psychiatrischer Diagnosen und Gutachten zu verbessern. Darüber hinaus wurden von der APA Richtlinien entwickelt, um sicherzustellen, dass psychiatrische Gutachten fair und objektiv waren und den ethischen und rechtlichen Anforderungen entsprachen, die in Gerichtsverfahren gestellt wurden. Diese Richtlinien trugen dazu bei, das Vertrauen in die forensische Psychiatrie zu stärken und ihre Integration in die Strafjustiz zu fördern.

Insgesamt hatte die forensische Psychiatrie des 19. Jahrhunderts einen bedeutenden Einfluss auf die Strafgesetzgebung in vielen Ländern weltweit. Die Einführung des Konzepts der strafrechtlichen Unzurechnungsfähigkeit, die Schaffung spezialisierter Einrichtungen für geisteskranken Straftäter, die Entwicklung von Gesetzen und Verfahren zum Schutz ihrer Rechte und die Festlegung von Standards und Richtlinien für die Verwendung psychiatrischer Gutachten trugen dazu bei, das Strafrechtssystem humaner, gerechter und effektiver zu gestalten. Trotz der Herausforderungen und Kontroversen, die mit der Integration der forensischen Psychiatrie in die Strafjustiz verbunden waren, legte die forensische Psychiatrie des 19. Jahrhunderts den Grundstein für die moderne forensische Psychiatrie und hatte einen langanhaltenden Einfluss auf das Verständnis und die Behandlung von geisteskranken Straftätern.

Integration von psychologischen Erkenntnissen in die forensische Praxis

Die Integration von psychologischen Erkenntnissen in die forensische Praxis im 19. Jahrhundert war ein bedeutender Meilenstein in der Entwicklung der forensischen Psychologie. Diese Epoche war geprägt von einem wachsenden Interesse an der Anwendung psychologischer Prinzipien auf rechtliche Fragestellungen und strafrechtliche Verfahren. Die Einbeziehung von psychologischem Wissen in die forensische Praxis trug dazu bei, die Gerichtsverfahren gerechter und effektiver zu gestalten, indem sie ein tieferes Verständnis menschlichen Verhaltens und psychischer Prozesse ermöglichte. In dieser Zusammenfassung werden die wichtigsten Entwicklungen, Einflüsse und Herausforderungen der Integration von psychologischen Erkenntnissen in die forensische Praxis im 19. Jahrhundert beleuchtet.

Ein bedeutendes Merkmal der Integration von psychologischen Erkenntnissen in die forensische Praxis im 19. Jahrhundert war die verstärkte Verwendung von psychologischen Gutachten und Untersuchungen in Gerichtsverfahren. Zu dieser Zeit begannen Psychologen, ihre Kenntnisse über menschliches Verhalten und mentale Prozesse auf rechtliche Fragestellungen anzuwenden und Gutachten zu erstellen, um die geistige Gesundheit, Persönlichkeitseigenschaften und Verhaltensweisen von Angeklagten zu bewerten. Diese psychologischen Gutachten wurden zunehmend von Gerichten als Beweismittel akzeptiert und trugen dazu bei, das Verständnis von Straftätern und ihren Motivationen zu vertiefen sowie die rechtliche Verantwortlichkeit und Strafminderungsgründe besser zu beurteilen.

Ein Beispiel für die verstärkte Verwendung von psychologischen Gutachten in Gerichtsverfahren im 19. Jahrhundert war der Fall des französischen Kriminologen Alexandre Lacassagne, der als einer der Pioniere der forensischen Psychologie gilt. Lacassagne wandte psychologische Prinzipien auf die Untersuchung von Kriminalfällen an und erstellte detaillierte Gutachten über die geistige Verfassung und Persönlichkeit von Angeklagten. Seine Arbeit trug dazu bei, das Verständnis von kriminellem Verhalten zu vertiefen und die Rolle von psychologischen Faktoren in der Entstehung von Straftaten zu erforschen. Lacassagnes Gutachten hatten einen bedeutenden Einfluss auf Gerichtsurteile und trugen dazu bei, das Bewusstsein für die Bedeutung von psychologischem Wissen in der forensischen Praxis zu schärfen.

Ein weiteres wichtiges Merkmal der Integration von psychologischen Erkenntnissen in die forensische Praxis im 19. Jahrhundert war die Entwicklung von psychologischen Profilierungstechniken zur Täteridentifizierung und Verhaltensvorhersage. Zu dieser Zeit begannen Psychologen, Profile von Straftätern zu erstellen und charakteristische Merkmale und Verhaltensweisen zu identifizieren, die bei der Identifizierung von Tätern und der Aufklärung von Verbrechen hilfreich sein könnten. Diese psychologischen Profile basierten auf wissenschaftlichen Prinzipien der Persönlichkeitspsychologie und der Verhaltensanalyse und trugen dazu bei, das Verständnis von kriminellem Verhalten zu verbessern und die Effektivität von Ermittlungen und Strafverfolgung zu erhöhen.

Ein bedeutendes Beispiel für die Entwicklung von psychologischen Profilierungstechniken im 19. Jahrhundert war die Arbeit des deutschen Kriminalpsychologen Hans Gross. Gross entwickelte eine Methode zur Erstellung von Täterprofilen, die auf der Analyse von Tatorten, Opfermerkmalen und anderen forensischen Beweisen basierte. Seine Arbeit trug dazu bei, das Verständnis von kriminellem Verhalten zu vertiefen und die Identifizierung von Tätern zu verbessern. Gross' Ansatz zur Täterprofilierung hatte einen bedeutenden Einfluss auf die forensische Praxis und trug dazu bei, die Effektivität von Ermittlungen und Strafverfolgung zu erhöhen.

Ein weiterer wichtiger Aspekt der Integration von psychologischen Erkenntnissen in die forensische Praxis im 19. Jahrhundert war die Entwicklung von psychologischen Tests und Messverfahren zur Bewertung von Persönlichkeitseigenschaften und geistiger Gesundheit. Zu dieser Zeit begannen Psychologen, standardisierte Tests und Fragebögen zu entwickeln, um die geistige Verfassung und Persönlichkeit von Angeklagten zu bewerten und psychologische Profile zu erstellen. Diese Tests basierten auf wissenschaftlichen Prinzipien der Psychometrie und der Persönlichkeitspsychologie und trugen dazu bei, das Verständnis von menschlichem Verhalten und psychischen Erkrankungen zu vertiefen und die Diagnose und Behandlung von psychischen Störungen zu verbessern.

Ein bedeutendes Beispiel für die Entwicklung von psychologischen Tests im 19. Jahrhundert war der Rorschach-Test, der von Hermann Rorschach entwickelt wurde. Der Rorschach-Test war einer der ersten standardisierten psychologischen Tests zur Bewertung von Persönlichkeitseigenschaften und geistiger Gesundheit und basierte auf der Interpretation von Tintenklecksen. Der Test wurde zunächst zur Diagnose von psychischen Störungen eingesetzt und später auch in der forensischen Praxis zur Bewertung von Angeklagten verwendet. Der Rorschach-Test hatte einen bedeutenden Einfluss auf die Entwicklung der psychologischen Diagnostik und trug dazu bei, das Verständnis von Persönlichkeitseigenschaften und geistiger Gesundheit zu vertiefen.

Trotz der Fortschritte und Errungenschaften auf dem Gebiet der Integration von psychologischen Erkenntnissen in die forensische Praxis im 19. Jahrhundert gab es auch Herausforderungen und Kontroversen. Ein wesentliches Problem bestand darin, dass psychologische Gutachten und Profile oft subjektiv und unzuverlässig waren und von persönlichen Vorurteilen und Meinungen beeinflusst werden konnten. Darüber hinaus gab es Bedenken hinsichtlich der Ethik und Integrität von psychologischen Tests und Messverfahren und der Verwendung von psychologischem Wissen in rechtlichen Entscheidungsprozessen.

Diese Herausforderungen führten zu Forderungen nach strengeren Standards und Richtlinien für die Verwendung von psychologischen Erkenntnissen in der forensischen Praxis und trugen dazu bei, das Bewusstsein für die Bedeutung von Objektivität und Professionalität in der psychologischen Bewertung zu schärfen.

Insgesamt war die Integration von psychologischen Erkenntnissen in die forensische Praxis im 19. Jahrhundert ein wichtiger Schritt zur Verbesserung der rechtlichen Verfahren und der Effektivität von Ermittlungen und Strafverfolgung. Die verstärkte Verwendung von psychologischen Gutachten und Untersuchungen, die Entwicklung von Profilierungstechniken und psychologischen Tests sowie die Etablierung von Standards und Richtlinien trugen dazu bei, das Verständnis von kriminellem Verhalten zu vertiefen und die Qualität und Zuverlässigkeit forensischer Untersuchungen zu verbessern. Trotz der Herausforderungen und Kontroversen legte die Integration von psychologischen Erkenntnissen in die forensische Praxis im 19. Jahrhundert den Grundstein für die moderne forensische Psychologie und hatte einen langanhaltenden Einfluss auf das Strafrechtssystem und die kriminologische Forschung.

Forensische Spuren- und Materialanalyse

Bedeutung von Spurenmaterialien in der Kriminalistik

Die Bedeutung von Spurenmaterialien in der Kriminalistik des 19. Jahrhunderts war von entscheidender Bedeutung für die Aufklärung von Verbrechen und die Verfolgung von Straftätern. In einer Zeit, in der forensische Wissenschaft noch in den Kinderschuhen steckte, spielten Spurenmaterialien eine wesentliche Rolle bei der Identifizierung von Tätern und der Sammlung von Beweisen. Diese Materialien, die am Tatort zurückgelassen wurden oder mit dem Opfer in Verbindung standen, wurden sorgfältig gesammelt, analysiert und interpretiert, um den Tathergang zu rekonstruieren und den Schuldigen zu überführen. Die Entwicklung von Methoden zur Untersuchung und Analyse von Spurenmaterialien war ein entscheidender Schritt in der Geschichte der forensischen Wissenschaft und trug wesentlich dazu bei, die Effizienz und Genauigkeit der Strafverfolgung zu verbessern.

Im 19. Jahrhundert war die forensische Wissenschaft noch in einem frühen Stadium ihrer Entwicklung. Die meisten Untersuchungen wurden von Polizisten und Ermittlern durchgeführt, die oft über begrenzte Kenntnisse und Ressourcen verfügten. Dennoch erkannten viele Ermittler bereits die Bedeutung von Spurenmaterialien bei der Aufklärung von Verbrechen und setzten verschiedene Methoden ein, um diese Materialien zu sammeln und zu analysieren.

Eine der wichtigsten Arten von Spurenmaterialien im 19. Jahrhundert war zweifellos Blut. Blutspuren am Tatort konnten wichtige Hinweise liefern, um den Tathergang zu rekonstruieren und die Identität des Täters zu ermitteln. Ermittler verwendeten verschiedene Techniken, um Blutspuren zu untersuchen, darunter die Beobachtung von Blutmuster, die Bestimmung der Blutgruppe und die Untersuchung von Blutspuren unter dem Mikroskop. Obwohl die forensische Analyse von Blut im 19. Jahrhundert noch rudimentär war, lieferte sie den Ermittlern dennoch wertvolle

Informationen über den Ablauf eines Verbrechens und half ihnen, Verdächtige zu identifizieren.

Ein weiteres wichtiges Spurenmaterial im 19. Jahrhundert waren Fingerabdrücke. Obwohl die systematische Analyse von Fingerabdrücken erst im späten 19. Jahrhundert eingeführt wurde, erkannten viele Ermittler bereits ihre Bedeutung bei der Identifizierung von Tätern. Fingerabdrücke, die am Tatort gefunden wurden oder auf Gegenständen hinterlassen wurden, konnten verwendet werden, um die Anwesenheit eines Verdächtigen am Tatort nachzuweisen und seine Identität zu bestätigen. Die Entwicklung von Methoden zur Identifizierung von Fingerabdrücken, wie sie beispielsweise von Sir Francis Galton und Sir Edward Henry durchgeführt wurden, revolutionierte die forensische Praxis und trug wesentlich dazu bei, die Genauigkeit der Strafverfolgung zu verbessern.

Neben Blutspuren und Fingerabdrücken spielten auch andere Spurenmaterialien eine wichtige Rolle bei der forensischen Untersuchung von Verbrechen. Haare, Fasern, Schmutzpartikel und andere Mikrospuren konnten am Tatort gefunden und verwendet werden, um den Tathergang zu rekonstruieren und die Identität des Täters zu ermitteln. Die Untersuchung und Analyse dieser Materialien erforderte spezielle Kenntnisse und Techniken, die von forensischen Experten entwickelt wurden. Durch den Einsatz von Mikroskopen, Spektroskopen und anderen wissenschaftlichen Instrumenten konnten Ermittler Mikrospuren sorgfältig untersuchen und wichtige Hinweise auf den Tathergang und die Identität des Täters gewinnen.

Die Bedeutung von Spurenmaterialien in der Kriminalistik des 19. Jahrhunderts kann nicht überschätzt werden. Diese Materialien lieferten den Ermittlern wertvolle Informationen über den Ablauf eines Verbrechens und halfen ihnen, die Identität des Täters zu ermitteln. Die Entwicklung von Methoden zur Untersuchung und Analyse von Spurenmaterialien war ein entscheidender Schritt in der Geschichte der forensischen Wissenschaft und trug wesentlich dazu bei, die Effizienz und Genauigkeit der Strafverfolgung zu verbessern.

Insgesamt spielten Spurenmaterialien eine zentrale Rolle bei der Aufklärung von Verbrechen im 19. Jahrhundert und legten den Grundstein für die moderne forensische Praxis. Durch die sorgfältige Untersuchung und Analyse von Blutspuren, Fingerabdrücken und anderen Mikrospuren konnten Ermittler wichtige Hinweise gewinnen, um Verbrechen aufzuklären und Täter zu überführen. Die Entwicklung von Methoden zur Untersuchung und Analyse von Spurenmaterialien war ein entscheidender Schritt in der Geschichte der forensischen Wissenschaft und trug wesentlich dazu bei, die Effizienz und Genauigkeit der Strafverfolgung zu verbessern.

Analytische Methoden im 19. Jahrhundert
Im 19. Jahrhundert erlebte die wissenschaftliche Forschung einen bemerkenswerten Fortschritt, der auch die forensische Analytik revolutionierte. Analytische Methoden, die zur Identifizierung von Substanzen, zur Untersuchung von Spurenmaterialien und zur Aufklärung von Verbrechen eingesetzt wurden, entwickelten sich weiter und trugen maßgeblich zur Entwicklung der forensischen Wissenschaft bei. In dieser umfassenden Zusammenfassung werden verschiedene analytische Methoden des 19. Jahrhunderts sowie ihre Bedeutung und Auswirkungen auf die forensische Praxis untersucht.

Eine der bedeutendsten Entwicklungen im Bereich der analytischen Methoden war zweifellos die Einführung spektroskopischer Techniken. Spektroskopie, eine Methode zur Untersuchung von Lichtwechselwirkungen mit Materie, wurde im 19. Jahrhundert zu einem wichtigen Instrument in der forensischen Analytik. Die Entwicklung des Spektrometers durch Forscher wie Robert Bunsen und Gustav Kirchhoff ermöglichte die Identifizierung von Elementen und Verbindungen durch die Analyse ihres charakteristischen Lichtspektrums. Diese Technik erwies sich als äußerst nützlich bei der Analyse von Substanzen am Tatort und half den Ermittlern, wichtige Beweise zu sammeln.

Ein weiterer wichtiger Fortschritt war die Entwicklung chromatographischer Methoden. Chromatographie ist ein analytisches Verfahren, das zur Trennung und Identifizierung von Substanzen verwendet wird. Im 19. Jahrhundert begannen Wissenschaftler, chromatographische Techniken wie die Gaschromatographie und die Flüssigchromatographie zu entwickeln. Diese Methoden ermöglichten die Trennung von Substanzen in einer Probe basierend auf ihren unterschiedlichen physikalischen und chemischen Eigenschaften. Die Entwicklung chromatographischer Methoden trug wesentlich zur Analyse von Spurenmaterialien bei und half den Ermittlern, komplexe Gemische zu analysieren und wichtige Hinweise auf die Identität von Substanzen zu erhalten.

Darüber hinaus spielten mikroskopische Methoden eine entscheidende Rolle in der forensischen Analytik des 19. Jahrhunderts. Die Entwicklung leistungsfähiger Mikroskope ermöglichte es den Ermittlern, Spurenmaterialien wie Haare, Fasern und Gewebeproben eingehend zu untersuchen. Die Mikroskopie half den Ermittlern, winzige Beweisstücke zu identifizieren und zu analysieren, was oft entscheidend für die Aufklärung von Verbrechen war. Die Verbesserung der mikroskopischen Techniken trug auch dazu bei, die forensische Analytik auf ein neues Niveau zu heben und die Genauigkeit der Ergebnisse zu verbessern.

Eine weitere wichtige Entwicklung im Bereich der analytischen Methoden war die Einführung chemischer Tests zur Identifizierung von Substanzen. Chemische Tests wurden verwendet, um das Vorhandensein bestimmter Verbindungen in einer Probe nachzuweisen und zu bestätigen. Im 19. Jahrhundert wurden zahlreiche chemische Tests entwickelt, darunter der Nachweis von Blut mit dem Kastle-Meyer-Test und der Nachweis von Arsen mit dem Marsh-Test. Diese Tests erwiesen sich als äußerst nützlich bei der Identifizierung von Substanzen am Tatort und trugen wesentlich zur Aufklärung von Verbrechen bei.

Neben diesen technologischen Fortschritten spielten auch statistische Methoden eine immer wichtigere Rolle in der forensischen Analytik des 19. Jahrhunderts. Die Anwendung statistischer Methoden ermöglichte es den Ermittlern, Beweise zu quantifizieren und die Stärke der Beweislage zu bewerten. Statistische Techniken wie die Bayes'sche Wahrscheinlichkeit und die Fisher'sche Diskriminanzanalyse wurden verwendet, um die Zuverlässigkeit von forensischen Beweisen zu erhöhen und die Genauigkeit der forensischen Analyse zu verbessern.

Insgesamt trugen die analytischen Methoden des 19. Jahrhunderts wesentlich zur Entwicklung der forensischen Wissenschaft bei und revolutionierten die Art und Weise, wie Verbrechen untersucht und aufgeklärt wurden. Die Einführung spektroskopischer Techniken, chromatographischer Methoden, mikroskopischer Untersuchungen, chemischer Tests und statistischer Analysen trug dazu bei, die Effizienz und Genauigkeit der forensischen Analyse zu verbessern und half den Ermittlern, wichtige Beweise zu sammeln und Täter zu überführen. Diese analytischen Methoden legten den Grundstein für die moderne forensische Praxis und haben auch heute noch einen wesentlichen Einfluss auf die Strafverfolgung.

Mikroskopische Untersuchungen von Spuren

Im 19. Jahrhundert spielten mikroskopische Untersuchungen eine entscheidende Rolle in der forensischen Analytik und trugen wesentlich zur Aufklärung von Verbrechen bei. Die Entwicklung leistungsfähiger Mikroskope ermöglichte es den Ermittlern, Spurenmaterialien wie Haare, Fasern und Gewebeproben eingehend zu untersuchen und wichtige Beweise zu sammeln. Diese mikroskopischen Untersuchungen waren ein wichtiger Bestandteil der forensischen Wissenschaft des 19. Jahrhunderts und legten den Grundstein für die moderne forensische Praxis.

Die Verwendung von Mikroskopen zur Untersuchung von Spurenmaterialien war eine der bedeutendsten technologischen Fortschritte in der forensischen Wissenschaft des 19. Jahrhunderts. Die Entwicklung leistungsfähigerer und präziserer Mikroskope ermöglichte es den Ermittlern, Beweismaterialien auf eine Weise zu untersuchen, die zuvor nicht möglich war. Durch die Vergrößerung von Objekten um das Tausendfache oder mehr konnten Mikroskope winzige Details sichtbar machen, die für die Aufklärung von Verbrechen entscheidend waren.

Haare und Fasern waren zwei der häufigsten Spurenmaterialien, die im 19. Jahrhundert mikroskopisch untersucht wurden. Haare konnten oft am Tatort gefunden werden und dienten als wichtige Beweisstücke zur Identifizierung von Tätern oder Opfern. Mikroskopische Untersuchungen von Haaren ermöglichten es den Ermittlern, verschiedene Merkmale wie Farbe, Textur und Form zu analysieren, um Schlüsse auf die Identität des Individuums zu ziehen. Darüber hinaus konnten mikroskopische Untersuchungen von Fasern dabei helfen, den Ursprung und die Herkunft von Materialien zu bestimmen, die am Tatort gefunden wurden. Durch den Vergleich von Fasern konnten Ermittler möglicherweise Verbindungen zwischen einem Verdächtigen und einem Tatort herstellen.

Ein weiteres wichtiges Anwendungsgebiet mikroskopischer Untersuchungen war die forensische Pathologie. Gewebeproben, die am Tatort oder an einem Opfer gefunden wurden, konnten mikroskopisch untersucht werden, um Hinweise auf die Art und den Umfang von Verletzungen zu erhalten. Mikroskopische Untersuchungen von Gewebeproben konnten auch dazu beitragen, die Todesursache festzustellen und festzustellen, ob ein Verbrechen begangen wurde. Durch die Analyse von Gewebeproben konnten forensische Pathologen wichtige Beweise liefern, die vor Gericht verwendet werden konnten, um die Schuld oder Unschuld eines Verdächtigen zu beweisen.

Die mikroskopische Untersuchung von Spurenmaterialien war jedoch nicht ohne Herausforderungen. Eine der größten Herausforderungen bestand darin, die Zuverlässigkeit und Genauigkeit der Ergebnisse sicherzustellen. Mikroskope waren oft empfindlich und erforderten eine sorgfältige Handhabung, um genaue Ergebnisse zu erzielen. Darüber hinaus war die Interpretation mikroskopischer Ergebnisse oft subjektiv und erforderte Erfahrung und Fachwissen seitens des Untersuchers. Fehlinterpretationen oder falsche Schlussfolgerungen konnten zu fehlerhaften Ergebnissen führen, die möglicherweise die Ermittlungen behinderten oder die Strafverfolgung gefährdeten.

Trotz dieser Herausforderungen trugen mikroskopische Untersuchungen wesentlich zur Entwicklung der forensischen Wissenschaft im 19. Jahrhundert bei. Die Verwendung von Mikroskopen zur Untersuchung von Spurenmaterialien ermöglichte es den Ermittlern, wichtige Beweise zu sammeln und Verbrechen aufzuklären. Darüber hinaus legte die mikroskopische Analyse den Grundstein für die moderne forensische Praxis und hat auch heute noch einen wesentlichen Einfluss auf die Strafverfolgung und die Aufklärung von Verbrechen.

Insgesamt spielten mikroskopische Untersuchungen eine entscheidende Rolle in der forensischen Wissenschaft des 19. Jahrhunderts und trugen maßgeblich zur Entwicklung der forensischen Analytik bei. Die Fähigkeit, Spurenmaterialien eingehend zu untersuchen und winzige Details sichtbar zu machen, ermöglichte es den Ermittlern, wichtige Beweise zu sammeln und Verbrechen aufzuklären. Die mikroskopische Analyse war ein wichtiger Meilenstein in der Geschichte der forensischen Wissenschaft und hat bis heute einen wesentlichen Einfluss auf die Strafverfolgung und die Aufklärung von Verbrechen.

Chemische Analyse von Materialien in Kriminalfällen

Die chemische Analyse von Materialien spielte im 19. Jahrhundert eine entscheidende Rolle in der forensischen Wissenschaft und trug maßgeblich zur Aufklärung von Kriminalfällen bei. Während dieses Zeitraums wurden wichtige Fortschritte in der chemischen Analytik erzielt, die es den Ermittlern ermöglichten, Beweise zu sammeln, zu analysieren und zu interpretieren, um Täter zu identifizieren und Gerechtigkeit zu gewährleisten. Die Entwicklung von chemischen Analysetechniken und -methoden sowie die Anwendung chemischer Prinzipien auf forensische Untersuchungen trugen zur Modernisierung der forensischen Wissenschaft bei und legten den Grundstein für viele der Techniken, die heute in der forensischen Praxis verwendet werden.

Eine der bedeutendsten Entwicklungen im Bereich der chemischen Analyse im 19. Jahrhundert war die Einführung von Spektroskopie-Techniken. Spektroskopie ermöglichte es den Wissenschaftlern, die chemische Zusammensetzung von Materialien durch die Analyse ihres Lichtspektrums zu bestimmen. Die Einführung von Spektroskopie-Techniken wie der Emissionsspektroskopie und der Absorptionsspektroskopie revolutionierte die forensische Analytik, da sie es den Ermittlern ermöglichte, Materialien wie Metalle, Flüssigkeiten und Gase auf ihre chemische Zusammensetzung zu untersuchen. Dies war besonders nützlich bei der Identifizierung von Giftstoffen und anderen chemischen Substanzen, die bei der Begehung von Verbrechen verwendet wurden.

Ein weiterer wichtiger Fortschritt im Bereich der chemischen Analyse war die Entwicklung von Trennmethoden wie der Chromatographie. Die Chromatographie ermöglichte es den Wissenschaftlern, komplexe Gemische von Substanzen zu trennen und zu identifizieren, indem sie sie durch eine stationäre Phase bewegten. Diese Technik wurde häufig zur Analyse von Substanzen wie Blut, Urin und anderen biologischen Proben verwendet, um Hinweise auf die Anwesenheit von Giftstoffen oder anderen schädlichen Substanzen zu finden. Die Einführung der Chromatographie trug dazu bei, forensische Untersuchungen zu verbessern und die Genauigkeit der Analyse zu erhöhen.

Neben der Entwicklung neuer Analysetechniken spielte auch die Anwendung chemischer Prinzipien auf die forensische

Untersuchung eine wichtige Rolle. Die Prinzipien der chemischen Reaktionen und der Molekularstruktur wurden genutzt, um Beweismaterialien wie Blutspuren, Fasern und Haare zu analysieren und zu interpretieren. Chemische Tests wurden verwendet, um die Anwesenheit bestimmter Substanzen nachzuweisen oder chemische Veränderungen in Materialien zu identifizieren, die auf eine Manipulation oder Kontamination hinweisen könnten. Diese Tests waren entscheidend für die Identifizierung von Tätern und die Klärung von Verbrechen.

Die chemische Analyse von Materialien im 19. Jahrhundert war jedoch nicht ohne Herausforderungen. Eine der größten Herausforderungen bestand darin, die Genauigkeit und Zuverlässigkeit der Analyseergebnisse sicherzustellen. Die Techniken und Instrumente, die damals zur Verfügung standen, waren oft weniger präzise und empfindlich als diejenigen, die heute verfügbar sind, was zu fehlerhaften Ergebnissen führen konnte. Darüber hinaus erforderten viele chemische Analyseverfahren eine sorgfältige Vorbereitung und Handhabung der Proben, um genaue Ergebnisse zu erzielen, was zusätzliche Zeit und Ressourcen in Anspruch nehmen konnte.

Trotz dieser Herausforderungen spielte die chemische Analyse von Materialien eine entscheidende Rolle in der forensischen Wissenschaft des 19. Jahrhunderts und legte den Grundstein für viele der Techniken, die heute in der forensischen Praxis verwendet werden. Die Entwicklung neuer Analysetechniken und -methoden sowie die Anwendung chemischer Prinzipien auf forensische Untersuchungen trugen wesentlich zur Aufklärung von Verbrechen bei und halfen dabei, Täter zu identifizieren und Gerechtigkeit zu gewährleisten. Die chemische Analyse von Materialien war ein wichtiger Meilenstein in der Geschichte der forensischen Wissenschaft und hat bis heute einen wesentlichen Einfluss auf die Strafverfolgung und die Aufklärung von Verbrechen.

Identifikation und Vergleich von Spuren

Die Identifikation und der Vergleich von Spuren spielten im 19. Jahrhundert eine bedeutende Rolle in der forensischen Wissenschaft und trugen maßgeblich zur Aufklärung von Kriminalfällen bei. In dieser Zeit wurden wichtige Fortschritte in der Methodik und Technologie erzielt, die es den Ermittlern ermöglichten, Spurenmaterialien wie Fußabdrücke, Werkzeugmarkierungen, Fasern und Haare zu analysieren und zu vergleichen, um Täter zu identifizieren und Beweise vor Gericht zu verwenden. Die Identifikation und der Vergleich von Spuren waren entscheidend für die Entwicklung der forensischen Wissenschaft und legten den Grundstein für viele der Methoden und Techniken, die heute in der forensischen Praxis verwendet werden.

Eine der wichtigsten Entwicklungen im Bereich der Spurenidentifikation und -vergleichung war die Einführung von Systemen zur Katalogisierung und Klassifizierung von Spurenmaterialien. Im 19. Jahrhundert begannen forensische Ermittler, umfangreiche Archive von Spurenmaterialien anzulegen, die sie bei der Identifizierung von Tatorten und Tätern unterstützten. Diese Archive enthielten Informationen über verschiedene Arten von Spuren, einschließlich ihrer Größe, Form, Textur und anderer Merkmale, die bei der Identifikation und dem Vergleich von Spurenmaterialien verwendet werden konnten. Die Entwicklung dieser Systeme zur Katalogisierung und Klassifizierung trug wesentlich dazu bei, die Effizienz und Genauigkeit der forensischen Untersuchungen zu verbessern und den Ermittlern dabei zu helfen, Spurenmaterialien effektiver zu analysieren und zu interpretieren.

Ein weiterer wichtiger Fortschritt im Bereich der Spurenidentifikation und -vergleichung war die Einführung neuer Analysetechniken und -methoden. Im Laufe des 19. Jahrhunderts wurden zahlreiche neue Technologien und Verfahren entwickelt, die es den Ermittlern ermöglichten, Spurenmaterialien auf ihre einzigartigen Merkmale und Eigenschaften zu untersuchen. Zum Beispiel wurden Mikroskope verwendet, um Spurenmaterialien auf mikroskopischer Ebene zu untersuchen und Merkmale wie Faserstruktur,

Haarmorphologie und Werkzeugmarkierungen zu analysieren. Diese Technologien ermöglichten es den Ermittlern, Spurenmaterialien genauer zu untersuchen und zu bewerten, was zu einer verbesserten Identifikation und Vergleichung von Spuren beitrug.

Ein weiterer wichtiger Aspekt der Identifikation und des Vergleichs von Spuren im 19. Jahrhundert war die Entwicklung von Standards und Protokollen für forensische Untersuchungen. Forensische Ermittler begannen, standardisierte Verfahren für die Sammlung, Dokumentation und Analyse von Spurenmaterialien zu entwickeln, um sicherzustellen, dass forensische Untersuchungen objektiv und zuverlässig durchgeführt wurden. Diese Standards und Protokolle halfen den Ermittlern dabei, ihre Arbeit zu organisieren und sicherzustellen, dass die Ergebnisse ihrer Untersuchungen vor Gericht standhalten konnten. Darüber hinaus trugen sie dazu bei, das Vertrauen in die forensische Wissenschaft zu stärken und ihre Anerkennung als zuverlässige Methode zur Aufklärung von Verbrechen zu festigen.

Die Identifikation und der Vergleich von Spuren im 19. Jahrhundert waren jedoch nicht ohne Herausforderungen. Eine der größten Herausforderungen bestand darin, die Genauigkeit und Zuverlässigkeit der Analyseergebnisse sicherzustellen. Viele der Techniken und Verfahren, die damals zur Verfügung standen, waren weniger präzise und empfindlich als diejenigen, die heute verwendet werden, was zu fehlerhaften Ergebnissen führen konnte. Darüber hinaus erforderten forensische Untersuchungen oft eine sorgfältige Dokumentation und Interpretation von Spurenmaterialien, um genaue und aussagekräftige Ergebnisse zu erzielen, was zusätzliche Zeit und Ressourcen in Anspruch nehmen konnte.

Trotz dieser Herausforderungen spielte die Identifikation und der Vergleich von Spuren im 19. Jahrhundert eine entscheidende Rolle in der forensischen Wissenschaft und legte den Grundstein für viele der Techniken und Methoden, die heute in der forensischen Praxis verwendet werden. Die Entwicklung von Systemen zur Katalogisierung und Klassifizierung von Spurenmaterialien, die Einführung neuer Analysetechniken und -methoden sowie die Entwicklung von Standards und Protokollen für forensische Untersuchungen trugen wesentlich zur Modernisierung der forensischen Wissenschaft bei und halfen dabei, die Effizienz und Genauigkeit der forensischen Untersuchungen zu verbessern. Die Identifikation und der Vergleich von Spuren waren entscheidend für die Aufklärung von Verbrechen und die Verfolgung von Tätern und legten den Grundstein für die moderne forensische Praxis.

Bedeutung von Faserspuren und Haaranalysen

Die Bedeutung von Faserspuren und Haaranalysen im 19. Jahrhundert markiert einen bedeutenden Meilenstein in der Geschichte der forensischen Wissenschaft. Während dieser Epoche erlebten forensische Untersuchungen einen Aufschwung, da die Ermittler begannen, Faserspuren und Haare als wichtige Beweismittel zur Identifizierung von Tatorten und Tätern zu erkennen. Dieser Zeitraum war geprägt von bedeutenden Fortschritten in der Analysetechnologie, der Entwicklung standardisierter Verfahren und Protokolle sowie der Entstehung herausragender Persönlichkeiten, die Pioniere auf dem Gebiet der forensischen Haar- und Faseranalyse waren.

Die Bedeutung von Faserspuren und Haaranalysen im 19. Jahrhundert wurde vor allem durch die wachsende Anerkennung der Einzigartigkeit und Individualität von Fasern und Haaren als forensische Beweismittel geprägt. Ermittler begannen zu verstehen, dass Fasern und Haare von Kleidung, Teppichen, Bettwäsche und anderen Materialien an Tatorten abgelegt werden können und somit wertvolle Hinweise auf den Täter oder den Ablauf eines Verbrechens liefern können. Dies führte zur Entwicklung von Methoden zur Sammlung, Analyse und Interpretation von Faserspuren und Haaren, die es den Ermittlern ermöglichten, diese Beweismittel effektiv zu verwenden, um Verbrechen aufzuklären und Täter zu überführen.

Ein bedeutender Fortschritt im Bereich der Faser- und Haaranalyse im 19. Jahrhundert war die Einführung mikroskopischer Untersuchungstechniken. Durch den Einsatz von Mikroskopen konnten Forensiker Fasern und Haare auf mikroskopischer Ebene untersuchen und Merkmale wie Farbe, Struktur und Form analysieren. Diese Techniken ermöglichten es den Ermittlern, Fasern und Haare präzise zu identifizieren und zu vergleichen, um festzustellen, ob sie von derselben Quelle stammten. Darüber hinaus trugen mikroskopische Untersuchungen dazu bei, die Zuverlässigkeit und Genauigkeit der forensischen Haar- und Faseranalyse zu verbessern, was zu einer gesteigerten Effektivität bei der Identifizierung von Tatorten und Tätern führte.

Ein weiterer wichtiger Aspekt der Faser- und Haaranalyse im 19. Jahrhundert war die Entwicklung von Standards und Protokollen für forensische Untersuchungen. Forensiker begannen, standardisierte Verfahren zur Sammlung, Dokumentation und Analyse von Faserspuren und Haaren zu entwickeln, um sicherzustellen, dass forensische Untersuchungen objektiv und zuverlässig durchgeführt wurden. Diese Standards und Protokolle halfen den Ermittlern dabei, ihre Arbeit zu organisieren und sicherzustellen, dass die Ergebnisse ihrer Untersuchungen vor Gericht standhalten konnten. Darüber hinaus trugen sie dazu bei, das Vertrauen in die forensische Wissenschaft zu stärken und ihre Anerkennung als zuverlässige Methode zur Aufklärung von Verbrechen zu festigen.

Eine der herausragenden Persönlichkeiten auf dem Gebiet der Faser- und Haaranalyse im 19. Jahrhundert war der Forensiker Edmond Locard. Locard war ein Pionier auf dem Gebiet der forensischen Wissenschaft und bekannt für seine Arbeit zur Entwicklung von Methoden zur Sammlung und Analyse von Faserspuren und Haaren. Sein Beitrag zur forensischen Haar- und Faseranalyse war wegweisend und legte den Grundstein für viele der Techniken und Methoden, die heute noch in der forensischen Praxis verwendet werden.

Die Bedeutung von Faserspuren und Haaranalysen im 19. Jahrhundert erstreckte sich über verschiedene Bereiche der forensischen Wissenschaft, darunter die Kriminalistik, die Pathologie und die forensische Anthropologie. Fasern und Haare wurden als wichtige Beweismittel bei der Identifizierung von Tatorten und Tätern, der Rekonstruktion von Verbrechen und der Bestimmung von Todesursachen verwendet. Darüber hinaus trugen Faserspuren und Haaranalysen wesentlich zur Entwicklung der forensischen Wissenschaft bei und legten den Grundstein für viele der Techniken und Methoden, die heute in der forensischen Praxis verwendet werden.

Insgesamt spielten Faserspuren und Haaranalysen im 19. Jahrhundert eine entscheidende Rolle in der forensischen Wissenschaft und trugen maßgeblich zur Aufklärung von Verbrechen bei. Die Entwicklung mikroskopischer Untersuchungstechniken, die Einführung von Standards und Protokollen für forensische Untersuchungen sowie die bahnbrechende Arbeit von Persönlichkeiten wie Edmond Locard trugen dazu bei, die Effizienz und Genauigkeit der forensischen Haar- und Faseranalyse zu verbessern und ihre Anerkennung als zuverlässige Methode zur Aufklärung von Verbrechen zu festigen.

Entwicklungen in der forensischen Bodenanalyse

Die forensische Bodenanalyse im 19. Jahrhundert markierte einen bedeutenden Fortschritt in der Geschichte der forensischen Wissenschaft. In dieser Zeit wurden wichtige Entwicklungen und Errungenschaften erzielt, die dazu beitrugen, die forensische Bodenanalyse als wichtigen Bestandteil der forensischen Untersuchungen zu etablieren. Diese Entwicklungen umfassten die Einführung von Methoden zur Sammlung und Analyse von Bodenproben, die Identifizierung von Bodenmerkmalen und die Anwendung von bodenkundlichen Prinzipien zur Aufklärung von Verbrechen.

Die forensische Bodenanalyse im 19. Jahrhundert wurde durch die wachsende Anerkennung der Einzigartigkeit und Individualität von

Boden als forensisches Beweismittel geprägt. Ermittler begannen zu verstehen, dass Bodenproben von Tatorten wichtige Hinweise liefern können, die zur Identifizierung von Tatorten, Tätern und Opfern verwendet werden können. Die Analyse von Bodenproben ermöglichte es den Ermittlern auch, Verbindungen zwischen verschiedenen Tatorten herzustellen und Beweise für die Bewegungen von Tätern oder Opfern zu sammeln.

Ein wichtiger Fortschritt im Bereich der forensischen Bodenanalyse im 19. Jahrhundert war die Einführung von Methoden zur Sammlung und Analyse von Bodenproben. Forensiker begannen, standardisierte Verfahren zur Entnahme von Bodenproben zu entwickeln, um sicherzustellen, dass die Proben sachgemäß gesammelt und behandelt wurden. Darüber hinaus wurden analytische Techniken wie die mikroskopische Untersuchung von Bodenproben eingeführt, um die Zusammensetzung und Struktur des Bodens zu analysieren und wichtige Merkmale zu identifizieren.

Die Identifizierung von Bodenmerkmalen war ein weiterer wichtiger Aspekt der forensischen Bodenanalyse im 19. Jahrhundert. Forensiker begannen, Bodenproben auf spezifische Merkmale wie Farbe, Textur, Mineralzusammensetzung und organische Bestandteile zu untersuchen, um Hinweise auf ihren Ursprungsort zu erhalten. Diese Merkmale ermöglichten es den Ermittlern, Bodenproben zu vergleichen und festzustellen, ob sie von derselben Quelle stammten, was wichtige Informationen für forensische Untersuchungen lieferte.

Die Anwendung bodenkundlicher Prinzipien zur Aufklärung von Verbrechen war ein weiterer bedeutender Aspekt der forensischen Bodenanalyse im 19. Jahrhundert. Forensiker begannen, Bodenproben mit geografischen Informationen wie Bodentyp, Topografie und Vegetation zu korrelieren, um Rückschlüsse auf den Ursprungsort der Proben zu ziehen. Darüber hinaus wurden bodenkundliche Techniken wie die Bodenkartierung und die Analyse von Bodenprofilen verwendet, um Informationen über die geografische Herkunft von Bodenproben zu gewinnen.

Eine herausragende Persönlichkeit auf dem Gebiet der forensischen Bodenanalyse im 19. Jahrhundert war der Geologe Sir Charles Lyell. Lyell war ein Pionier auf dem Gebiet der Geologie und bekannt für seine Arbeit zur Entwicklung bodenkundlicher Methoden und Techniken zur Aufklärung von Verbrechen. Seine Arbeit trug wesentlich dazu bei, das Verständnis der forensischen Bodenanalyse zu vertiefen und ihre Anerkennung als zuverlässige Methode zur Aufklärung von Verbrechen zu festigen.

Die Bedeutung der forensischen Bodenanalyse im 19. Jahrhundert erstreckte sich über verschiedene Bereiche der forensischen Wissenschaft, darunter die Kriminalistik, die forensische Anthropologie und die forensische Geologie. Bodenproben wurden als wichtige Beweismittel bei der Identifizierung von Tatorten, Tätern und Opfern verwendet und trugen wesentlich zur Aufklärung von Verbrechen bei. Darüber hinaus legten die Entwicklungen und Errungenschaften der forensischen Bodenanalyse im 19. Jahrhundert den Grundstein für viele der Methoden und Techniken, die heute in der forensischen Praxis verwendet werden.

Insgesamt spielte die forensische Bodenanalyse im 19. Jahrhundert eine entscheidende Rolle in der forensischen Wissenschaft und trug wesentlich zur Aufklärung von Verbrechen bei. Die Einführung von Methoden zur Sammlung und Analyse von Bodenproben, die Identifizierung von Bodenmerkmalen und die Anwendung bodenkundlicher Prinzipien zur Aufklärung von Verbrechen waren wichtige Entwicklungen, die die Effizienz und Genauigkeit der forensischen Bodenanalyse verbesserten.

Forensische Analyse von Farbstoffen und Tinten
Die forensische Analyse von Farbstoffen und Tinten im 19. Jahrhundert markierte einen bedeutenden Fortschritt in der Geschichte der forensischen Wissenschaft. In dieser Zeit wurden wichtige Entwicklungen und Errungenschaften erzielt, die dazu beitrugen, die forensische Analyse von Farbstoffen und Tinten als wichtigen Bestandteil der forensischen Untersuchungen zu etablieren. Diese Entwicklungen umfassten die Einführung von

Methoden zur Identifizierung und Analyse von Farbstoffen und Tinten, die Anwendung chemischer und physikalischer Techniken zur Untersuchung von Schriftstücken und die Entwicklung von Standards zur Bewertung von Schriftproben.

Die forensische Analyse von Farbstoffen und Tinten im 19. Jahrhundert wurde durch die wachsende Anerkennung der Einzigartigkeit und Individualität von Farbstoffen und Tinten als forensische Beweismittel geprägt. Ermittler begannen zu verstehen, dass Farbstoffe und Tinten auf Schriftstücken wichtige Hinweise liefern können, die zur Identifizierung von Schreibern und zur Unterscheidung zwischen verschiedenen Dokumenten verwendet werden können. Die Analyse von Farbstoffen und Tinten ermöglichte es den Ermittlern auch, gefälschte oder manipulierte Dokumente zu erkennen und deren Echtheit zu überprüfen.

Ein wichtiger Fortschritt im Bereich der forensischen Analyse von Farbstoffen und Tinten im 19. Jahrhundert war die Einführung von Methoden zur Identifizierung und Analyse von Farbstoffen und Tinten. Forensiker begannen, standardisierte Verfahren zur Entnahme von Farbstoff- und Tintenproben zu entwickeln, um sicherzustellen, dass die Proben sachgemäß gesammelt und behandelt wurden. Darüber hinaus wurden analytische Techniken wie die spektroskopische Analyse und die Chromatographie eingeführt, um die Zusammensetzung und Struktur von Farbstoffen und Tinten zu analysieren und ihre Herkunft zu bestimmen.

Die Anwendung chemischer und physikalischer Techniken zur Untersuchung von Schriftstücken war ein weiterer wichtiger Aspekt der forensischen Analyse von Farbstoffen und Tinten im 19. Jahrhundert. Forensiker begannen, Schriftproben auf spezifische Merkmale wie Farbzusammensetzung, chemische Zusammensetzung und physikalische Eigenschaften zu untersuchen, um Hinweise auf die Art der verwendeten Farbstoffe und Tinten zu erhalten. Diese Techniken ermöglichten es den Ermittlern, gefälschte oder manipulierte Schriftstücke zu erkennen und ihre Echtheit zu überprüfen.

Die Entwicklung von Standards zur Bewertung von Schriftproben war ein weiterer bedeutender Aspekt der forensischen Analyse von Farbstoffen und Tinten im 19. Jahrhundert. Forensiker begannen, Richtlinien und Verfahren zur Bewertung von Schriftproben zu entwickeln, um sicherzustellen, dass die Ergebnisse der forensischen Analyse zuverlässig und reproduzierbar waren. Diese Standards umfassten Kriterien wie die Vergleichbarkeit von Schriftproben, die Genauigkeit der Analyseergebnisse und die Zuverlässigkeit der verwendeten Techniken.

Eine herausragende Persönlichkeit auf dem Gebiet der forensischen Analyse von Farbstoffen und Tinten im 19. Jahrhundert war der Chemiker Sir William Herschel. Herschel war ein Pionier auf dem Gebiet der forensischen Chemie und bekannt für seine Arbeit zur Entwicklung von Analysemethoden für Farbstoffe und Tinten. Seine Arbeit trug wesentlich dazu bei, das Verständnis der forensischen Analyse von Farbstoffen und Tinten zu vertiefen und ihre Anerkennung als zuverlässige Methode zur Überprüfung von Schriftstücken zu festigen.

Die Bedeutung der forensischen Analyse von Farbstoffen und Tinten im 19. Jahrhundert erstreckte sich über verschiedene Bereiche der forensischen Wissenschaft, darunter die forensische Schriftanalyse, die forensische Chemie und die forensische Dokumentenanalyse. Farbstoffe und Tinten wurden als wichtige Beweismittel bei der Identifizierung von Schreibern, der Überprüfung von Schriftstücken und der Aufklärung von Verbrechen verwendet. Darüber hinaus legten die Entwicklungen und Errungenschaften der forensischen Analyse von Farbstoffen und Tinten im 19. Jahrhundert den Grundstein für viele der Methoden und Techniken, die heute in der forensischen Praxis verwendet werden.

Insgesamt spielte die forensische Analyse von Farbstoffen und Tinten im 19. Jahrhundert eine entscheidende Rolle in der forensischen Wissenschaft und trug wesentlich zur Überprüfung von Schriftstücken und zur Aufklärung von Verbrechen bei. Die

Einführung von Methoden zur Identifizierung und Analyse von Farbstoffen und Tinten, die Anwendung chemischer und physikalischer Techniken zur Untersuchung von Schriftstücken und die Entwicklung von Standards zur Bewertung von Schriftproben waren wichtige Entwicklungen, die die Effizienz und Genauigkeit der forensischen Analyse von Farbstoffen und Tinten verbesserten.

Moderne Methoden in der Spuren- und Materialanalyse
Die forensische Wissenschaft des 19. Jahrhunderts wurde durch zahlreiche Entwicklungen und Fortschritte in der Spuren- und Materialanalyse geprägt, die zur Aufklärung von Verbrechen und zur Identifizierung von Tätern beitrugen. Während dieser Zeit wurden verschiedene moderne Methoden eingeführt und weiterentwickelt, die die Grundlage für die heutige forensische Praxis legten.

Eine der bedeutendsten Entwicklungen im Bereich der Spuren- und Materialanalyse im 19. Jahrhundert war die Einführung von mikroskopischen Techniken. Diese ermöglichten es Forensikern, Spuren wie Haare, Fasern und Gewebeteile unter dem Mikroskop zu untersuchen und ihre Merkmale zu analysieren. Durch diese Methode konnten Forensiker feinste Details erkennen und Schlüsse über die Herkunft und den möglichen Zusammenhang mit einem Verbrechen ziehen.

Ein weiterer wichtiger Fortschritt war die Anwendung chemischer Analysemethoden auf Materialien, die am Tatort gefunden wurden. Chemische Analysetechniken ermöglichten es Forensikern, Substanzen wie Blut, Farbstoffe und andere chemische Spuren zu identifizieren und zu charakterisieren. Diese Informationen waren entscheidend für die Rekonstruktion von Ereignissen und die Identifizierung von Tatorten.

Im Laufe des 19. Jahrhunderts wurden auch Fortschritte in der Ballistik gemacht, insbesondere durch die Einführung von verbesserten Waffen und Munitionstypen. Forensiker begannen, Ballistik als Methode zur Identifizierung von Schusswaffen und zur

Zuordnung von Geschossen zu bestimmten Waffen einzusetzen. Dies trug wesentlich dazu bei, Schusswaffen in forensischen Untersuchungen effektiver zu nutzen und Verbrechen aufzuklären.

Darüber hinaus wurden im 19. Jahrhundert Fortschritte in der forensischen Dokumentenanalyse erzielt, insbesondere durch die Einführung von Methoden zur Identifizierung von Fälschungen und die Überprüfung der Echtheit von Schriftstücken. Forensiker begannen, Schriftproben mithilfe chemischer und physikalischer Techniken zu analysieren, um Manipulationen oder Fälschungen aufzudecken und die Authentizität von Dokumenten zu überprüfen.

Ein weiterer wichtiger Bereich der Spuren- und Materialanalyse im 19. Jahrhundert war die Untersuchung von Fingerabdrücken. Diese Methode ermöglichte es Forensikern, einzigartige Fingerabdrücke zu identifizieren und sie mit Verdächtigen oder Tatorten in Verbindung zu bringen. Die Einführung von Fingerabdruckanalysen revolutionierte die forensische Praxis und ermöglichte es den Ermittlern, Täter mit einer bisher unerreichten Genauigkeit zu identifizieren.

Zusätzlich zu diesen technologischen Fortschritten spielte auch die Weiterentwicklung der forensischen Methodik eine entscheidende Rolle im 19. Jahrhundert. Forensiker begannen, standardisierte Verfahren zur Sammlung, Analyse und Interpretation von Spuren und Materialien zu entwickeln, um die Konsistenz und Zuverlässigkeit ihrer Ergebnisse zu gewährleisten. Diese Methodik legte den Grundstein für die heutigen Standards in der forensischen Praxis.

Insgesamt trugen die modernen Methoden in der Spuren- und Materialanalyse des 19. Jahrhunderts wesentlich zur Entwicklung der forensischen Wissenschaft bei. Sie ermöglichten es Forensikern, Verbrechen aufzuklären, Täter zu identifizieren und Gerechtigkeit zu gewährleisten. Diese Methoden bildeten die Grundlage für die heutige forensische Praxis und trugen dazu bei, die Effizienz und Genauigkeit forensischer Untersuchungen zu verbessern.

Forensische Datenbanken für Spurenmaterialien

Die Entwicklung forensischer Datenbanken für Spurenmaterialien im 19. Jahrhundert war ein entscheidender Schritt in der Geschichte der forensischen Wissenschaft. Diese Datenbanken dienten dazu, Informationen über Spurenmaterialien zu sammeln, zu organisieren und zu speichern, um ihre Verwendung bei der Aufklärung von Verbrechen zu erleichtern. Obwohl die technologischen Möglichkeiten zur Erstellung solcher Datenbanken zu dieser Zeit begrenzt waren, legten sie den Grundstein für die modernen forensischen Datenbanken, die heute eine wichtige Rolle in der Kriminalistik spielen.

Im 19. Jahrhundert waren forensische Datenbanken für Spurenmaterialien noch rudimentär und weit von den komplexen Systemen entfernt, die heute verwendet werden. Dennoch wurden wichtige Fortschritte erzielt, die die Effizienz forensischer Untersuchungen verbesserten und dazu beitrugen, Verbrechen aufzuklären.

Eine der frühesten Formen von forensischen Datenbanken im 19. Jahrhundert war die Sammlung von Informationen über Kriminalfälle und deren Spuren. Dies umfasste Details zu den Tätern, Opfern, Tatorten und den gesammelten Spurenmaterialien. Diese Informationen wurden in handgeschriebenen Berichten und Protokollen festgehalten, die von Ermittlern und forensischen Experten geführt wurden. Obwohl diese Aufzeichnungen oft unvollständig waren und aufgrund begrenzter Ressourcen nicht systematisch organisiert wurden, bildeten sie den Anfang einer strukturierten Erfassung von forensischen Daten.

Eine weitere wichtige Entwicklung war die Einführung von Karteikartensystemen zur Verwaltung von Informationen über Spurenmaterialien. Diese Karteikarten enthielten Details zu den verschiedenen Arten von Spuren, die bei Verbrechen gefunden wurden, sowie zu den Personen, die mit diesen Spuren in Verbindung gebracht wurden. Die Karteikartensysteme ermöglichten es den Ermittlern, schnell auf relevante Informationen zuzugreifen und Verbindungen zwischen verschiedenen Kriminalfällen herzustellen. Sie waren jedoch immer noch anfällig für Fehler und Inkonsistenzen, da sie manuell gepflegt und aktualisiert werden mussten.

Mit den Fortschritten in der Informationstechnologie im späten 19. Jahrhundert wurden auch erste Versuche unternommen, forensische Datenbanken für Spurenmaterialien elektronisch zu erstellen. Zwar waren die Möglichkeiten dieser frühen elektronischen Systeme begrenzt, aber sie ermöglichten es den Ermittlern dennoch, Daten über Kriminalfälle und Spurenmaterialien digital zu speichern und abzurufen. Diese Systeme waren jedoch oft unzuverlässig und ineffizient, da sie auf veralteten Technologien basierten und nicht über die Funktionalitäten moderner Datenbanken verfügten.

Trotz dieser Einschränkungen spielten forensische Datenbanken im 19. Jahrhundert eine wichtige Rolle bei der Aufklärung von Verbrechen und der Identifizierung von Tätern. Indem sie Informationen über Spurenmaterialien sammelten und organisierten, halfen sie den Ermittlern, Muster zu erkennen, Verdächtige zu identifizieren und Beweise vor Gericht vorzulegen. Darüber hinaus trugen sie dazu bei, die Effizienz und Genauigkeit forensischer Untersuchungen zu verbessern, indem sie den Ermittlern ermöglichten, auf eine umfassende Datenbank von Informationen zuzugreifen, die ihnen bei der Lösung von Verbrechen halfen.

Obwohl die forensischen Datenbanken des 19. Jahrhunderts im Vergleich zu den heutigen Standards primitiv waren, legten sie den Grundstein für die Entwicklung moderner forensischer Datenbanken. Sie zeigten die Bedeutung der systematischen Erfassung und Organisation von forensischen Daten und trugen dazu bei, die forensische Wissenschaft zu einer anerkannten und respektierten Disziplin zu machen.

ENDE

www.ingramcontent.com/pod-product-compliance
Lightning Source LLC
Chambersburg PA
CBHW071103290526
45795CB00004B/1629